Anthony Delmas

Contribution à l'étude de l'effet mirage

Anthony Delmas

Contribution à l'étude de l'effet mirage

Application aux mesures dimensionnelle et thermique par caméras visible, proche infrarouge et infrarouge

Presses Académiques Francophones

Impressum / Mentions légales

Bibliografische Information der Deutschen Nationalbibliothek: Die Deutsche Nationalbibliothek verzeichnet diese Publikation in der Deutschen Nationalbibliografie; detaillierte bibliografische Daten sind im Internet über http://dnb.d-nb.de abrufbar.

Information bibliographique publiée par la Deutsche Nationalbibliothek: La Deutsche Nationalbibliothek inscrit cette publication à la Deutsche Nationalbibliografie; des données bibliographiques détaillées sont disponibles sur internet à l'adresse http://dnb.d-nb.de.

Coverbild / Photo de couverture: www.ingimage.com

Verlag / Editeur:
Presses Académiques Francophones
ist ein Imprint der / est une marque déposée de
AV Akademikerverlag GmbH & Co. KG
Heinrich-Böcking-Str. 6-8, 66121 Saarbrücken, Deutschland / Allemagne
Email: info@presses-academiques.com

Herstellung: siehe letzte Seite /
Impression: voir la dernière page
ISBN: 978-3-8381-7994-0

Remerciements

Pour débuter ce manuscrit je voudrais remercier toutes les personnes qui m'ont suivi, encadré, encouragé ou qui ont tout simplement été présentes pour moi tout au long de ce doctorat.

Tout d'abord, je tiens à remercier mes encadrants de thèse, Yannick Le Maoult, pour m'avoir proposé ce projet et pour avoir accepté d'être mon co-directeur de thèse côté Français, Jean-Marie Buchlin, également co-directeur mais cette fois-ci du coté Belge. Je les remercie tous deux pour leurs nombreuses contributions scientifiques et techniques mais également pour leurs soutiens dans les moments "creux" de ces 4 années. Je souhaite remercier, dans la catégorie des "chefs de près ou de loin", Thierry Sentenac pour ses nombreuses réponses judicieuses et pragmatiques aux questions que je pouvais avoir mais aussi pour sa bonne humeur et sa façon de me motiver, Jean-José Orteu pour me rappeler la deadline de chaque conférence, publication, réunion... et évidemment pour ses différents apports scientifiques. Je citerai également Laurent Robert, Rosaria Vetrano et Michel Riethmuller.

Je remercie particulièrement Souad Harmand et Gerard Degrez pour m'avoir fait l'honneur de rapporter ma thèse, mais aussi tous les membres du jury, à savoir Tony Arts, Pierre Colinet, Philippe Gervais et Pierre Slangen, pour leurs temps dédiés à l'analyse scientifique de mon travail et de m'avoir fait profiter de leurs connaissances et points de vue sur différents points de ma thèse.

Un grand merci à Benoit Cosson pour son code de lancer de rayons "modifié" plus qu'utile tout au long de ma thèse et Vincent Eymet pour son aide à l'utilisation de son code MSBE.

Je n'oublie pas de remercier les différents techniciens que j'ai pu rencontrer tout au long de ces quatre ans que ce soit à l'atelier de l'IVK, à la menuiserie ou à la forge de l'Ecole des mines ou bien dans les locaux de l'ICAA avec un merci spécial pour Jean-Mi pour sa disponibilité et son efficacité pour la conception du module d'alimentation/régulation.

Je remercie les différents stagiaires et diploma course que j'ai pu superviser tout au long de ma thèse, par ordre chronologique : Cédric Hemmer, Senem Ayse Haser et Chiara Spaccapanicca.

Parce qu'ils ont fait le bonheur et l'animation de cette thèse, un très grand et chaleureux merci à tous ceux que j'ai pu côtoyer durant cette thèse, dans le désordre : Istvan, Davide, Simone, Pauline, Guy, Nioc, Trup, Christophe, Laurent, Rémi (très grand copain de blagues, de bureau, de science et bien plus), Guillaume, Imre, Erika, Myriam, Kalil, Yousine, Damien, Sébastien (chef, que dis-je, maître du "Beer meeting" à l'IVK, ouvert officiellement uniquement QUE le mercredi soir...), Tamash, Vincent, Jánosh, Peter, Silvania (auteur du résultat OpenFoam), Eric1, Eric2, Didier, Thomas, Florian, Max, Laura, Vanessa, Nicolas, Gillou, Vincent, Esther, Oliver1, Oliver2, Renaud, Vincent, Marie, Raffaele, Aurélien1, Aurélien2, Gaby, Amandine, Serge, Lydie, Adam, Boris, Bern, Justin, Larisa, Rémi, Nicolas, Carine, Cedric, Suzane, Dany, Ines, Julien Lepers, Nagui... et pour tous ceux que j'ai oubliés qu'ils sachent qu'ils y ont droit eux aussi.

Enfin, je ne remercierai jamais assez ma famille qui m'a soutenu dans mes choix, dans ma vie, à distance ou de plus proche, pour tous les sacrifices faits pour moi, leur amour et valeurs qu'ils m'ont transmis...

Pour finir, et afin d'accentuer le caractère unique d'une thèse de doctorat, je tiens à dire quelques mots sur ce qu'on appelle "Le paradoxe du singe savant". Ce paradoxe, initié par Thomas Henry Huxley le 30 juin 1860, est un théorème selon lequel un singe qui tape indéfiniment et au hasard sur le clavier d'une machine à écrire pourra, d'un point de vue probabiliste, écrire un texte donné et donc pourquoi pas cette thèse. Notons que la probabilité qu'un singe tape avec exactitude la thèse dans son entièreté est si faible que la chance (ou la malchance pour moi) que cela se produise au cours d'une période de temps de l'ordre de l'âge de l'univers (à savoir de l'ordre de 13,7 milliards d'année) est minuscule, mais *cependant non nulle.* Afin de m'enlever un horrible doute, il serait donc bon de vérifier cette théorie et espérer qu'elle soit fausse. Le paradoxe du singe savant a été testé expérimentalement par des chercheurs de l'université de Plymouth en Angleterre (réelle étude menée dans le cadre du projet Vivaria). Des membres du programme média de l'université laissèrent un ordinateur dans la cage du zoo de Paignton, demeure de 6 macaques, et attendirent. "Tout d'abord", dit Mike Philips (chef de l'institut d'arts et de technologies digitales de l'université), "le mâle dominant pris une pierre et frappa violemment la machine". Il ajouta : "Ensuite, ils furent d'avantages portés sur la défécation et l'urination au-dessus du clavier". Le résultat est donc sans équivoque et extrêmement valorisant : un singe n'aurait pas pu écrire cette thèse, en tout cas, pas par hasard...

Table des matières

Table des matières   v

Nomenclature   xi

Liste des figures   xix

Liste des tableaux   xxix

Introduction   1

1 Etat de l'art   7
  1.1 Explication et visualisation du phénomène   8
    1.1.1 L'effet mirage   8
    1.1.2 Détermination de l'indice de réfraction et sa dépendance en fonction de la température et de la longueur d'onde   10
    1.1.3 Méthodes de visualisation optiques   16
      1.1.3.1 Présentation des différentes méthodes   17
      1.1.3.2 Ombroscopie   19
      1.1.3.3 Strioscopie   21
      1.1.3.4 Strioscopie orientée sur l'arrière plan (BOS : Background Oriented Schlieren)   26
      1.1.3.5 Vélocimétrie à Laser Doppler (LDV : Laser Doppler Velocimetry)   27
      1.1.3.6 Vélocimétrie par image de particules (PIV : Particle Image Velocimetry)   29
      1.1.3.7 Thermographie   30
  1.2 Modélisation de la propagation du rayonnement dans un milieu inhomogène   34
    1.2.1 Modélisation de la propagation   35

1.2.1.1 Équations de la propagation du champ
électromagnétique 35

1.2.1.2 Chemin optique 36

1.2.1.3 Définition de l'optique géométrique 37

1.2.1.4 Équation et propagation du rayon 37

1.2.2 Utilisation de l'effet mirage en tant qu'outil 41

1.2.2.1 La diffusivité et le contrôle non destructif 41

1.2.2.2 La densité et la concentration . . 42

1.2.2.3 La température 43

1.2.2.4 Autres 44

1.3 Problèmes dus à l'effet mirage et les solutions apportées 44

1.4 Phénomènes de convection 46

1.4.1 Convection 46

1.4.1.1 Les forces de poussées d'Archimède 48

1.4.1.2 Écoulement et transport 51

1.4.1.3 Plaque plane verticale et géométrie
axisymétrique 55

1.4.1.3.a Plaque plane verticale isotherme 55

1.4.1.3.b Géométries axisymétriques 59

1.4.2 Propriétés thermophysiques des fluides . . . 64

1.5 Aspect énergétique : transmission et émission atmosphérique 65

1.5.1 La transmission atmosphérique 66

1.5.2 Les interactions avec le rayonnement électromagnétique 66

1.5.2.1 L'extinction atmosphérique 67

1.5.2.1.a L'absorption 67

1.5.2.1.b La diffusion 69

1.5.2.2 L'émission atmosphérique 70

1.5.2.3 La turbulence atmosphérique . . . 70

1.6 Une première observation du phénomène au sein du
laboratoire : cas du cylindre chaud 71

2 Choix de la configuration et caractéristiques de la perturbation   **77**

2.1 Choix de la configuration et ses caractéristiques . .   78

    2.1.1 Choix de la configuration   78

    2.1.2 Caractéristiques du disque   83

        2.1.2.1 Géométrie et propriétés du disque   83

        2.1.2.2 Étalonnage du disque   85

2.2 Champ de températures dans un panache convectif   89

    2.2.1 Paramètres, maillage et résultats   90

    2.2.2 Validation de FLUENT   92

        2.2.2.1 Champ de vitesses   92

            2.2.2.1.a Vélocimètre par image de particules (PIV)   93

            2.2.2.1.b Vélocimètre par laser Doppler (LDV)   102

        2.2.2.2 Champ de températures   104

            2.2.2.2.a Thermocouple   104

            2.2.2.2.b Thermographie infrarouge .   110

        2.2.2.3 Forme du panache   115

        2.2.2.4 Autre   118

3 Simulation numérique de l'effet mirage par lancer de rayons   **121**

3.1 Validation du code et maillage optimisé   124

    3.1.1 Validation du code   124

    3.1.2 Maillage optimisé   127

3.2 Aspect dimensionnel   128

    3.2.1 Paramétrage et résolution   129

    3.2.2 Résultats   130

3.3 Aspect énergétique   133

    3.3.1 Calcul du rôle de la transmitivité et de l'emissivité du panache   134

        3.3.1.1 Bilan radiatif   136

        3.3.1.2 Modélisation du panache   137

        3.3.1.3 Modélisation des caméras NIR/IR   140

3.3.2   Carte de densités qualitative : mise en évi-
        dence des zones de convergence et divergence 146
3.3.3   Carte de densités quantitative : estimation
        de la variation de température due à l'effet
        mirage 147

**4 Comparaison expériences/simulations faites pour
différentes bandes spectrales   159**
4.1   Présentation de l'installation 160
4.2   Aspect dimensionnel 163
      4.2.1   Présentation de la méthode et des outils . . 163
      4.2.2   Résultats 165
              4.2.2.1   Déplacements dans le visible . . . 165
              4.2.2.2   Déplacements dans le proche infra-
                        rouge 168
              4.2.2.3   Déplacements dans l'infrarouge . . 171
4.3   Aspect énergétique 175
      4.3.1   Infrarouge 175
              4.3.1.1   Estimation de l'erreur de tempéra-
                        ture due à la transmitivité et l'émis-
                        sivité propres du panache 175
              4.3.1.2   Estimation de l'écart de tempéra-
                        ture à travers le panache due à l'ef-
                        fet mirage 178
      4.3.2   Proche infrarouge 180
              4.3.2.1   Estimation de l'erreur de tempéra-
                        ture due à la transmitivité et l'émis-
                        sivité propres du panache 180
              4.3.2.2   Estimation de l'écart de tempéra-
                        ture à travers le panache due à l'ef-
                        fet mirage 182

5 Stratégies de correction   187
5.1   État de l'art 188
      5.1.1   Écoulement turbulent 188

5.1.1.1   Description physique de la turbulence 188

5.1.1.2   Description optique de la turbulence 190

5.1.1.3   Méthodes algorithmiques et statistiques 191

5.1.2   Écoulement laminaire 194

5.1.2.1   Méthode de reconstruction du champ d'indice de réfraction 195

5.1.2.2   Simulation numérique de la perturbation 199

5.2   Reconstruction du champ d'indices de réfraction dans le cas d'un écoulement laminaire 200

5.3   Reconstruction du champ d'indices dans le cas d'un écoulement turbulent 204

Conclusions et Perspectives   209

A   L'origine de l'indice de réfraction   225

A.1   Introduction 225

A.2   Volume d'intérêt 226

A.3   Grandeurs associées 226

A.4   Polarisation 228

A.5   Mise en équation du mouvement d'un électron . . 230

A.6   Mise en évidence de l'indice de réfraction 233

A.7   Dépendance de l'indice de réfraction avec la longueur d'onde 235

A.8   Dépendance de l'indice de réfraction avec la densité 236

B   Degré de luminosité en strioscopie et en ombroscopie   239

C   Quelques règles concernant la méthode BOS   243

C.1   Configurations des différents paramètres [Kli01] . . 243

C.1.1   Paramètres du système de mesure optique 243

C.1.2   Résolution spatiale et floutage 244

C.1.3   L'arrière-plan 246

C.2   Conclusion et règles générales pour des mesures faites
      par BOS   247

D Aspect géométrique et rôle de l'optique   **249**

E Propriétés thermophysiques   **253**
      E.1   La masse volumique   253
      E.2   La viscosité   255
      E.3   La chaleur massique   255
      E.4   La conductivité et la diffusivité thermique   256
      E.5   La dilatabilité thermique   257
      E.6   La chaleur latente de changement d'état   258

F Comparaison avec un autre outil de CFD : Open-
Foam   **259**

G Calculs analytiques du déplacement d'un rayon dans
un cylindre   **263**

H Etalonnage des caméras infrarouge et proche   in-
frarouge   **265**
      H.1   Caméra infrarouge : FLIR SC325   265
      H.2   Caméra proche infrarouge : XenICs   268

Bibliographie   **271**

Nomenclature

Symboles alphabétiques

a	Diffusivité thermique $(m^2.s^{-1})$
	Dimension non occultée par le couteau en strioscopie (m)
c	Vitesse de la lumière dans le vide (299 792 458m.s^{-1})
c_n	Vitesse de la lumière dans le milieu (m.s^{-1})
d	Force électrique
$\overline{d}$	Force électrique moyenne
$\dot{\overline{d}}$	Force électrique moyenne dérivée par rapport au temps
e	Chemin parcouru par une onde, un rayon
	Épaisseur
e_i	Vecteur direction du rayon lumineux selon i
$\overline{e}$	Vecteur d'onde spatiale tridimensionnel
-e	Charge d'un électron
f	Distance focale (m)
f_c	Fréquence de coupure (Hz)
f_d	Fréquence de lumière diffusée par une particule (Hz)
g	Accélération de la pesanteur (m.s^{-2})
$\overrightarrow{g}$	Vecteur accélération de la pesanteur
h	Coefficient d'échange convectif (W.$m^{-2}.K^{-1}$)
	Constante de Planck (6,62617.10^{-34} J.s)
	Force magnétique
$\overline{h}$	Coefficient d'échange convectif moyen (W.$m^{-2}.K^{-1}$)
	Force magnétique moyenne
$\dot{\overline{h}}$	Force magnétique moyenne dérivée par rapport au temps
i	Distance lentille/plan image (m)
	Distance interfrange (m)

k	Conductivité thermique ($\text{W}.m^{-1}.K^{-1}$)
	Constante de Boltzmann ($1{,}38066.10^{-23}$ $\text{J}.K^{-1}$)
	Vecteur d'onde colinéaire à la direction de propagation
k_a	Conductivité de l'air ($\text{W}.m^{-1}.K^{-1}$)
k_c	Conductivité du fil thermocouple ($\text{W}.m^{-1}.K^{-1}$)
k_λ	Coefficient d'extinction optique monochromatique
k_0	Vecteur d'onde dans le vide
$\overline{k}$	Coefficient d'absorption moyen sur la bande étroite ($m^{-1}.atm^{-1}$)
l_λ	Libre parcours moyen monochromatique des photons (m)
n	Indice de réfraction
n_0	Indice de l'air à T=0°C
$\tilde{n}$	Transformée d'Abel de n
p	Moment électrique
r	Vecteur position
	Rayon de courbure
	Coordonnée cylindrique
s	Sensibilité de procédé de strioscopie
t	Temps (s)
u	Composante de la vitesse du fluide ($m.s^{-1}$)
v	Composante de la vitesse du fluide ($m.s^{-1}$)
x	Coordonnée cartésienne
	Fraction molaire de l'espèce gazeuse considérée
y	Coordonnée cartésienne
y'	Dérivée première de y (exemple)
y"	Dérivée seconde de y (exemple)
z	Coordonnée cartésienne
$\vec{A}$	Force de poussée d'Archimède
Bi	Nombre de Biot
C	Concentration d'espèce chimique
C_p	Capacité thermique massique ($\text{J}.kg^{-1}.K^{-1}$)

C_2	Constante de rayonnement ($1{,}44.10^{-2}$ m.K)
C_n^2	Constante de structure des fluctuations de l'indice de réfraction
D	Coefficient de diffusion de l'espèce chimique
	Diamètre du cylindre ou de la sphère (m)
	Déplacement diélectrique
$\dot{D}$	Déplacement du courant
E	Éclairement (lux)
E	Vecteur force électrique
F	Facteur de forme
G	Grandissement
Gr	Nombre de Grashof
H	Vecteur de force magnétique
K	Paramètre de Gladstone-Dale ($m^3.kg^{-1}$)
K_λ	Coefficient monochromatique d'absorption thermique (m^{-1})
L	Longueur caractéristique de la surface (m)
L_λ	Luminance monochromatique ($\text{W}.m^{-3}.sr^{-1}$)
L_λ°	Luminance monochromatique de Planck ($\text{W}.m^{-3}.sr^{-1}$)
$L_{\Delta\lambda}$	Luminance sur une plage spectrale donnée ($\text{W}.m^{-3}.sr^{-1}$)
M	Masse molaire (kg.mol^{-1})
N	Nombre d'Avogadro ($6{,}022141.10^{22}$ mol^{-1})
	Ouverture numérique
	Nombre de raies sur la plage spectrale
	Nombre de particules par unité de volume
NN	Niveaux numériques
Nu	Nombre de Nusselt
$\overline{Nu}$	Nombre de Nusselt moyen
O	Origine du repère cartésien
P	Pression statique (Pa)
	Distance arrière-plan/lentille (m)
	Un point du milieu

	Polarisation électrique
P_a	Pression atmosphérique (1,013.10^5 Pa)
Pr	Nombre de Prandtl
R	Constante des gaz parfait (8,314 J.mol^{-1}.K^{-1})
	Rayon (m)
R(λ)	Réponse spectrale de la caméra
Ra	Nombre de Rayleigh
R_p	Ecart relatif de la pression par rapport à la température
S	Surface (m^2)
S_c	Section du fil de thermocouple (m^2)
S_d	Surface du détecteur (un pixel) (m^2)
S_t	Surface de la soudure thermocouple (m^2)
S(r)	Surface/front d'onde
T	Température (°C ou K)
TA	Transformée d'Abel
T_a	Température apparente (°C ou K)
T_{atm}	Température de l'atmosphère (°C ou K)
T_c	Température de la conduite (°C ou K)
T_e	Température d'équilibre (°C ou K)
T_{env}	Température de l'environnement (°C ou K)
T_{obj}	Température de l'objet visé (°C ou K)
T_p	Température à la paroi (°C ou K)
T_∞	Température loin de la surface d'échange (°C ou K)
U	Vitesse du fluide (m.s^{-1})
U_p	Vitesse d'une particule (m.s^{-1})
U_{max}	Vitesse maximale (au centre de la conduite) (m.s^{-1})
$\overline{U}$	Vitesse moyenne (m.s^{-1})
V	Vitesse de la charge (m.s^{-1})
V_s	Tension de sortie caméra (V)
X	Distance plan d'arrivée/perturbation (centre du disque) (m)
Z	Distance arrière-plan/perturbation (m)
Z_c	Distance perturbation/lentille (m)

Symboles grecs

α	Polarisabilité d'une molécule ($C^2.m^2.J^{-1}$)
	Inclinaison d'un front d'onde (degré)
α_0	Polarisabilité d'une molécule isolée($C^2.m^2.J^{-1}$)
β	Coefficient de dilatation (K^{-1})
$\overline{\beta}$	Espacement moyen des raies (m)
γ	Largeur à mi-hauteur des raies d'absorption (m)
$\overline{\gamma}$	Largeur à mi-hauteur moyenne (m)
δ	Épaisseur de couche limite (m)
Δs	Déplacement de la particule (m)
Δt	Intervalle de temps (s)
ΔT	Différence de température (°C ou K)
$\Delta\lambda$	Plage spectrale (m)
ε	Facteur d'émission
	Permittivité électrique relative
ε_y	Angle de déviation lumineuse entre un rayon dévié ou non selon y (degré)
ε_0	Permittivité du vide (8,85.10^{-12} kg$^{-1}.m^{-3}.A^2.s^4$)
ζ	Distance sur laquelle l'électron se déplace (selon z)
η	Sensibilité de la caméra (NN.W^{-1})
	Distance sur laquelle l'électron se déplace (selon y)
Θ	Angle fait entre un rayon et la normale à la surface de la couche d'indice constant (degré)
λ	Longueur d'onde (m)
μ	Viscosité dynamique (Pa.s^{-1})
	Perméabilité magnétique relative
	Constante diélectrique
ν	Viscosité cinématique (m^2.s)
	Fréquence de vibration (Hz)
ξ	Distance sur laquelle l'électron se déplace (selon x)
π	Pi (3,141 592 654)
ρ	Masse volumique (kg.m^{-3})
	Facteur de réflexion

ϱ	Densité de volume de charge dans une particule
σ	Nombre d'onde (m^{-1} ou μm^{-1})
	Constante de Stefan-Boltzmann ($5{,}6704.10^{-8}$ W.m^{-2}.K^{-4})
τ	Facteur de transmission
	Constante de temps
τ_s	Temps de relaxation (s)
$\tau_{\Delta\lambda}$	Facteur de transmission sur une plage spectrale donnée
φ	Angle fait par le rayon de courbure r (degré)
	Un vecteur de quantité de mouvement
φ_p	Densité de flux de chaleur à la parois (W.m^{-2})
$\overline{\varphi}$	Quantité moyenne de mouvement
ϕ	Phase de l'onde
Φ	Flux de chaleur (W)
Φ_C	Flux de chaleur conductif (W)
Φ_E	Densité spectrale d'énergie (W)
Φ_n	Densité spectrale spatiale des fluctuations de l'indice de réfraction
Φ_R	Flux de chaleur radiatif (W)
ω	Fréquence de l'onde périodique (Hz)
Ω	Angle solide (sr)
Ω_p	Angle solide sous lequel le point chaud voit la lentille (sr)

Autres symboles et acronymes

$\wp$	Champ magnétique externe
BOS	Background Oriented Schlieren
CCD	Charge-Coupled Device
CFD	Computational Fluid Dynamics
ICAA	Institut Clément Ader Albi
IR	InfraRouge
IVK	Institut von Karman

LBL	Line By Line
LDV	Laser Doppler Velocimetry
MASS	Multi Aperture Scientillation Sensor
MSBE	Modèle Statistique à Bandes Étroites
DTEB	Différence de température équivalente de bruit
NIR	Near InfraRed (proche infrarouge)
OpenFoam	Open Field Operation and Manipulation
PIV	Particle Image Velocimetry
SCIDAR	SCIntillation Detection And Ranging
WIDIM	WIndow Displacement Iterative Multigrid

Liste des figures

1   Évolution de la dérivée de la luminance monochromatique de Planck en fonction de la température pour différentes longueurs d'onde   2

2   (a) Évolution du contraste du cylindre et (b) de l'écart-type sur la mesure de son diamètre en fonction de la température   3

1.1   Exemple de mirage inférieur pour un sol plus chaud que l'air (a) [Sch08] et supérieur pour un sol plus froid (b) [Ast]   8

1.2   Principe de création d'un mirage   9

1.3   Effet mirage à faible distance (les cercles rouges correspondent à la forme et la position d'origine des disques noirs subissant une distorsion   10

1.4   Evolution du paramètre de Gladstone-Dale de l'air en fonction de la longueur d'onde   12

1.5   Évolution de l'indice de réfraction en fonction de la température et de la longueur d'onde   15

1.6   (a) Variation de la dérivée de l'indice de réfraction en fonction de la temperature avec la température (b) Variation de la dérivée de l'indice de réfraction en fonction de la longueur d'onde avec la longueur d'onde   15

1.7   Déviation d'un front d'onde par de faibles variations d'indice de réfraction   19

1.8   Déformation d'une surface d'onde par des gradients d'indice de réfraction   20

1.9   Schéma d'une montage d'ombroscopie directe . . .   21

1.10 Ombroscopie de panaches convectif dans de l'eau [CLLP04]   21

1.11 Schéma d'un montage de strioscopie   22

1.12 Schéma de principe du montage Foucault   22

1.13 Variation d'éclairement en strioscopie engendrée par
     un gradient d'indice de réfraction   23

1.14 Schéma du strioscope en Z   25

1.15 Schéma de principe de la méthode de BOS   27

1.16 Principe de la méthode de LDV [Vis]   28

1.17 Exemple de figure d'interférence   28

1.18 Déplacement d'une particule en un temps $t = t_2 \text{-} t_1$ 29

1.19 Chaîne de mesure d'une méthode PIV   30

1.20 Les différentes grandeurs jouant un rôle en thermo-
     graphie infrarouge   31

1.21 Schéma des fronts d'onde et des rayons lumineux .   38

1.22 Schéma simplifié de la propagation de rayons dans
     un milieu d'indice de réfraction non homogène . .   39

1.23 Schéma simplifié de la mesure de diffusivité dans un
     fluide par effet mirage   42

1.24 Forces appliquées à un volume unitaire   49

1.25 Schéma de la convection le long d'une plaque plane
     et ses différents régime en fonction du nombre de
     Rayleigh   56

1.26 Images d'interférométrie montrant les lignes de tem-
     pératures constante autour d'une plaque verticale
     chaude en convection libre (a) [VD92] (b) [Hol92] .   58

1.27 Géométrie de l'écoulement au-dessus d'un disque chaud
       62

1.28 Évolution du nombre de Rayleigh en fonction de la
     configuration et de la température   63

1.29 Principales bandes d'absorption moléculaire et fe-
     nêtre atmosphérique [WH]   68

1.30 Schéma de la méthode de stéréo-vision adoptée pour
     la visualisation du phénomène   71

1.31 Image d'un résultat obtenu après post-traitement
     d'une image déformée   73

2.1   Schéma simplifié de l'observation de la perturbation
       dans le cas de la plaque plane verticale   79

2.2   Schéma montrant le profil de température et de vi-
       tesse d'un tube cylindrique chauffé   80

2.3   Comparaison des profils de température entre un jet
       d'air et un panache convectif   81

2.4   Photographie de l'enceinte en plexiglas contenant le
       disque chauffant utilisée pour les expériences . . .   83

2.5   Schéma de l'équipement chauffant avec son câblage   84

2.6   (a) Photographie du premier montage du disque (b)
       Photographie du disque chauffant avec l'isolant . .   85

2.7   Evolution de l'emissivite de la peinture en fonction
       de la longueur d'onde   86

2.8   (a) Thermograme du disque avec isolant en situation
       "établie" (consigne 500°C) (b) Profil de température
       correspondant   86

2.9   Evolution de l'écart de température (consigne/moyenne)
       et de l'écart-type sur la surface du disque en fonction
       de la température de consigne   87

2.10   Diagramme montrant les étapes principales de la
       méthode numérique adoptée   89

2.11   (a) Maillage du domaine et conditions limites utili-
       sées (b) Profil type inséré dans les conditions limites
       du disque et de l'isolant (consigne à 500°C)   91

2.12   (a) Champ de températures (a) et ses profils associés
       à différentes hauteurs (b) obtenus avec Fluent pour
       une consigne à 800°C   92

2.13   Générateur de particules   93

2.14   Temps de d'établissement de la vitesse d'une des
       particules utilisées   95

2.15   (a) Schéma de la première installation utilisée pour
       la méthode de PIV, (b) Photographie de la 2eme ins-
       tallation   96

2.16 Photographie de l'expérience finale avec le réservoir
      (a), Photographie de l'intérieur de l'enceinte équipée
      du nid d'abeille (b)   97

2.17 (a) Photographie de l'expérience lors d'un flash la-
      ser, (b) Exemple typique d'image acquise   99

2.18 Utilisation de la première itération (flèches et lignes
      pleines) pour construire une meilleure prédiction (flèches
      et lignes pointillées) 100

2.19 (a) Champ de vitesses numérique obtenu avec Fluent,
      (b) Champ de vitesses expérimental obtenu par PIV
      (moyenne de 30 images) 100

2.20 Vitesse maximale expérimentale obtenue 6cm au-
      dessus du disque (la ligne horizontale représente la
      moyenne) 101

2.21 (a) Le processeur Doppler utilisé,(b) Photographie
      du montage de LDV et du disque 103

2.22 Comparaison entre les vitesses de panache prédites
      par Fluent et mesurées par LDV en fonction de la
      température de disque 104

2.23 Illustration du bilan thermique d'un thermocouple
      dans un écoulement 105

2.24 Écart de la température faite par la mesure thermo-
      couple en fonction de la température du disque (r=0
      h=10cm) 109

2.25 (a) Photographie montrant le disque isolé avec son
      support et la feuille de papier peinte fixé en son
      centre (b) Schéma de la méthode employée 110

2.26 Panache (Fluent) et zone d'intérêt pour le calcul
      d'un h représentatif (encadré en blanc) 112

2.27 (a) Champ de température radial 2cm au-dessus du
      disque à 100°C (b) Profil de température radial cor-
      respondant 113

2.28 (a) Champ de température Fluent au-dessus du disque
à 100°C (b) Champ de température expérimental
au-dessus du disque à 100°C   114

2.29 Profils de température radiale numérique et expérimental 2cm au-dessus du disque   115

2.30 Montage de strioscopie utilisé pour l'observation du
panache   116

2.31 Installation de strioscopie utilisée à l'IVK   116

2.32 Différentes images strioscopiques du panache pour
différentes températures de disque   117

2.33 Passage d'une fluctuation dans le panache (Température disque= 300°C)   118

3.1 Schéma simplifié illustrant le fonctionnement du code
et sa géométrie   123

3.2 Exemple de discrétisation du volume en cellules . .   124

3.3 (a) Géométrie et distances utilisées pour la validation (b) Nomenclature des angles utilisés pour le calcul analytique   125

3.4 (a) Carte de déplacements analytique (b) Carte de
déplacements numérique 10×10×50 (c) Carte de déplacements numérique 10×10×100   125

3.5 Comparaison des déplacements obtenus de façon analytique et numérique   126

3.6 (a) Évolution du temps nécessaire au maillage et de
l'erreur moyenne faite sur le champ de déplacement
entre un maillage donné et le maillage de référence
(b) Évolution du temps de calcul suivant le nombre
de mailles   127

3.7 (a) Carte des déplacements selon y (horizontalement) (b) Carte des déplacements selon z (verticalement)   130

3.8 Positionnement des points et de la largeur de panache utilisés pour les valeurs du tableau 3.1 . . .   132

3.9 Carte des angles (en degré) selon l'angle ϕ (horizontal) 132

3.10 Principe du calcul radiatif   135

3.11 Etapes de la démarche adoptée   136

3.12 Discrétisation du panache utilisée pour le calcul de
      la luminance sortante (épaisseur totale=8cm) . . .   139

3.13 Évolution de la transmitivité du panache en fonction
      de la longueur d'onde   140

3.14 (a) Évolution des NN de la caméra en fonction T_{CN}
      (distance focale 30mm) (b) Evolution des NN de la
      caméra en fonction du flux corps noir reçu   142

3.15 (a) Évolution de l'écart de température dû à la pré-
      sence du panache en fonction de la température du
      corps noir dans la bande III et (b) la contribution
      respective des deux effets   143

3.16 Évolution de l'écart de température dû à la présence
      du panache en fonction de la température du corps
      noir dans le proche infrarouge   144

3.17 Schéma simplifié d'un capteur recevant des rayons
      en présence ou non de perturbation   145

3.18 Carte de densités avec plan d'arrivée à 5m   146

3.19 (a) Taille et positionnement de la zone chaude sur
      une moitié du panache (b) Principe de la simulation   148

3.20 Principe de la simulation numérique réalisée   148

3.21 Evolution de l'ecart relatif entre les deux cartes de
      densités en fonction de la résolution pour deux dis-
      tances du plan d'arrivée   151

3.22 Carte de densités sans la perturbation (a) et avec
      (b) pour une discrétisation de 90×90 à une distance
      de 37cm   152

3.23 Carte de variations de températures à la distance de
      37cm pour deux discrétisations (a) 90×90 (b) 20×20   154

3.24 Evolution du ΔT_{max} en fonction de la résolution spa-
      tiale (T_{CN}=500K) (a) et de la température du corps
      noir (20×20) (b)   155

4.1 Photographie de la face intérieure avant (a) et ar-
     rière (b) de l'enceinte   161
4.2 Photographie de l'ensemble des enceintes et de l'ins-
     trumentation   162
4.3 Plage spectrale d'émission d'une lampe halogène .   162
4.4 Schéma du principe de la méthode de BOS   164
4.5 Images enregistré par la caméra visible en absence
     du panache (a) et en sa présence (b)   164
4.6 (a) Champ de vue de la caméra sur la plan d'arrivée
     (b) champ de déplacements dans la bande spectrale
     du visible (moyenné sur 20 images)   166
4.7 Image du champ de vitesses instantanées au-dessus
     du disque   167
4.8 Valeurs maximales et minimales pour chaque image
     et leur moyenne   167
4.9 Illustration de l'angle de vue crée par l'objectif em-
     pêchant d'observer le disque de façon rasante . . .   168
4.10 (a) Champ de vue de la caméra sur la plan d'arrivée
     (b) champ de déplacements dans la bande spectrale
     du proche infrarouge (moyenné sur 10 images) . .   169
4.11 Image du champ de vitesses instantané au-dessus du
     disque   170
4.12 Valeurs maximales et minimales pour chaque image
     et leur moyenne   170
4.13 Photographie de l'équipement (a) permettant de créer
     un motif infrarouge (b)   171
4.14 (a) Champ de vue de la caméra sur la plan d'arrivée
     (b) Image du champ de vitesses instantané au-dessus
     du disque   172
4.15 Champ de déplacements dans la bande spectrale de
     l'infrarouge (moyenné sur 10 images)   173
4.16 Valeurs maximales et minimales pour chaque image
     et leur moyenne   174
4.17 Schéma de principe de l'expérimentation   176

4.18 Photographie de l'installation utilisée pour l'estimation de l'erreur de température liée à la transmis-
sion/émission du panache et à l'effet mirage 177
4.19 Évolution des erreurs de température par transmission et effet mirage dues à la présence du panache
pour la bande spectrale infrarouge 180
4.20 Évolution des erreurs de température par transmission et effet mirage dues à la présence du panache
pour la bande spectrale proche infrarouge 183
4.21 Évolution de l'écart de température dû à l'effet d'émission et de transmission du panache obtenu numériquement et expérimentalement en fonction de la
température du corps noir 184

5.1 Schéma générique du dispositif expérimental de BOS
simplifié à un déplacement 1D selon y 196
5.2 Carte des déplacements obtenue pour un maillage
de 100×100×100 à 800°C et 632,8nm 201
5.3 (a) Reconstruction du champ d'indices de réfraction
(b) Champ d'indices de réfraction calculé par Fluent 201
5.4 Profils radiaux 4cm au-dessus du disque 202
5.5 Étapes de la démarche adoptée pour tester l'efficacité de la correction 202
5.6 (a) Mire perturbée (b) Mire corrigée (c) Mire de
référence (les lignes fines verticales symbolisent le
centre des traits verticaux de référence) 203
5.7 Démarche proposée pour la correction d'image perturbée par un écoulement turbulent 205
5.8 Principe de fonctionnement de l'analyseur de front
d'onde de Shack-Hartmann 220

B.1 Déviations lumineuses entrainant un déplacement
des rayons (a) visible et (b) non visible en ombroscopie240

C.1 Distance focale en fonction de la distance camera-
objet pour différents grossissement 244

C.2 Schéma montrant l'aire de résolution 245

C.3 Augmentation de l'aire $g(z)$, plan de coupe du chemin optique en 2 positions 246

D.1 Rayonnement d'un objet sur un détecteur plan en absence de lentille 250

D.2 Dispositif avec lentille de focalisation (vue générale) 250

D.3 Vue du chemin optique dans l'ensemble du système 251

D.4 (a) Réponse en volt de la caméra en fonction du flux reçu (Sensibilité) (b) Réponse spectrale de la caméra SC325 252

E.1 Évolution de la masse volumique de l'air en fonction de la température 254

E.2 Evolution de la viscosité dynamique de l'air en fonction de la température 256

E.3 Evolution de la chaleur spécifique de l'air en fonction de la température 257

E.4 Evolution de la conductivité thermique de l'air en fonction de la température 257

F.1 (a) Image de la tranche axisymétrique entière maillée (b) Zoom du maillage au niveau du disque 260

F.2 Champs de températures obtenus respectivement avec OpenFoam (a) et Fluent (b) pour une température de disque à 700°C 261

F.3 Comparaison des profils de température Fluent et OpenFoam à deux hauteurs de panache différentes 261

G.1 Nomenclature des angles utilisés pour le calcul analytique 263

H.1 Évolution du rendement de la caméra infrarouge en fonction de la longueur d'onde 266

H.2 Évolution du flux reçu par la caméra en fonction de la température du corps noir 267

H.3 Évolution des niveaux numériques en fonction de la
     température (a) et du flux reçu (b) 267
H.4 Évolution du rendement de la caméra proche infra-
     rouge en fonction de la longueur d'onde 269
H.5 Évolution des niveaux numériques en fonction de la
     température (a) et du flux reçu (b) 270

Liste des tableaux

1.1 Différentes méthodes optiques de visualisation. . .   17

1.2 Liste non exhaustive des principales propriétés thermophysiques de l'air.   65

2.1 Caractéristiques de la caméra infrarouge SC325 . .   85

2.2 Propriétés des températures de surface du disque pour différentes températures de consigne   87

2.3 Évolution des nombres adimensionnels et du coefficient d'échange avec la température du disque . . .   108

3.1 Largeur du panache et déplacements induits par la perturbation en différents points et longueurs d'onde   131

3.2 Transmitivité effective pour différentes plages spectrales   141

3.3 Caractéristiques de la caméra proche infrarouge XenICs   144

3.4 Variations des températures pour les bande spectrales de l'IR et du NIR pour un corps noir variant entre 50°C et 500°C   156

4.1 Déplacements induits par la perturbation calculés par lancer de rayons et mesurés par BOS   174

4.2 Niveaux numériques mesurés par la caméra en présence ou non du panache et les ΔT associés dans l'infrarouge.   178

4.3 ΔT mesurés du à l'effet mirage pour la bande spectrale de l'infrarouge   179

4.4 Niveaux numériques mesurés par la caméra en présence ou non du panache et les ΔT associés pour le proche infrarouge   181

4.5   Niveaux numériques mesurés par la caméra en présence ou non du panache et les ΔT associés pour la bande spectrale proche infrarouge 182

H.1   Caractéristiques de la caméra infrarouge SC325 . .   265

H.2   Caractéristiques de la caméra proche infrarouge XenICs 268

Introduction

Dans l'industrie comme dans les laboratoires de recherche, les mesures sans contacts de température et/ou dimensionnelle d'objets chauds sont souvent nécessaires. Une méthode efficace de réaliser cela est d'utiliser une caméra et d'observer l'objet dont on veut connaitre la taille (déformation ou déplacement si une charge est appliquée) et/ou la température. L'Institut Clément Ader Albi (ICAA) et l'Institut von Karman (IVK) mènent depuis un certain nombre d'années des travaux sur la radiométrie infrarouge dans l'optique de faire de la thermographie quantitative (mesure de température vraie sans contact). Ces travaux ont permis d'explorer les potentialités de plusieurs bandes spectrales : 8-12μm, 3-5μm et plus récemment la bande proche infrarouge (0,75-1,7μm à l'aide de caméra CCD (Si) ou VisGaAs (InGaAs). Des études ont été faites dans le but d'utiliser des caméras CCD visibles classiques (capteur silicium fonctionnant entre 0,35μ et 1,1μm) afin de réaliser des mesures couplées thermo-dimensionnelle et ainsi fusionner des données vidéos classiques avec des données énergétiques infrarouges [HK94]. Il y a de nombreux avantages à travailler dans le proche infrarouge afin de réaliser une mesure couplée thermo-dimensionnelle :

- Très bonne sensibilité pour la mesure de température. La figure 1 montre la dérivée de la loi de Planck, donc la sensibilité, en fonction de la température pour différentes longueurs d'onde

- Résolution spatiale du détecteur plus élevée que pour les caméras infrarouges classiques

- Plus faible dépendance du système à l'émissivité inconnue des métaux en fonction de la température. En effet, il est possible de minimiser l'influence de l'émissivité, comme le montre l'équation (1), en utilisant des longueurs d'onde plus courtes

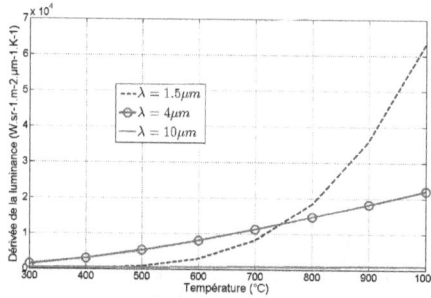

FIGURE 1: Évolution de la dérivée de la luminance monochromatique de Planck en fonction de la température pour différentes longueurs d'onde

que l'infrarouge dit classique (cf. bandes spectrales présentées plus tôt), voire l'ultraviolet [HVM97].

$$\frac{\Delta T}{T} = \frac{\lambda T}{C_2} \frac{\Delta \varepsilon}{\varepsilon} \tag{1}$$

avec

T Température du matériaux

C_2 Constante de rayonnement (1,44.10^{-2} m.K)

ε Émissivité du matériaux

λ Longueur d'onde

Les travaux effectués dans ce domaine particulier ont cependant mis en évidence la présence de perturbations, notamment pour les hautes températures. La thèse de Claudinon [Cla00] a montré l'incapacité du système à obtenir des mesures dimensionnelles valides pour des températures supérieurs à 800°C. La figure 2 montre l'évolution de l'écart-type de la mesure dimensionnelle par caméra CCD du diamètre apparent d'un cylindre chauffé à différentes températures.

Comme on peut le voir sur la figure 2, l'élévation de la température entraine une forte augmentation de l'écart-type et donc des

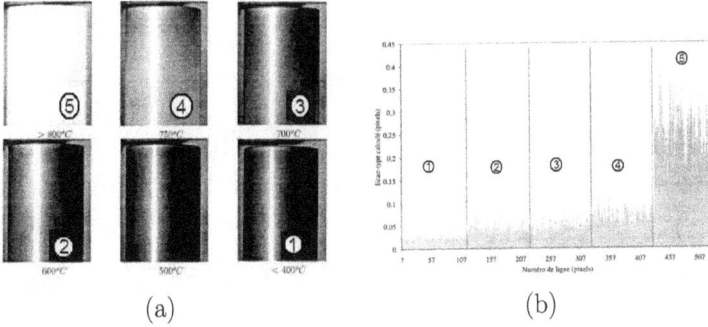

(a)   (b)

FIGURE 2: (a) Évolution du contraste du cylindre et (b) de l'écart-type sur la mesure de son diamètre en fonction de la température

mesures moins précises. Une telle évolution de l'écart-type dans ce cas précis est liée à deux phénomènes : la diminution du contraste entre la pièce et le fond et l'augmentation de perturbations liées au phénomène de convection autour de l'objet chaud. Le premier phénomène concernant l'évolution du contraste apparent de la pièce ne sera pas traité dans cette thèse, certaines méthodes relativement simple, comme l'utilisation d'un filtre approprié (vers le bleu) associé à un éclairage adéquat, semble déjà permettre une efficace amélioration du contraste [PWWX11]. En revanche, c'est le deuxième phénomène découlant de la perturbation optique amené par l'air chaud autour de l'objet qui va nous intéresser dans cette thèse.

Cette thèse aborde de façon détaillée le traitement d'un certain nombre de grandeurs d'influence liées à la mesure de différents paramètres dans le domaine du proche infrarouge mais également étendus aux domaines du visible et de l'infrarouge. La première de ces grandeurs jouant un rôle primordial pour la détermination de la température vraie est l'émissivité. Le traitement de cette grandeur fait l'objet d'une autre thèse [Gil12] réalisée à l'ICAA. La seconde grandeur d'influence touche plus particulièrement à la localisation des points chauds sur l'objet, de la distorsion du champ de température (énergétique) ou du champ de vue (dimensionnel) apportée

par les effets convectifs présents autour d'un objet à hautes températures. Cette grandeur est le cœur de cette thèse. Lorsqu'une pièce
chaude se trouve dans un milieu ambiant beaucoup plus froid, il
se crée un gradient de température et donc d'indice de réfraction
autour dudit objet. Or les caméras travaillant dans les différentes
bandes spectrales vont être plus ou moins sensibles à ces variations
d'indices de réfraction du fait de la dépendance de l'indice optique
avec la longueur d'onde et de la résolution spatiale de la caméra
utilisée. Ce phénomène appelé, *"effet mirage"*, entraîne inévitablement une déformation des informations spatiales reçues par la
caméra.

La démarche adoptée va donc être d'amener d'abord une très
bonne connaissance du phénomène d'effet mirage, de comprendre
tous les mécanismes rentrant en jeu et de l'étudier à l'aide de méthodes numériques et expérimentales qui seront confrontées entre
elles. Ces différentes méthodes ont pour but d'amener une estimation des erreurs dimensionnelles et énergétiques engendrées par la
présence d'une variation d'indices de réfraction de l'air et pourquoi
pas une prédiction voire possible correction d'images acquises en
présence d'une telle perturbation.

Afin de suivre l'approche du sujet que nous avons proposée,
nous présenterons dans le chapitre 1 les conditions d'apparition de
l'effet mirage et les conséquences de celui-ci sur les rayons lumineux. Nous verrons également les différentes méthodes permettant
de nos jours de le visualiser et de l'utiliser en tant qu'outil, les problèmes inhérents à sa présence et les possibles moyens de réduire
son effet sur certaines mesures. Après une première expérimentation le mettant en évidence, un choix de la configuration approprié
pour notre étude sera réalisé dans le chapitre 2. La perturbation
générée sera étudiée par différentes méthodes expérimentales (thermographie, thermocouple, PIV, LDV...) et comparée aux simulations numériques faites par un logiciel de CFD (Computational

Fluid Dynamics). Cette simulation numérique sera utilisée dans le chapitre 3 avec l'utilisation conjointe d'un logiciel de lancer de rayons et va rendre possible l'estimation de façon numérique des erreurs dimensionnelle et énergétique engendrées par l'effet mirage. Ces résultats numériques feront l'objet d'une comparaison expérimentale dans le chapitre 4. Le dernier chapitre sera quant à lui dédié aux stratégies de corrections possibles des effets de la perturbation sur les images ; on distinguera deux approches : la correction des images à l'aide de méthode statistiques et algorithmiques (plutôt pour un écoulement turbulent) et la correction des images à l'aide de méthodes expérimentales (BOS) et de l'outil prédictif développé lors de la thèse (plutôt un écoulement laminaire). Les conclusions et perspectives seront alors apportées sur l'étude globale faite tout au long de ce travail de thèse.

CHAPITRE 1

Etat de l'art

Sommaire

1.1 Explication et visualisation du phénomène   8
   1.1.1 L'effet mirage   8
   1.1.2 Détermination de l'indice de réfraction et sa dé-
      pendance en fonction de la température et de la
      longueur d'onde 10
   1.1.3 Méthodes de visualisation optiques 16
1.2 Modélisation de la propagation du rayonnement
   dans un milieu inhomogène 34
   1.2.1 Modélisation de la propagation 35
   1.2.2 Utilisation de l'effet mirage en tant qu'outil . . . 41
1.3 Problèmes dus à l'effet mirage et les solutions
   apportées 44
1.4 Phénomènes de convection 46
   1.4.1 Convection 46
   1.4.2 Propriétés thermophysiques des fluides 64
1.5 Aspect énergétique : transmission et émission
   atmosphérique 65
   1.5.1 La transmission atmosphérique 66
   1.5.2 Les interactions avec le rayonnement électroma-
      gnétique 66
1.6 Une première observation du phénomène au sein
   du laboratoire : cas du cylindre chaud 71

Ce chapitre a pour objectif de faire un point et un résumé sur les différentes connaissances relatives à "l'effet mirage". Il permet de bien comprendre les mécanismes de convection, la création du phénomène et sa visualisation. Nous donnons également des exemples de problèmes liés à "l'effet mirage" déjà remarqués par la communauté scientifique ainsi que des solutions proposées pour traiter ce problème. Enfin, nous proposerons un test préliminaire permettant de le visualiser en laboratoire.

1.1 Explication et visualisation du phénomène

1.1.1 L'effet mirage

L'effet mirage est un phénomène optique dû à la déviation des faisceaux lumineux par des superpositions de couches d'air de températures différentes. La déviation de ces rayons donne alors l'impression que l'objet que l'on regarde est à un endroit autre que son emplacement réel, et peut déformer l'image observée. Les images produites par l'effet mirage sont sujettes à interprétation : par exemple il est classique que les mirages inférieurs aient l'apparence d'étendues d'eau étant pour la plupart du temps une image déplacée de ciels bleus (Fig. 1.1(a)).

(a)   (b)

FIGURE 1.1: Exemple de mirage inférieur pour un sol plus chaud que l'air (a) [Sch08] et supérieur pour un sol plus froid (b) [Ast]

L'indice de réfraction de l'air n'est pas une constante : il évolue notamment avec la température et la pression atmosphérique, ainsi que l'humidité et plus généralement la composition de l'air. Les

couches d'air froid par exemple, sont plus denses et de ce fait, leur
indice de réfraction est plus fort car l'indice de réfraction évolue
proportionnellement à la pression et inversement à la température
(voir section 1.1.2). La superposition de couches d'air de plus en
plus chaudes ou froides créent un gradient de température et donc
d'indice de réfraction. Les rayons lumineux traversant un tel milieux d'indices de réfraction non homogènes vont alors subir une
déviation comme le montre simplement la figure 1.2.

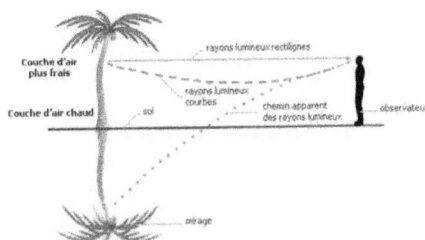

FIGURE 1.2: Principe de création d'un mirage

Les rayons lumineux au sein des différentes couches d'indices
de réfraction vont subir de multiples réfractions, chacune d'entre
elles régies par la loi de Descartes (cf. Eq. (1.1)). Ils vont alors
décrire une trajectoire courbe jusqu'à arriver aux yeux de l'observateur ou du capteur de l'appareil d'acquisition. Ceci permet alors
de comprendre et d'expliquer la création de mirages supérieurs et
inférieurs.

$$n_1 \cdot sin(\theta_2) = n_2 \cdot sin(\theta_2) \qquad (1.1)$$

avec n_1 et n_2 respectivement les indices de réfraction de la couche
1 et 2, et θ l'angle fait entre le rayon et la normale à la surface
de la couche d'indice de réfraction constant.

Il est également possible d'observer l'effet mirage sur des distances beaucoup plus courtes que celles données en exemple dans
les photos précédentes. Pour cela, il suffit d'accentuer le gradient
de température et donc celui de l'indice de réfraction afin de dévier

d'avantage les rayons lumineux. A titre d'exemple, on peut noter la déviation des rayons lumineux traversant l'air chaud s'élevant d'un radiateur et dessinant alors sur le sol les panaches convectifs présents au-dessus de l'équipement chauffant. Nous observons également cet effet en laboratoire même sur de très courtes distances lorsque le gradient est très élevée. La figure 1.3 représente le déplacement d'un motif régulier passant à travers un panache d'air chaud. Malgré une distance de quelques dizaines de centimètre, la déviation du motif est clairement visible.

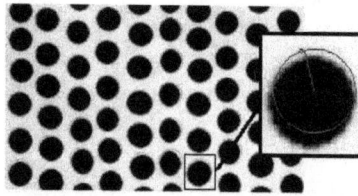

FIGURE 1.3: Effet mirage à faible distance (les cercles rouges correspondent à la forme et la position d'origine des disques noirs subissant une distorsion

Maintenant que le principe physique de l'effet mirage a été expliqué, voyons la dépendance de l'indice de réfraction à la température et à la longueur d'onde ainsi que la méthode qui permet de le déterminer.

1.1.2 Détermination de l'indice de réfraction et sa dépendance en fonction de la température et de la longueur d'onde

L'indice de réfraction n d'un milieu transparent, pour une longueur d'onde donnée, peut se définir de la façon suivante [MF01, Sum86, Lor03] :

$$n = \frac{c}{c_n} \tag{1.2}$$

avec respectivement c la vitesse de la lumière dans le vide et c_n dans le milieu intéressé.

L'indice de réfraction est relié à la masse volumique ρ par la relation de Lorentz-Lorenz [BG74] :

$$\frac{n^2 - 1}{n^2 + 2} \cdot \rho^{-1} = \frac{N.\alpha}{3.\varepsilon_0} \qquad (1.3)$$

où

ε_0 : permittivité du vide $(8,85.10^{-12} \text{ k}g^{-1}.m^{-3}.A^2.s^4)$

N : nombre d'Avogadro $(6,022141.10^{23}\text{mo}l^{-1})$

α : polarisabilité d'une molécule $(C^2.m^2.J^{-1})$

Pour un gaz à faible densité tel que l'air n$\approx$1, l'équation précédente se simplifie de la façon suivante :

$$\frac{2}{3}.(n-1).\rho^{-1} = \frac{N.\alpha_0}{3.\varepsilon_0} \qquad (1.4)$$

où

α_0 : polarisabilité d'une molécule isolée (peut être différent de α pour de plus hautes densités à cause d'effets d'intéractions moléculaires)

Nous retrouvons la forme usuelle de la formule de Gladstone-Dale (base des techniques interférométriques) :

$$n - 1 = K.\rho(T) \qquad (1.5)$$

avec

$$K = \frac{N.\alpha_0}{2.\varepsilon_0} \quad (m^3/\text{kg}) \qquad (1.6)$$

où

K : paramètre de Gladsone-Dale (aussi appelé "réfractivité spécifique" ou "réfractivité molaire"). K est fonction de la longueur d'onde, de la température et de la pression. Sa valeur est tabulée pour des longueurs d'onde dans des conditions de température et de pressions différentes [Mer87, BD93, Emr81].

Pour la longueur du laser He-Ne par exemple : λ=632,8nm et K=0,2256.10$^{-3}m^3$/kg.

C'est la dépendance de α_0 avec la longueur d'onde qui crée la dépendance de K en fonction de la longueur d'onde (voir Fig. 1.4). Les détails quant à l'origine de l'indice de réfraction et de sa dépendance à la longueur d'onde sont donnés dans l'annexe A.

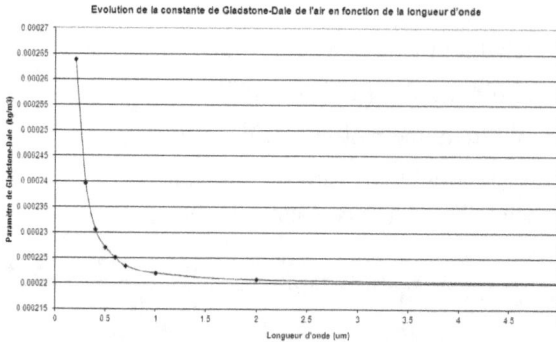

FIGURE 1.4: Evolution du paramètre de Gladstone-Dale de l'air en fonction de la longueur d'onde

Dans notre cas, on s'intéresse au champ de température d'un gaz parfait (l'air pouvant être considéré comme un gaz parfait), on a donc l'équation d'état :

$$\rho = \frac{M.P_a}{R.T} \tag{1.7}$$

où

ρ : la masse volumique

R : la constante des gaz parfait spécifique (8,314 J/mol/K)

T : la température absolue de l'air

P_a : la pression atmosphérique (1,013.10^5 Pa)

M : la masse molaire (28,810.10^{-3} kg/mol)

soit

$$\rho = \frac{352,86}{T} \qquad (1.8)$$

En combinant les Eq. (1.5) et (1.8), nous avons (pour un laser He-Ne) :

$$n - 1 = 0,079.T^{-1} \qquad (1.9)$$

Nous pouvons aussi établir la dépendance directe de l'indice de réfraction n sur la température et la pression en utilisant cette autre version de la loi de Gladstone-Dale :

$$\frac{n-1}{n_0 - 1} = \frac{273}{T} \cdot \frac{P}{P_a} \qquad (1.10)$$

où

n_0 : indice de réfraction de l'air à T_0=0°C et P_a=1,013.10^{5}Pa
  (n_0=1,000293)

T : la température absolue de l'air (K)

P : la pression(Pa)

Ce qui nous ramène à la formule :

$$n = 1 + 7,9.10^{-7}.\frac{P}{T} \qquad (1.11)$$

et, si on dérive par rapport à T :

$$\frac{dn}{dT} = -7,9.10^{-7}.\frac{P}{T^2} \qquad (1.12)$$

L'effet relatif de la pression par rapport à la température peut être estimé par le rapport R_p.

$$R_p = \frac{\frac{\Delta P}{P}}{\frac{\Delta T}{T}} \qquad (1.13)$$

Dans le cadre de l'étude d'écoulement convectifs laminaires l'ordre de grandeur des variations de pression est de 2 Pa et celui des variations de température est d'au minimum 50K [Cre09].

Ainsi l'ordre de grandeur du rapport R_p est de 10^{-4}. Il est possible de considérer que l'effet de la variation de la pression sur l'indice de réfraction est négligeable devant l'effet de la variation de température. Ainsi, l'indice de réfraction sera supposé être seulement une fonction de la température.

L'indice de réfraction est donc ramené à uniquement deux dépendances : température et longueur d'onde. Il est cependant nécessaire de connaitre le paramètre de Gladstone-Dale pour pouvoir calculer l'indice de réfraction. La bibliographie fournissant parfois seulement l'indice de réfraction n_0 à une température T_0 et une longueur d'onde donnée (λ_0) [Lid07], un calcul simple permet d'obtenir $n(T)$. En effet, comme on le sait, l'indice de réfraction dépend de la température et de la pression du milieu mais, comme nous l'avons montrée précédemment, la variation de la pression dans un écoulement convectif peut être négligée, on a donc :

$$\frac{\Delta n}{n-1} = \frac{\Delta T}{T} - \frac{\Delta P}{P} \approx \frac{\Delta T}{T} \qquad (1.14)$$

Maintenant, connaissant n_0 et T_0 pour une longueur d'onde donnée, en intégrant l'Eq. (1.14) entre (n_0, T_0) et (n, T) :

$$n(T) = 1 + (n_0 - 1).\frac{T_0}{T} \quad \text{et} \quad \frac{dn}{dT} = -(n_0 - 1).\frac{T_0}{T^2} \qquad (1.15)$$

Si dans le cas où même l'indice de réfraction n_0 nous est inconnu, il est également possible de le calculer analytiquement pour différentes longueurs d'onde en le déduisant directement de la relation empirique suivante [Edl66] (valable entre 200nm et 2000nm) :

$$(n_0-1)\times 10^8 = 8342,54 + 2406147\times(130-\sigma^2)^{-1} + 15998.(38,9-\sigma^2)^{-1} \qquad (1.16)$$

avec

$\sigma = 1/\lambda_0$ (et λ_0 en μm)

La figure 1.5 représente la variation de l'indice de réfraction
en fonction de la température et de la longueur d'onde et leurs
dérivées sont représentées par la figure 1.6.

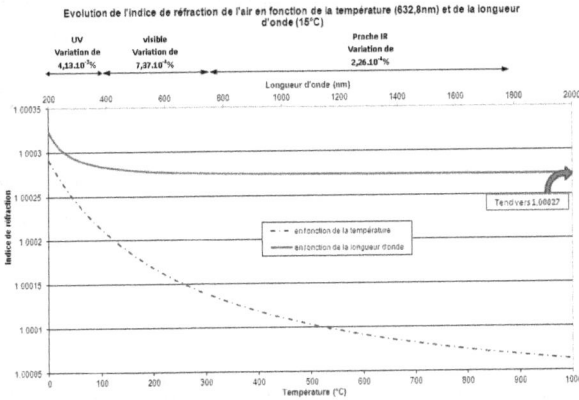

FIGURE 1.5: Évolution de l'indice de réfraction en fonction de la
température et de la longueur d'onde

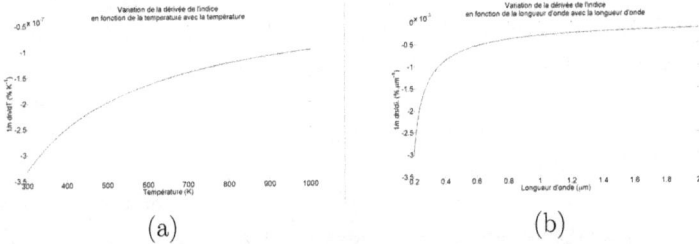

(a)   (b)

FIGURE 1.6: (a) Variation de la dérivée de l'indice de réfraction en
fonction de la temperature avec la température (b) Variation de la
dérivée de l'indice de réfraction en fonction de la longueur d'onde
avec la longueur d'onde

On peut donc voir à l'aide de la figure 1.5 que l'indice de réfraction sera sensible à la variation de la longueur d'onde essentiellement dans l'ultraviolet. On voit nettement sur la figure 1.6(b)

qu'on devient beaucoup moins sensible à la variation de l'indice de
réfraction en fonction de la longueur d'onde à partir de 0.6μm. En
revanche, la dépendance de l'indice de réfraction avec la température reste très forte et il apparait alors que la déformation engendrée au passage d'un objet chaud dépendra a priori, essentiellement
de sa température et non de la longueur d'onde à laquelle on l'observera, du moins pour les cas usuels (visible, proche infrarouge et
infrarouge).

Afin d'observer l'effet mirage produit par ledit objet chaud,
plusieurs méthodes de visualisation optiques existent. Nous les présentons dans la section 1.1.3 .

1.1.3   Méthodes de visualisation optiques

L'augmentation des possibilités techniques des ordinateurs en
tant que « data processing » a engendré un renouveau dans les
techniques optiques dans de nombreux domaines tels que la mécanique, ou l'ingénierie chimique. Les méthodes optiques ont une
grande tradition dans les transferts de chaleur et de masse et dans
la dynamique des fluides. En effet, un programme ne peut pas toujours rendre compte de la complexité d'un phénomène de transfert
ou de dynamique des fluides. De plus, une étude détaillée, avec des
résolutions locale et temporelle élevées, lors d'étude thermoconvec-
tive ou de dynamique des fluides est souvent nécessaire.

Dans notre cas, on souhaite observer le champ de température/indices
de réfraction autour d'un objet chaud dont la géométrie peut être
plus ou moins complexe. Nous allons donc présenter différentes méthodes optiques, dont certaines seront complémentaires, permettant de visualiser et de quantifier les gradients d'indice de réfraction. En effet, la mesure doit impérativement être faite sans contact
car toute intrusion engendrerait une perturbation de l'écoulement
du fluide.

1.1.3.1   Présentation des différentes méthodes

On peut retrouver les différentes méthodes optiques de visualisation dans de très nombreuses applications (Tab. 1.1). Une recherche bibliographique a permis de recenser les techniques suivantes [MF01], d'autres références étant données dans le corps de la section.

Technique	Effet physique	Application	Dimension	Temps-réel
Strioscopie et ombroscopie	Déviation de la lumière	Transfert de chaleur et de masse	2D (integré)	oui
Strioscopie orienté vers l'arrière plan (BOS)	Déviation de la lumière	Température, densité, concentration	2D (intégré)	oui
Holographie	Holographie	Taille des particules, vitesse	3D	non
Interférométrie	Changement de la vitesse de la lumière	Transfert de chaleur et de masse	2D (integré)	oui
Vélocimétrie à Laser Doppler (LDV)	Diffusion de Mie	Taille des particules, vitesse, débit	Ponctuel	oui
Phase Doppler Vélocimétrie	Diffusion de Mie	Taille des particules, Vitesse, débit	Ponctuel	oui
Diffusion de lumière dynamique	Diffusion de Rayleigh	Température, densité	Ponctuel - 2D	oui
Diffusion de Raman	Diffusion de Raman	Concentration molaire, température	Ponctuel - 2D	non
Fluorescence induite par laser	Fluorescence	Concentration, température	Ponctuel - 2D	non
Absorption	Absorption	Concentration, température	Ponctuel - 2D (intégré)	oui
Pyrométrie	Radiation thermique	Température	1D (intégré)	oui
Thermographie	Radiation thermique	Température, flux pariétaux	2D (intégré)	oui
Vélocimétrie par image de particules (PIV)	Entrainement des particules par le fluide	Vitesse	2D	non

TABLEAU 1.1 – Différentes méthodes optiques de visualisation.

Comme le montre le tableau 1.1, plusieurs des paramètres peuvent être mesurés par plus d'une méthode. Il est donc important de faire un choix judicieux sur la bonne technique à utiliser. C'est dans cet objectif que nous allons faire une brève présentation de chaque méthode susceptible de nous intéresser afin d'en dégager les avantages et les inconvénients.

Compte tenu de la difficulté de mise en place de certaines méthodes (comme les méthodes holographiques) et des techniques dont nous disposons déjà, nous retiendrons et présenterons a priori les méthodes suivantes : l'ombroscopie, la strioscopie, la BOS, la LDV, la PIV et le thermographie infrarouge.

La simple visualisation d'un phénomène aérodynamique peut rendre un grand service car elle permet de vérifier la présence d'événements particuliers et, au besoin, d'en préciser la position : onde de choc, décollement de couche limite, transition entre régimes laminaire et turbulent, etc. Les principes fondamentaux qui permettent de transformer les phénomènes de phase en phénomènes d'amplitude sont communs aux différentes méthodes. Ils ont été énoncés, l'un par Huygens, l'autre par Fermat, et conduisent à affirmer que toute différence de chemin optique introduite entre deux rayons voisins implique une modification de leur orientation. Soit deux rayons lumineux passant aux points A1 et A2 à un instant donné. Un court instant t plus tard, ils atteignent respectivement les points B_1 et B_2 respectivement. Or la vitesse de la lumière est inversement proportionnelle à l'indice de réfraction n du milieu au point correspondant. Ainsi les chemins parcourus $A_1B_1 = e_1$ et $A_2B_2 = e_2$ sont-ils liés par :

$$n_1.e_1 = n_2.e_2 = c.t \qquad (1.17)$$

c : vitesse de la lumière dans le vide.

La figure 1.7 montre que l'onde B_1 B_2 s'est inclinée par rapport à A_1 A_2 d'une quantité α.

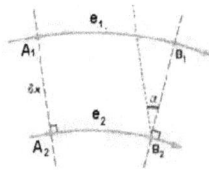

FIGURE 1.7: Déviation d'un front d'onde par de faibles variations d'indice de réfraction

$$\alpha = \frac{e_1 - e_2}{\delta x} = \frac{e_1}{n_2} \cdot \frac{n_2 - n_1}{\delta x} \qquad (1.18)$$

Si les points A_1 et A_2 (donc B_1 et B_2) sont voisins, on peut écrire :

$$\alpha = \frac{e}{n} \cdot \frac{\partial n}{\partial x} \qquad (1.19)$$

Si le milieu est isotrope, ce qui est le cas de la plupart des fluides qui nous concernent ici, les rayons lumineux restent normaux aux surfaces d'ondes et ils subissent ainsi la même déviation α. C'est sur ce phénomène de déviation que sont fondées les deux méthodes de visualisation les plus anciennes et les plus élémentaires : ombroscopie et strioscopie.

1.1.3.2   Ombroscopie

Comme l'indique son nom, cette méthode consiste à éclairer un objet transparent et à observer un écran placé dans l'ombre de cet objet. Si la source lumineuse est suffisamment petite (idéalement, ponctuelle) et si l'objet possède des variations d'indice de réfraction (vitre de mauvaise qualité, turbulences dans l'air chaud), on voit sur l'écran des variations locales d'éclairement. L'explication qualitative en est simple : les gradients latéraux d'indice de réfraction déforment l'onde sortant de l'objet, comme sur la figure 1.8. À un endroit où la courbure de l'onde est dirigée vers la source, les rayons lumineux divergent ; ils vont donc intercepter une surface plus grande sur l'écran que sur l'objet et cet étalement entraîne une diminution de l'éclairement. Au contraire, si la courbure de l'onde est tournée vers l'aval, les rayons se rapprochent et, si l'écran n'est pas trop éloigné, on observera une zone plus claire. C'est ainsi que l'objet de phase donne naissance à un phénomène d'amplitude.

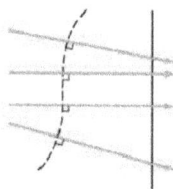

FIGURE 1.8: Déformation d'une surface d'onde par des gradients d'indice de réfraction

On remarquera que les variations d'éclairement sur l'écran dépendent de la courbure locale de l'onde émergente, mais aussi de l'éloignement de l'écran. Au total, la relation entre la cause et les effets qu'elle produit est trop complexe pour être exploitée actuellement. On ne peut donc pas, à partir de l'écran, déterminer la répartition des indices de réfraction dans l'objet. Cependant, la position des détails visibles sur l'écran reproduit assez bien celle des défauts correspondants dans l'objet dont il reçoit l'ombre. On peut donc utiliser très simplement ce moyen pour effectuer des mesures géométriques : position, orientation, périodicité spatiale, etc.

La mise en œuvre de l'ombroscopie est des plus simples. Une source quasi ponctuelle éclaire l'objet étudié et on place derrière celui-ci le récepteur R (plaque photographique, par exemple). Les dimensions sur la figure 1.9 sont données à titre indicatif; elles correspondent à un cas réel, mais elles peuvent être modifiées très largement. Si l'objet est trop grand par rapport au récepteur, on peut introduire des éléments optiques complémentaires pour former une image réduite du champ objet; on fait alors une ombroscopie de cette image.

Outre sa grande simplicité, l'ombroscopie a l'avantage d'être

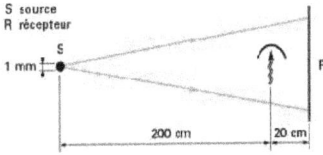

FIGURE 1.9: Schéma d'une montage d'ombroscopie directe

très lumineuse : toute la lumière envoyée par la source sur l'objet est recueillie par le récepteur. En contrepartie, la sensibilité de la méthode est faible et ne peut être améliorée. On ne peut donc observer que des phénomènes intenses, c'est-à-dire présentant des variations d'indice de réfraction à la fois importantes et raides (Fig.1.10).

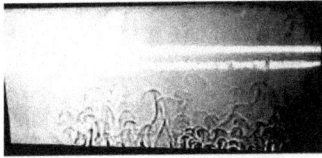

FIGURE 1.10: Ombroscopie de panaches convectif dans de l'eau [CLLP04]

On notera, d'autre part, qu'une ombre est par essence toujours floue ; cette caractéristique, qui dépend à la fois de l'éloignement du récepteur et de la dimension de la source, peut nuire à la précision des mesures géométriques.

1.1.3.3 Strioscopie

Conçue à l'origine par Toeppler (1866), la méthode des stries a des points communs avec l'ombroscopie. Une source de dimension réduite éclaire aussi l'objet transparent, mais ici les rayons émergents sont focalisés par une lentille sur un couteau qui les arrête. Si, en aval de cet écran, on forme une image du champ objet sur le récepteur, ce champ apparaît uniformément sombre si l'objet ne possède aucun défaut d'homogénéité. Par contre, si en un point donné se manifeste un gradient latéral d'indice de réfraction, les rayons traversant cette zone sont déviés au point qu'ils peuvent éventuellement passer hors de l'écran opaque et aller ainsi jusqu'au récepteur. On voit alors sur ce dernier une tache claire qui révèle la présence du gradient d'indice de réfraction à l'endroit correspondant (Fig. 1.11).

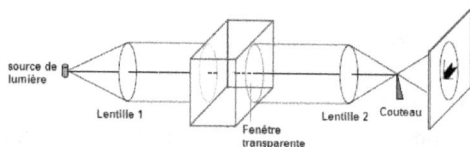

FIGURE 1.11: Schéma d'un montage de strioscopie

Montage de Foucault

Élaboré en 1870, ce procédé est un peu moins simple mais beaucoup plus souple que le précédent. La source idéale est ici un rectangle lumineux, et le couteau est un demi-plan à bord bien rectiligne qui n'occulte qu'une partie de l'image de la source. En l'absence de gradient dans l'objet, le récepteur reçoit la lumière provenant de la partie non masquée, de largeur a . Il n'est plus noir mais possède un éclairement uniforme qui est proportionnel à a (Fig 1.12).

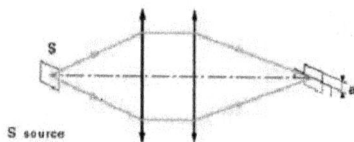

FIGURE 1.12: Schéma de principe du montage Foucault

Si en un point de l'objet se manifeste un gradient de chemin optique $e.\frac{\partial n}{\partial x}$ normal au bord du couteau, les rayons correspondants sont déviés d'un angle α déterminé par la relation :

$$\alpha = \frac{e}{n}.\frac{\partial n}{\partial x} \qquad (1.20)$$

et l'image de la source se décale dans son plan d'une quantité $n.a.f$, avec f représentant la distance de l'écran opaque à la lentille (Fig. 1.13). L'éclairement sur le récepteur aura donc varié localement, puisque la largeur non occultée de la source n'est plus a mais : $a + n.a.f$.

FIGURE 1.13: Variation d'éclairement en strioscopie engendrée par un gradient d'indice de réfraction

La variation relative d'éclairement est donc :

$$\frac{\delta E}{E} = \frac{(a + n.a.f) - a}{a} = \frac{n.a.f}{a} \qquad (1.21)$$

L'expression complète s'écrit alors :

$$\frac{\delta E}{E} = \frac{f}{a}.e.\frac{\partial n}{\partial x} \qquad (1.22)$$

On voit ainsi que l'effet observé ($\frac{\delta E}{E}$) est proportionnel à la cause qui l'engendre ($e.\frac{\partial n}{\partial x}$), ce qui montre qu'une mesure photométrique peut apporter des informations sur l'état local du milieu étudié. On définit d'ailleurs la sensibilité s du procédé par le rapport de l'effet à sa cause :

$$s = \frac{f}{a} \qquad (1.23)$$

Ce paramètre est réglable dans une très large mesure puisqu'on peut faire varier la distance f ainsi que la largeur a non occultée. Cependant, la réduction de a entraîne une baisse de l'éclairement moyen du récepteur. Il faut donc accepter un compromis entre la sensibilité et la luminosité du système. D'autre part, l'éclairement ne peut varier qu'entre zéro (la source est totalement occultée) et un maximum (la source n'est plus du tout occultée). Les gradients ne peuvent être évalués que dans les limites imposées par ces deux valeurs.

En pratique, la source peut être réalisée simplement en projetant l'image d'une lampe (ou d'un flash pour les phénomènes transitoires) sur un couteau (couteau d'entrée), et c'est un autre couteau qui effectue l'occultation en aval de l'objet (couteau de sortie).

De nombreux montages autres que Foucault existent, mais nous présenterons seulement brièvement le "montage en Z" car il sera le montage utilisé lors de nos travaux, en effet une version légèrement modifiée de ce montage est disponible au sein de l'Institut von Karman.

Montage en Z

On utilise deux miroirs orientés de façon bien symétrique par rapport à la chambre de mesure (Fig. 1.14), ce qui a pour effet d'annuler les aberrations de coma et de distorsion. En choisissant des miroirs de faible ouverture ($f/10$), on réduit l'aberration sphérique à une valeur négligeable (15 μm pour une focale de 1 m), de sorte que seul l'astigmatisme peut entacher la qualité de l'image de la source. Or ce défaut entraîne un étalement des images suivant deux segments appelés focales. Il suffit donc d'orienter le couteau d'entrée dans le sens d'une de ces focales pour que son image reste bien nette et que le système garde toute sa sensibilité.

Différence entre ombroscopie/strioscopie [Set01]

La méthode Schlieren et l'ombroscopie ont de nombreux éléments

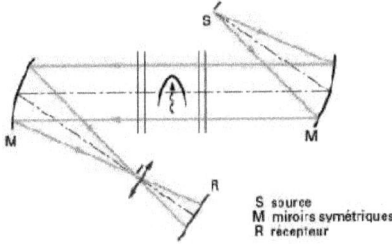

S source
M miroirs symétriques
R récepteur

FIGURE 1.14: Schéma du strioscope en Z

en communs, cependant les deux techniques diffèrent sur quelques points essentiels. Tout d'abord, l'ombroscopie ne fait pas de focalisation de l'image, c'est une pure ombre. L'image de la méthode Schlieren cependant est ce qu'elle prétend être : une image optique formée par une lentille, et donc liée à l'objet (défaut) par une relation optique. Deuxièmement, la strioscopie nécessite un objet permettant de masquer les rayons non déviés, alors qu'aucun objet supplémentaire n'est nécessaire pour l'ombroscopie. Enfin, le degré de luminosité sur une image de strioscopie correspond à la dérivée spatiale de l'indice de réfraction $\left(\frac{dn}{dx}\right)$ alors qu'en ombroscopie l'image correspond à la dérivée seconde ou Laplacien $\left(\frac{d^2n}{dx^2}\right)$ comme expliqué à l'annexe B. La strioscopie affiche la déviation d'un angle ε pendant que l'ombroscopie affiche le déplacement du rayon résultant de la déviation.

Malgré ces différentes observations, la strioscopie et l'ombroscopie intègrent toutes deux des systèmes optiques permettant d'afficher les informations souhaitées sur un écran ou dans le plan focal d'une caméra. De telles méthodes sont plus appropriées pour des phénomènes 2D mais reste utile pour des observations qualitatives pour tout phénomène. Souvent, lorsque l'objet étudié n'est pas plan, on admet un « objet équivalent plan ». Une autre distinction entre les deux méthodes est la complexité de mise en place. Le grand avantage de l'ombroscopie est son extrême simplicité de mise en œuvre.

De plus, en faveur de l'ombroscopie, remarquons qu'elle permet facilement des visualisations de phénomènes à grande échelle. Elle montre les caractéristiques d'un objet sans changements bruts dans l'illumination. Elle est donc moins sensible que la strioscopie en général mais certaines circonstances particulières peuvent la rendre parfois plus sensible. Par exemple, $\frac{d^2n}{dx^2}$ peut être beaucoup plus important que $\frac{dn}{dx}$ dans le cas d'écoulement d'un gaz mettant en jeux des ondes de choc ou des turbulences (les deux apparaissant autour de projectile supersonique) [Bur51].

Pour des fluctuations d'indices de réfraction plus faibles, la strioscopie garde un avantage beaucoup plus grand sur l'ombroscopie en terme de sensibilité. Elle permet de souligner, voire exagérer, des détails de l'objet (l'air dans notre cas) où l'ombroscopie habituellement minimise l'importance. De nombreux domaines d'application sont donc ouvert à la sensibilité et adaptabilité supérieure de la méthode Schlieren qui est assez proche de la simplicité de l'ombroscopie. La strioscopie est donc plus adaptée *pour notre application où les fluctuations d'indices de réfraction sont assez faibles. Elle permettra d'évaluer la forme et la stabilité de la perturbation.*

1.1.3.4 Strioscopie orientée sur l'arrière plan (BOS : Background Oriented Schlieren)

Il y a quelques années, une technique appelée « strioscopie orientée vers un arrière-plan » (en anglais : Background Oriented Schlieren) a été présentée par Richard et Raffel [RRR⁺00]. Un dispositif très simple permet de visualiser les changements d'indice de réfraction, et donc de température et de densité. Les systèmes quantitatifs de mesure de densité absolue sont rares, particulièrement en ce qui concerne les écoulements de fluides qui ne sont accessibles que par méthodes optiques. Il existe beaucoup d'autres applications de cette technique de mesure de densité. Nous présentons ici la méthode utilisée afin de quantifier la perturbation optique engendrée par l'effet mirage autour d'un objet chaud.

Le principe de la méthode est très simple, on va évaluer le déplacement des éléments d'un motif, constitué de points distribués de façon aléatoire, situé à l'arrière plan. De même qu'avec la densitométrie de speckle [DFG⁺, Kop], qui est une des origines de la BOS, on mesure la déflexion des rayons lumineux traversant un gradient de densité contenu dans la zone étudiée. Le principe de base est illustré par la figure 1.15. D'avantage de détails sur les règles expérimentales à suivre sont donnés dans l'annexe C.

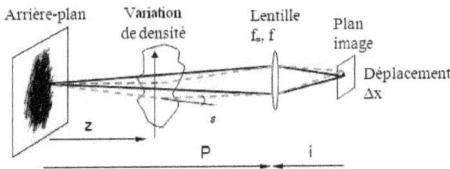

FIGURE 1.15: Schéma de principe de la méthode de BOS

Pour mettre en œuvre la BOS, deux images sont enregistrées avec et sans perturbation. Une analyse de ces images est ensuite effectuée de telle sorte que les déplacements des éléments du motif puissent en être déduits. L'analyse des images est effectuée à l'aide de logiciels de corrélation d'images tel que VIC2D, VIC3D [VV] ou encore WIDIM [SR99] disponible à l'ICAA ou à l'IVK. *Cette méthode a été retenue afin de mesurer quantitativement les déplacements induits par la perturbation que nous avons choisie.*

1.1.3.5 Vélocimétrie à Laser Doppler (LDV : Laser Doppler Velocimetry)

La Vélocimétrie Laser Doppler (LDV) est une technique permettant la détermination de la vitesse en *un point* d'un écoulement avec une résolution spatiale élevée. Quand une particule solide ou liquide, à l'échelle du micron et entraînée par un fluide, passe à l'intersection de deux faisceaux laser (Fig. 2.21), la lumière émise

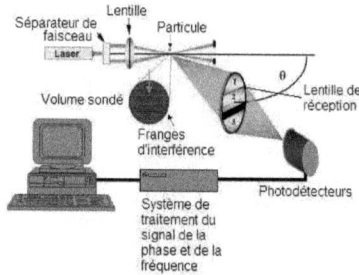

FIGURE 1.16: Principe de la méthode de LDV [Vis]

par ces particules varie en intensité. La LDV utilise le fait que la fréquence de cette fluctuation est équivalente au décalage Doppler entre la lumière incidente et la lumière diffusée, et est ainsi proportionnelle à la composante de la vitesse de la particule qui se trouve dans le plan des deux faisceaux laser.

Une variante de cette méthode consiste, à l'aide d'un laser divisé en deux faisceaux, de créer une figure d'interférence (Fig. 1.17) dans une zone bien précise.

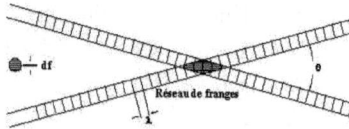

FIGURE 1.17: Exemple de figure d'interférence

Lorsqu'une particule du fluide traverse cette zone, elle diffuse la lumière lorsqu'elle passe sur une des franges. Elle va donc envoyer des impulsions de lumière en se déplaçant d'une frange à l'autre. Pour un laser donné, la distance d'interfrange i est connue, ainsi, en considérant une particule traversant le réseau de franges à une vitesse U_p, sa fréquence de passage dans le réseau de frange va être de :

$$f_d = \frac{U_p}{i} \tag{1.24}$$

f_d est donc la fréquence de la lumière diffusée par la particule. C'est elle que l'on va pouvoir mesurer (à l'aide d'un photomulti-plicateur captant les très faibles quantités de lumières et les trans-formant en signaux électroniques analogiques). Comme on connaît i d'après notre montage, on peut en déduire U_p. *Cette méthode disponible à l'Institut von Karman sera également complétée par une méthode 2D également disponible : la vélocimétrie par image de particule.* Cette méthode de mesure locale de la vitesse permet des mesures très précises spatialement et une acquisition rapide d'un grand nombre de valeurs.

1.1.3.6   Vélocimétrie par image de particules (PIV : Particle Image Velocimetry)

La vélocimétrie par image de particules (PIV) est une technique non intrusive communément utilisée pour définir des champs de vitesse instantanés dans une section d'écoulement. Le principe est basé sur la mesure du déplacement des particules entre deux images successives au temps t_1 et t_2 (Fig. 1.18).

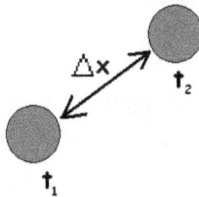

FIGURE 1.18: Déplacement d'une particule en un temps $t = t_2\text{-}t_1$

Le fonctionnement de la méthode est simple et se présente de cette façon (Fig. 1.19) :

- Premièrement, on ensemence l'écoulement par des particules microscopiques (gouttes d'huiles [$\approx 4\mu$m], poussières...)
- Ensuite deux illuminations successives par flash laser éclairent la scène

- On enregistre alors sur une caméra CCD les deux images correspondant aux deux flashs

- Finalement, on traite ces images par techniques de corrélation pour déterminer les positions successives de la même particule.

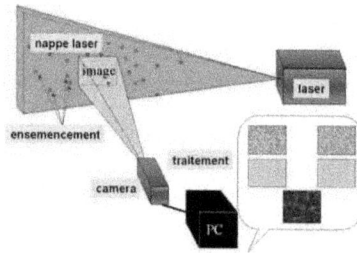

FIGURE 1.19: Chaîne de mesure d'une méthode PIV

Connaissant le temps entre les deux flashs et le déplacements de chaque particule, il est possible alors d'obtenir le champ de vitesses :

$$U = \frac{\Delta x}{t_2 - t_1} \qquad (1.25)$$

Plus de détails sur la technique utilisée seront donnés dans le corps de la thèse lorsque nous aborderons la mesure du champ de vitesses dans un écoulement convectif libre. Retenons cependant que cette méthode a le mérite de donner un champ de vitesses au sein de l'écoulement, donc dans notre panache convectif, de manière non intrusive.

1.1.3.7 Thermographie

La thermographie est la technique permettant de faire une cartographie de température d'un milieu ou d'un objet (à l'aide de capteurs ponctuels, matriciels, in situ ou à distance). Elle exploite la propriété de tout corps (dont la température est supérieure à

0K) à émettre un rayonnement thermique. A l'aide d'un appareil approprié, typiquement une caméra fonctionnant dans une certaine bande spectrale, il est alors possible d'obtenir l'image thermique de la scène observée. L'image obtenue est un thermogramme infrarouge. Nous parlons dans ce travail de "thermographie infrarouge" car la bande spectrale, définie par les niveaux de températures où nous travaillons (ambiant jusqu'à 1200K soit approximativement de 1.5μm à 13,5μm), se situe dans la partie infrarouge du spectre électromagnétique. Nous donnons sur la figure 1.20 la schématisation d'une situation de mesure typique en thermographie infrarouge.

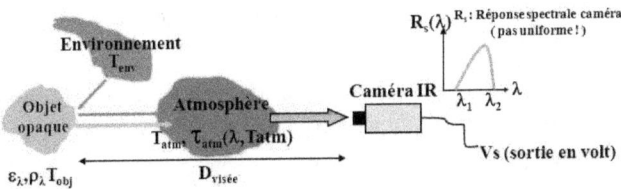

FIGURE 1.20: Les différentes grandeurs jouant un rôle en thermographie infrarouge

Afin de relier V_s à la température de l'objet visé, il est nécessaire d'intégrer la contribution de différentes grandeurs qui sont :

- Surface cible : taille, propriétés thermo-optiques du matériaux (émissivité [ε_λ], réflectivité [ρ_λ], transmitivité [τ_λ]), état de surface, température (T_{obj})

- Environnement : température (T_{env})

- Atmosphère ou milieu entre la surface et l'instrument de mesure : transmitivitié (τ_{atm}), émissivité (ε_{atm}), température (T_{atm})

- Instruments de mesure : réponse spectrale (R(λ)), sensibilité (η), objectif

L'intensité du rayonnement émis par l'objet opaque (luminance) à sa température T_{Obj} et à une longueur d'onde λ donnée peut être calculée par la loi de Planck dans le cas où son émissivité ε est supposée idéalement égale à 1 (corps noir) :

$$L_\lambda^\circ = \frac{2hc_\lambda^2}{\lambda^5} \cdot \frac{1}{e^{\left(\frac{hc_\lambda}{k\lambda T_{Obj}}\right)} - 1} \qquad (W.m^{-3}.sr^{-1}) \qquad (1.26)$$

avec $c_\lambda = \frac{c}{n_\lambda}$

n_λ indice de réfraction du milieu pour la longueur d'onde λ

$c = 299792458$ m/s (vitesse de la lumière dans le vide)

$h = 6,62617.10^{-34}$ J.s (constante de Planck)

$k = 1,38066.10^{-23}$ J/K (constante de Boltzmann)

T_{Obj} est la température de la surface de l'objet en Kelvin

Le corps noir sert donc de situation de référence (étalonnage). Dans le cas d'un corps opaque quelconque (non "noir"), la luminance émise par le corps s'écrit alors :

$$L_\lambda = \varepsilon_\lambda \times L_\lambda^\circ \qquad (1.27)$$

ε_λ = émissivité

Comme indiqués sur la figure 1.20, de nombreux paramètres, comme l'émissivité, la réflectivité, la transmitivité ou bien la réponse spectrale de la caméra dépendent de la longueur d'onde considérée. Ceci implique donc d'utiliser des valeurs intégrés de la luminance lorsque l'on considère une bande spectrale $\Delta\lambda$. On aura alors par exemple pour l'émission d'un corps noir dans une bande spectrale $\Delta\lambda$:

$$L_{\Delta\lambda}^\circ = \int_{\Delta\lambda} \frac{2hc_\lambda^2}{\lambda^5} \cdot \frac{1}{e^{\left(\frac{hc_\lambda}{k\lambda T_{Obj}}\right)} - 1} d\lambda \qquad (1.28)$$

Si on se place d'un point de vue de la luminance reçue par la caméra, comme expliqué plus tôt, différentes contributions peuvent alors participer au rayonnement reçu, en plus de l'émission propre à l'objet opaque "cible" :

$$L_{\Delta\lambda,\text{reçue}} = \tau_{atm,\Delta\lambda}(T_{atm}, D_{visée}).[\varepsilon_{\Delta\lambda}.L_{\Delta\lambda,\text{émise}}(T_{Obj})$$
$$+ \rho_{\Delta\lambda}.L_{\Delta\lambda,\text{réfléchie}}(T_{Env})] + \varepsilon_{atm,\Delta\lambda}.(T_{atm}) \quad (1.29)$$

avec $\rho{=}1{-}\varepsilon$: réflectivité de l'objet opaque et gris ou intégré.

De plus, la caméra ne reçoit qu'une fraction $d\Omega$ du flux émis par une surface dS de l'objet opaque. Donc si on considère maintenant le flux reçu par un pixel d'une caméra infrarouge donnée, mise au point sur la surface de l'objet opaque, il est possible d'écrire celui-ci en fonction de la taille de pixel et de l'ouverture numérique de la caméra (cf. annexe D) :

$$\Phi_{\Delta\lambda,\text{reçu}} = \frac{\pi}{4}.\frac{S_d}{N^2} \int_{\Delta\lambda} \int_{\Omega} \int_{S_{Obj}} R(\lambda).L_{\lambda,\text{reçue}} \; dS.d\Omega.d\lambda \quad (W)$$
$$(1.30)$$

S_d Surface du pixel

N Ouverture numérique $= \frac{Distance\ focale}{\text{Diamètre } pupille} = \frac{f}{Z_p}$

$R(\lambda)$ Rendement spectral de la caméra

Ce flux reçu est traduit en niveaux numériques NN par la caméra en multipliant le flux reçu par la sensibilité caméra η (en NN/W). Enfin, à l'aide d'un étalonnage approprié (cf. annexe H), il est possible de connaître la température T_a équivalente à un niveau numérique donné. Cette température T_a est une température apparente de la surface de l'objet variant suivant les contributions de l'atmosphère et de l'environnement. Dans de très nombreux cas, cette température doit être corrigée afin d'obtenir la température de l'objet T_{Obj} (voir Eq. (1.28)).

Cette technique de visualisation sera utilisée dans notre travail afin de visualiser le panache mais aussi estimer sa température.

Après avoir listé de nombreuses méthodes optiques et présenté plus en détails certaines d'entre-elles, nous retiendrons les méthodes suivantes permettant de visualiser le panache et quantifier différentes de ses grandeurs (vitesse, température, forme). Ces techniques de visualisation et de quantifications rendront possible la validation de l'approche CFD de la perturbation (modèle numérique) réalisé dans la chapitre 2 :

> **Strioscopie** pour avoir une visualisation précise de la forme du panache ainsi que sa dynamique et sa sensibilité aux perturbations extérieures,
>
> **Strioscopie orientée sur l'arrière plan BOS** afin d'obtenir le champ de déplacement engendré par effet mirage,
>
> **Vélocimétrie à Laser Doppler LDV** pour une mesure locale de la vitesse,
>
> **Vélocimétrie par image de particules PIV** en complément de la LDV pour une visualisation 2D du champ de vitesses,
>
> **Thermographie** afin de mesurer la température au sein de la perturbation (en introduisant un support opaque au préalable).

L'étape suivante va être d'expliquer et de modéliser la propagation du rayonnement dans un milieu inhomogène.

1.2 Modélisation de la propagation du rayonnement dans un milieu inhomogène - Utilisation de l'effet mirage pour mesurer une grandeur

Certaines techniques de mesure par voies optiques vues précédemment utilisent les phénomènes particuliers liés à la propagation de la lumière dans des milieux optiquement inhomogènes. En effet, ce sont les modifications des propriétés du front d'onde de la lumière lors du passage au travers d'un objet d'étude qui fournissent des informations sur ce dernier (température, densité, concentration...) via son indice de réfraction. Il s'agit de méthodes inverses qui présentent l'avantage considérable d'être non intrusives. Deux types de méthodes optiques exploitant des phénomènes physiques différents doivent être distingués : les méthodes interférométriques, qui utilisent le retard de phase induit par la traversée de la zone d'étude et les méthodes photographiques qui exploitent la déflexion des rayons lumineux. Les méthodes utilisées lors de notre études étant la strioscopie et la BOS, cette partie sera consacrée dans un premier temps à la définition des lois fondamentales de l'optique géométrique qui régissent la déflexion de la lumière dans un milieu inhomogène [Cre09]. Dans un second temps, on parlera des méthodes utilisant les propriétés de l'effet mirage à dévier un rayon lumineux afin d'être ensuite utilisé pour mesurer une grandeur physique.

1.2.1 Modélisation de la propagation

1.2.1.1 Équations de la propagation du champ électro-magnétique

La lumière peut être décrite comme un champ électromagnétique régi par les équations de Maxwell. Étudier la propagation de la lumière dans un milieu revient donc à caractériser le champ électromagnétique (on s'intéressera seulement au champ électrique sachant que la connaissance de celui-ci permet de déterminer le champ magnétique). Dans un milieu non absorbant, non chargé et sans courant, les équations de Maxwell permettent d'établir :

$$\bigtriangledown^2 E - \frac{\varepsilon \mu}{c_v^2} \frac{\partial^2 E}{\partial t^2} = 0 \qquad (1.31)$$

Ici $\mathbf{E}$ est le champ électrique, ε est la permittivité électrique relative du milieu, μ la perméabilité magnétique relative du milieu et c représente la vitesse de propagation de la lumière dans le vide. L'Eq. (1.31) est l'équation standard de la propagation d'une onde, elle montre l'existence d'une onde électromagnétique se propageant à la vitesse c_n :

$$c_n = \frac{c}{\sqrt{\varepsilon\mu}} \qquad (1.32)$$

Il est alors possible de définir l'indice de réfraction du milieu que l'on note n :

$$n = \frac{c}{c_n} = \sqrt{\varepsilon\mu} \qquad (1.33)$$

Considérons un champ harmonique solution de l'Eq. (1.31) :

$$E(r,t) = E_0(r)e^{j(\omega t - kr)} = E_0(r)e^{j(\omega t - \phi(r))} \qquad (1.34)$$

$r(x,y,z)$ est le vecteur position et k est le vecteur d'onde colinéaire à la direction de propagation défini par la relation :

$$k = \frac{\omega}{c_n}u = nk_0 = \frac{2\pi}{\lambda_0}nu \qquad (1.35)$$

u est le vecteur porté par la tangente à la trajectoire, k_0 le vecteur d'onde dans le vide ($|k_0| = \frac{\omega}{c}$) et λ_0 la longueur d'onde dans le vide. Le terme $\phi(r)$ représente la phase de l'onde. On appelle fronts d'onde géométriques les surfaces d'égale perturbation ($E(r)=cste$).

1.2.1.2   Chemin optique

Entre deux points P_1 et P_2 du parcours suivi par la lumière, la variation de phase de l'onde est égale à l'intervalle curviligne :

$$\Delta\phi = \int_{P_2}^{P_1} \overrightarrow{k}\,\overrightarrow{dr} \qquad (1.36)$$

$$\Delta\phi = \frac{2\pi}{\lambda_0}\int_{P_2}^{P_1} n\,ds = \frac{2\pi}{\lambda_0}\Delta S \qquad (1.37)$$

Le chemin optique est défini :

$$\Delta S = \int_{P_2}^{P_1} nds \quad et \quad S(r) = n(u.r) \qquad (1.38)$$

Les surface contenant les points d'égale phase ($S(r)=cste$) sont
appelées surface équiphases.

1.2.1.3   Définition de l'optique géométrique

En optique géométrique, on considère que la longueur d'onde
est petite devant l'échelle caractéristique du milieu ($\lambda_0 \to 0$). En effet, avec cette approximation les phénomènes optiques peuvent être
entièrement formulés avec des considérations géométriques. Dans
ces conditions, les équations de Maxwell conduisent à la relation
[BW99] :

$$(grad\ S)^2 = n^2 \qquad (1.39)$$

L'équation précédente représente le développement au premier
ordre des équations de Maxwell. Elle est appelée équation iconale
ou équation fondamentale de l'optique géométrique. Avec les considérations de l'optique géométrique notons que les surfaces équiphases et les plans d'onde sont confondus, puisque la phase de
l'onde décrit l'évolution de l'amplitude lors de la propagation de
l'onde.

Il est important de remarquer que dans le cadre de l'étude de
phénomènes convectifs, l'utilisation de l'optique géométrique est
justifiée, l'échelle des phénomènes observés (10^{-4}m correspond à la
limite basse d'une couche limite observable) est grande devant la
longueur d'onde de la lumière (6.10^{-7}m).

1.2.1.4   Équation et propagation du rayon

Dans le cadre de l'optique géométrique l'énergie peut-être considérée comme étant transportée selon certaines courbes appelées
rayons lumineux. Les rayons lumineux peuvent être définis comme

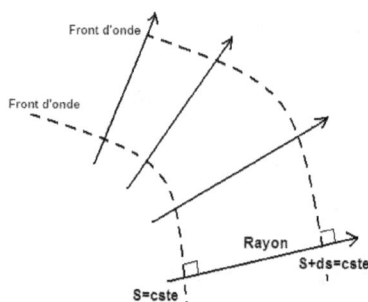

FIGURE 1.21: Schéma des fronts d'onde et des rayons lumineux

étant les trajectoires normales aux fronts d'onde géométriques. Si $r(s)$ représente le vecteur position d'un point P sur le rayon alors :

$$\frac{\partial r}{\partial s} = u = \frac{\partial x}{\partial s}e_x \frac{\partial y}{\partial s}e_y + \frac{\partial z}{\partial s}e_z \qquad (1.40)$$

avec e le vecteur direction du rayon lumineux.

Or comme la direction de propagations des rayons est orthogonale aux fronts d'onde :

$$\vec{u} = \frac{\overrightarrow{grad}\,S}{||\overrightarrow{grad}\,S||} \qquad (1.41)$$

En combinant les Eqs (1.39), (1.40) et (1.41) il est possible d'écrire l'équation du rayon :

$$n\frac{\partial \vec{r}}{\partial s} = n.\vec{u} = \overrightarrow{grad}\,S \qquad (1.42)$$

L'Eq. (1.42) est appelée équation du rayon, elle décrit la trajectoire du rayon dans un milieu inhomogène qui est caractérisé par son champ d'indices de réfraction $n(x,y,z)$. En différentiant l'équation par rapport à s il vient :

$$\frac{d}{ds}\left(n\frac{d\vec{r}}{ds}\right) = \frac{d(n.\vec{u})}{ds} = \overrightarrow{grad}\,n \qquad (1.43)$$

L'Eq. (1.43) montre que la variation de la direction de propagation des rayons lumineux est fonction du gradient local d'indice de réfraction du milieu. Ainsi dans un milieu homogène (*grad n=0*) la propagation des rayons se fait en ligne droite.

Sur la figure 1.22, la ligne 1 marque l'avant d'une onde lumineuse à un temps t, laquelle se propage dans un milieu dont l'indice de réfraction varie. De plus, la vitesse c_n de la lumière dans ce milieu peut être vu comme une fonction de déplacement. Les vitesses de la lumière aux points A et B sur la ligne 1, séparés d'une distance élémentaire dr, sont exprimés par c_n et $c_n+ dc_n$. Quand le temps, d'intervalle dt, s'est écoulé, l'avant de l'onde se trouve alors au niveau de la ligne 2, laquelle est précisément une rotation de la ligne 1. Un rayon lumineux passant par le point A perpendiculairement à la ligne 1 suivra une courbe de rayon de courbure r. A l'aide de considération basique de géométrie, on trouve que :

$$\frac{1}{r} = \frac{1}{c}\frac{dc}{dr} \qquad (1.44)$$

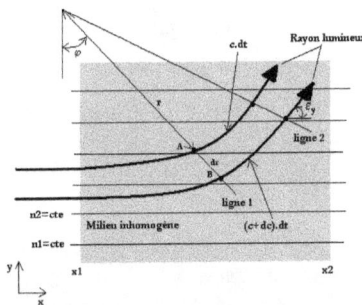

FIGURE 1.22: Schéma simplifié de la propagation de rayons dans un milieu d'indice de réfraction non homogène

On sait que c est proportionnel à $\frac{1}{n}$ et en tenant compte que n dépend uniquement de la température T, on peut écrire :

$$\frac{1}{r} = -\frac{1}{n}\frac{dn}{dr} = -\frac{1}{n}\frac{dn}{dT}\cdot\frac{dT}{dr} \qquad (1.45)$$

Comme on peut le voir sur la figure 1.22, l'angle entre l'axe des ordonnées et le rayon r est donné par φ. Nous pouvons alors en déduire :

$$\frac{1}{dr} = -\frac{1}{dx}sin(\varphi) - \frac{1}{dy}cos(\varphi) \qquad (1.46)$$

avec $tan(\varphi) = \frac{dy}{dx} = y'$ concernant la variation de température T, on peut définir :

$$\frac{dT}{dr} = -\frac{\partial T}{\partial x}sin(\varphi) - \frac{\partial T}{\partial y}cos(\varphi) \qquad (1.47)$$

Si on exprime $cos(\varphi)$ et $sin(\varphi)$ par y', on arrive alors à :

$$\frac{dT}{dr} = \frac{y'\frac{\partial T}{\partial x} - \frac{\partial T}{\partial y}}{\sqrt{1 + y'^2}} \qquad (1.48)$$

La géométrie différentielle mène à la relation pour r suivante :

$$\frac{1}{r} = \frac{y''}{(1 + y'^2)^{3/2}} \qquad (1.49)$$

En insérant les Eqs. (1.48) et 1.49 dans l'Eq. (1.45) on peut définr une équation différentielle du chemin optique :

$$\frac{y''}{(1 + y'^2)} = -\frac{1}{n}\frac{dn}{dT}\left(y'\frac{\partial T}{\partial x} - \frac{\partial T}{\partial y}\right) \qquad (1.50)$$

Pour des conditions expérimentales avec un champ de température variant uniquement selon y ($\frac{\partial T}{\partial x} = 0$) et en admettant que seulement de petites déviations de rayons lumineux se produisent dans la section de test, on peut dire alors que $1 + y'^2 \approx 1$:

$$y'' = -\frac{1}{n}\frac{dn}{dT}\frac{\partial T}{\partial y} \qquad (1.51)$$

En admettant que la lumière suit un chemin optique droit, on peut évaluer l'angle ε_y entre un rayon lumineux dévié ou non, dans le plan *(oxy)*, en intégrant y'' selon x :

$$\varepsilon_y = (y')_{x_2} = \frac{1}{n}\frac{dn}{dT}\int_{x_1}^{x_2}\left(\frac{\partial T}{\partial y}\right)dx \qquad (1.52)$$

où x_1 et x_2 marquent respectivement le commencement et la fin du milieu inhomogène selon la direction x.

Avec l'aide d'une corrélation entre ε et la déviation de la lumière, comme par exemple $a' = \varepsilon.f$ (où f est la distance focale de la lentille O), il est possible de corréler la variable mesurable a' avec une densité, une concentration, un gradient de température...

1.2.2 Utilisation de l'effet mirage en tant qu'outil

Comme nous l'avons vu précédemment, l'effet mirage, du fait de sa déviation intrinsèque à une perturbation donnée, peut permettre des mesures de nombreuses grandeurs physiques. La mesure initiale dans tout les cas est la déviation des rayons lumineux, et par suite, à l'aide des équations décrites plus tôt, de l'indice de réfraction. L'avantage indéniable d'une telle méthode est son caractère non destructif puisqu'il s'agit d'un sondage optique du milieu. Mais on a donc l'obligation d'avoir un milieu d'étude pas complètement opaque à la longueur d'onde utilisée lors des mesures.

1.2.2.1 La diffusivité et le contrôle non destructif

Des travaux [Lep86] ont montré la très grande précision sur la mesure de température que l'on peut obtenir avec la méthode de l'effet mirage. Ils souhaitent dans ce cas mesurer la diffusivité thermique, propriété pas toujours facilement détectable, d'un échantillon. Pour cela ils créent une source thermique périodique (résistance chauffante par exemple) au sein du milieu, créant une variation périodique de la température s'amortissant avec la distance, et mesurent à l'aide de l'effet mirage l'amortissement de l'*onde thermique* (voir Fig. 1.23). La *longeur d'amortissement* ou *longueur de diffusion thermique* à une distance d est directement lié à la diffusivité du matériau.

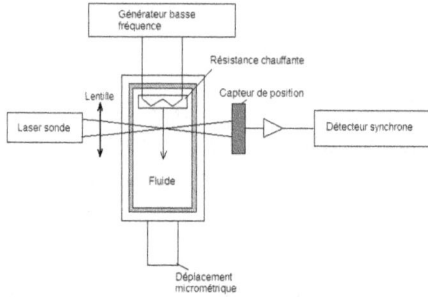

FIGURE 1.23: Schéma simplifié de la mesure de diffusivité dans un fluide par effet mirage

Ils montrent que pour des montages sophistiqués, le bruit de mesure n'est plus que celui des diodes. On peut alors calculer dans ces conditions des variations de température de 10^{-5}K dans un gaz et de quelques 10^{-8}K dans un liquide. La précision finale sur la diffusivité du matériau est alors inférieure à 1%. Nous noterons que des mesures sur des échantillons solides opaques sont également possibles en plongeant l'échantillon dans un fluide bien connu et en mesurant l'onde thermique se propageant dans le fluide après avoir traversée l'échantillon. Un contrôle non destructif des défauts de surface des solides est également possible en utilisant la même méthode que précédemment, c'est à dire exciter fortement la surface à l'aide d'un laser et mesurer la réponse thermique (dans le fluide entourant l'objet). En balayant l'objet, on reconstitue une image thermique de l'objet mettant en évidence certains défauts.

1.2.2.2 La densité et la concentration

Une étude réalisée à l'institut von Karman [Kli01] a utilisé la relation de Gladstone-Dale (liant l'indice de réfraction à la densité) afin de mesurer la densité au sein d'un jet bidimensionnel d'helium-

air. Connaissant a priori la densité de l'air, il est alors également
possible de remonter à la concentration d'helium dans le jet.

1.2.2.3   La température

La méthode utilisant l'effet mirage comme méthode de mesure
de la température est parfois appelée "spectrométrie photothermique". Elle peut être utilisée selon trois modes :

- Déflexion Photothermique Transverse : détection du gradient
  d'indice de réfraction se faisant dans une couche très mince
  au voisinage de la surface (méthode plutôt appliquée pour des
  échantillons opaque ou pour des matériaux dont les propriétés
  optiques sont mal connues).

- Déflexion Photothermique Colinéaire : le gradient d'indice de
  réfraction est créé et détecté à l'intérieur même de l'échantillon.

- Déflexion Colinéaire Impulsionnelle : Similaire à la déflexion
  colinéaire sauf qu'on s'intéresse ici à la variation du signal
  avec le temps.

De nombreuses études [EMC07, ZCS98, Sum86] ont été menées afin
d'obtenir la température au sein d'un milieu optiquement transparent. Nous noterons cependant que pour des mesures fiables il
est nécessaire dans la plupart des cas d'avoir des régimes perma-
nents. Pour l'obtention du champ de températures d'un système
non permanent et évoluant lentement, plusieurs source lumineuses
seraient alors nécessaires. Dans le cas d'un système permanent,
même pour des perturbations non bidimensionnelles le champ de
températures peut être obtenu en utilisant la reconstruction de
l'indice de réfraction par l'inversion de la fonction d'Abel [SR06]
. Enfin d'autres méthodes, telles que la strioscopie et/ou la strioscopie colorée [EvOSW04, Set01] peuvent permettre des mesures
quantitatives de la température.

1.2.2.4   Autres

De récents travaux [AGB11a] ont montré que les propriétés de
déviation lumineuse pouvait permettre de rendre une zone donnée *"invisible"*. En effet, à l'aide d'un alignement de nanotubes de
carbone placés dans un liquide et chauffés très rapidement à de
hautes températures, ils vaporisent le fluide environnant soudaine-
ment et de façon périodiques (hautes fréquences des variations de
températures des tubes). Le fluide mis en ébullition au voisinage
des nanotubes crée un gradient d'indice de réfraction de réfraction
élevé entre la phase "gaz" et la phase "liquide". Le gradient d'indice de réfraction ainsi produit est tel que que l'angle de déviation
de la lumière peut atteindre 10°. La partie située derrière cette
zone de fort gradient devient alors en quelque sorte invisible (vidéo
disponible [AGB11b]).

1.3   Problèmes dus à l'effet mirage et les solutions apportées

L'effet mirage peut cependant ne pas être utilisé comme un outil mais au contraire engendrer des perturbations non souhaitées.
Cette section permet de mettre en évidence les problèmes inhérents
aux mesures optiques faites sur des objets à hautes températures
(et pas dans le vide). Le phénomène d'effet mirage a longtemps été
plus ou moins laissé de coté, mais avec l'augmentation des possibilités des techniques optiques, les problèmes liés aux phénomènes
d'effet mirage, et donc aux très faibles distorsions de faisceaux lumineux, ne pouvaient plus être ignorés. En effet, lorsqu'on chauffe
un objet et qu'on l'observe avec un système optique deux principaux problèmes ont été relevés :

- Le premier problème que l'on peut noter est la diminution du
  contraste de l'objet chauffé du fait du rayonnement thermique
  se déplaçant progressivement dans le visible au fur et à mesure que la température augmente [FS09, Cla00, PWWX11].

Des solutions expérimentales [PWWX11], [GSWP09] ou numériques par traitement d'images [FS07] ont été imaginés mais ne concerne pas le sujet de cette thèse. Ce problème ne sera donc pas abordé.

- Le deuxième problème, propos de cette thèse, concerne les perturbations apparaissant autour d'objets chauds. Lors de mesures dimensionnelles sur des objets chauds, l'effet mirage amène inévitablement des erreurs, proportionnelles au gradient d'indice et à la distance à laquelle on observe le dit objet. Les demandes industrielles et académiques de mesures sans contact sont en constante augmentation. Ceci, lié à une amélioration indéniable des dispositifs de mesure (par exemple la résolution spatiale), rend les caméras plus sensibles, c'est à dire capable de mettre en évidence les déviations lumineuses dues aux gradients d'indice, autrefois quasiment indétectables. Ce genre de problèmes est donc rencontré de plus en plus souvent dans la communauté scientifique [PWX10, GSWP09, LLS96, DSSVPD10, Cla00, EvOSW04] engendrant une augmentation de l'écart-type sur les mesures ou bien des défauts de corrélations lors d'utilisation de techniques de corrélation d'images digitales. Une des méthodes pour diminuer considérablement ce problème est de créer un écoulement connu entre la caméra et l'objet chaud afin d'*imposer* la perturbation optique souhaitée. On peut par exemple créer un écoulement laminaire entre l'objet et la caméra [DSSVPD10] à l'aide d'un fluide dont les propriétés optiques sont connues et ainsi diminuer la convection naturelle de l'objet chaud. Il est également possible d'utiliser un simple ventilateur afin de mélanger et d'homogénéiser l'indice de réfraction de l'air [LLS96]. Ces deux méthodes ont de toutes évidences leurs limites, et ne sont pas toujours possibles à mettre en place, mais restent cependant une façon relativement simple pour diminuer les distorsions liées à l'effet mirage. La solution la plus efficace restant bien évidemment de réaliser les mesures avec l'objet situé dans une enceinte sous vide, mais une fois encore cette option n'est pas toujours possible à mettre en œuvre.

La très grande partie des cas observés d'effet mirage sont des processus de convection naturelle au-dessus ou autour d'objet chaud. Il est donc nécessaire de faire un rappel du fonctionnement et des ordres de grandeurs de la convection naturelle, notamment sur les nombres caractéristiques définissant un écoulement laminaire ou non (paramètre important dans notre étude).

1.4 Phénomènes de convection

Cette partie concerne tout ce qui se rapporte aux phénomènes de convection. Elle comporte des rappels théoriques et des corrélations analytiques permettant le calcul de la température et/ou du coefficient d'échange. Une étude de sensibilité sur les différentes propriétés thermophysiques est également faite afin de nous donner un ordre de grandeur des variations de ces paramètres sur la plage de température retenue dans notre étude.

1.4.1 Convection

Lorsqu'un fluide isotherme est en écoulement, il met en jeu des forces de pression et de frottement qui peuvent se traduire, en partie, de manière visuelle et/ou sensitive. Si l'écoulement est anisotherme, le mouvement s'accompagne d'un transfert de chaleur : il s'agit alors de "convection thermique" ou "thermoconvection". Malheureusement, les champs de température sont encore moins perceptibles par l'expérience quotidienne que les champs de vitesse, ce qui rend le phénomène un peu plus complexe. Pourtant, la diversité des situations thermoconvectives est beaucoup plus grande qu'en mécanique des fluides isothermes. En effet, aux catégories d'écoulements classique (interne, externe, laminaire, turbulent...) on doit superposer une différenciation qui porte sur les causes de l'écoulement et qui se répercute dans sa structure :

- si le mouvement du fluide a une origine mécanique (pompe, ventilateur, gradient naturel de pression...) on est en présence de "convection forcée".

- il peut advenir aussi que les gradients de masse volumique générés dans le fluide par les gradients de température soient suffisants pour que l'action du champ de pesanteur donne naissance à un mouvement; celui-ci a donc une origine thermique, et on parle alors de "convection libre" ou "convection naturelle".

- lorsque les causes mécaniques et thermiques coexistent, on est en régime de "convection mixte".

De plus, la convection peut s'accompagner d'un changement de phase, qu'il s'agissse d'évaporation, d'ébullition, de condensation, ou encore de solidification ou de liquéfaction [Pad97].

D'un point de vue pratique, le plus important en thermoconvection est le calcul des flux de chaleur qui transitent entre les fluides et les parois solides. A cet égard, l'existence de la couche limite dynamique, et en particulier la condition de vitesse nulle à la paroi (pour une surface imperméable) font qu'au voisinage de celle-ci c'est la conduction qui est dominante, l'advection prend progressivement le relais quand on s'en écarte. De telle sorte que la densité de flux de chaleur à la surface se calcule à partir de la loi de Fourier :

$$\vec{\varphi_p} = -k \cdot \overrightarrow{grad}T \quad ou \quad (\varphi_p)_y = -k \cdot \left(\frac{\partial T}{\partial y}\right)_{y=0(\text{à la paroi})} \quad (\text{en } W/m^2)$$
$$(1.53)$$

où k désigne la conductivité thermique du fluide, et y la coordonnée perpendiculaire à la paroi, orientée vers le fluide. Selon les conditions aux limites, le résultat peut être multiforme. Par commodité, et pour faire apparaître explicitement deux températures significatives du transfert (T_p à la surface et T_∞ dans le fluide) on a pris depuis longtemps l'habitude d'écrire :

$$\varphi_p = h \cdot (T_p - T_\infty) \text{ ou } h \cdot (T_\infty - T_p) \qquad \text{(avec h>0)} \qquad (1.54)$$

On introduit ainsi un paramètre auxiliaire h, homogène à une conductance thermique, qui est appelé au choix "coefficient de convection" ou "coefficient d'échange" ou "conductance de film" (en $W.m^{-2}.K^{-1}$). On admet donc que le transfert de chaleur entre le fluide et la paroi s'opère à travers un film de résistance thermique $1/h$.

Les calculs convectifs ont donc pour objet principal de fournir des expressions de h (ou directement de φ_p) en fonction des principaux paramètres dynamique et thermique de l'écoulement (vitesse, température, géométrie, nature du fluide...). Le raisonnement conduira ensuite jusqu'à T_p si cette grandeur est inconnue. Mais il arrive aussi que le détail du champ de températures soit le but essentiel de l'étude. C'est la détermination de ce champ de températures qui va nous intéresser dans ce travail et ses effets sur l'indice de réfraction du fluide entourant l'objet. La base essentielle des mécanismes mis en jeu dans la convection sont à l'origine les forces de poussées d'Archimède.

1.4.1.1 Les forces de poussées d'Archimède

Considérons un volume unitaire de fluide caractérisé par :

- sa température T_a,

- sa masse volumique ρ_a,

- une concentration d'espèce chimique C_a,

- la pression statique locale P_a

Il existe une *équation d'état* reliant ces grandeurs que l'on peut écrire :

$$\rho_a = \rho(T_a, C_a, P_a) \qquad (1.55)$$

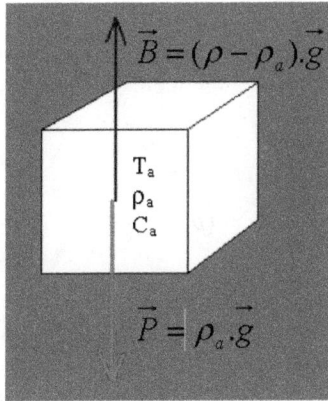

FIGURE 1.24: Forces appliquées à un volume unitaire

Soit $\vec{g}$ le vecteur accélération de la pesanteur. A l'équilibre hydrostatique (en l'absence de mouvement), l'action des forces de pression du fluide entourant le volume fluide considéré, équilibre le poids du fluide contenu dans le volume. L'équation d'égalité des forces s'écrit alors :

$$\overrightarrow{grad}(P_a) = \rho_a \cdot \vec{g} \qquad (1.56)$$

qui, décomposée suivant trois directions orthogonales contenant la direction z, prise en suivant la verticale ascendante, devient :

$$\frac{\partial P_a}{\partial z} = -\rho_a \cdot \vec{g} \qquad (1.57)$$

Si l'on remplace ce volume fluide, de masse volumique ρ_a, par du fluide à la masse volumique ρ, l'action des forces de pression du fluide extérieur au volume reste inchangée et égale à $\overrightarrow{grad}(P_a)$, par contre, le poids de fluide devient égale à $\rho\vec{g}$. Par suite, l'équilibre hydrostatique est rompu, le volume de fluide est soumis à l'action d'une force : *la force de poussée d'ARCHIMÈDE* désignée par $\vec{A}$, et qui est telle que :

$$\vec{A} = \rho.\vec{g} - \overrightarrow{grad}(P_a) \qquad (1.58)$$

$$\vec{A} = (\rho - \rho_a) \cdot \vec{g} \qquad (1.59)$$

soit :

Si $\rho > \rho_a$ alors la poussée d'Archimède est dirigée dans le même sens que la gravité, elle est descendante.

Si $\rho < \rho_a$ alors la poussée d'Archimède est dirigée dans le sens contraire que la gravité, elle est ascendante.

L'amplitude de $\vec{A}$ dépend de la température et de la concentration locales. Cette force va alors être équilibrée par les forces d'inertie et de viscosité du fluide, il peut alors y avoir mouvement. On obtient ainsi une équation de conservation de quantité de mouvement qui gère la dynamique du fluide. Pour compléter la description de l'état du fluide on écrira une équation de conservation de la masse du fluide, d'équilibre énergétique (équilibre entre la diffusion et le transport) et d'équilibre entre la convection et la diffusion des espèces chimiques (en tenant compte des sources éventuelles).

Ainsi, les équations de transport de la chaleur et de la concentration, qui dépendent de T et C, sont couplées à celles qui décrivent l'évolution de la quantité de mouvement, à travers la force de poussée d'Archimède $\vec{A}$. C'est bien sûr, la première source de complexité des mécanismes des écoulements induits par les forces de pesanteur. Il en est de même pour les effets de rotation. Pour les fluides confinés, les résultats sont identiques, mais cette fois, la force de poussée d'Archimède locale $\vec{A}$, calculée à partir de la force instantanée de gravité $\rho\vec{g}$, est obtenue en retranchant une moyenne ou une force volumique $\rho_r\vec{g}$, représentative de l'état du fluide non perturbé.

1.4.1.2   Écoulement et transport

C'est la force $\vec{A}$ qui génère le mouvement (et non des conditions aux limites, comme en convection forcée). Pour l'analyse, comme nous venons de le décrire, cette force intervient dans l'équation de la dynamique d'équilibre des forces et des moments. Les autres équations à considérer, sont celles qui concernent la conservation de la masse et des quantités qui provoquent des variations de masse volumique. On supposera qu'il s'agit d'un fluide pur : il existe donc une équation d'état $\rho = (T, C, P)$. Peuvent apparaître aussi, des équations décrivant la viscosité μ, la conductivité thermique k, ou le coefficient de diffusion de l'espèce chimique D.

Les grandeurs à déterminer, par l'analyse et l'expérience, concernent essentiellement : le coefficient d'échange h, qui caractérise le transport de chaleur, et le champ de vitesses. Le flux de chaleur Φ, échangé entre une surface d'aire S, à la température T_0 et le fluide à la température T_∞ s'écrit de façon classique :

$$\Phi = h.S.(T_0 - T_\infty) \qquad (1.60)$$

Dans l'Eq. (1.60), le paramètre h représente le coefficient d'échange de chaleur sur la surface S. La densité de flux de chaleur φ_p transmise au fluide, est donnée par la loi phénoménologique de Fourier :

$$(\varphi_p)_y = -k \cdot \left(\frac{\partial T}{\partial y}\right)_{y=0(\text{à la paroi})} \qquad (\text{en } W/m^2) \qquad (1.61)$$

où k représente la conductivité thermique du fluide et x la variable d'espace normale à la paroi et dirigée positivement vers le fluide. Dans ces conditions, la densité de flux de chaleur est positive dans le sens des températures décroissantes et cela correspond à un apport de chaleur au fluide. Si l'on néglige les échanges radiatifs de la surface, on a par suite le flux de chaleur échangé entre la paroi et le fluide qui s'écrit :

$$\Phi = \int_S \varphi_p.ds \qquad (1.62)$$

On peut définir un nombre de Nusselt, Nu, à partir de l'une des relations équivalentes suivantes :

$$Nu = \frac{h.L}{k} = \frac{\Phi.L}{S.k.(T_0 - T_\infty)} \qquad (1.63)$$

La grandeur L est une longueur caractéristique de la surface

Soit u, l'ordre de grandeur de l'amplitude de la vitesse, induite à la cote L, dans une région où la perturbation de masse volumique s'écrit :

$$\rho_L - \rho = \rho_\infty - \rho = \Delta\rho \qquad (1.64)$$

L'amplitude u peut-être évaluée par l'équation de production d'énergie cinétique, $\frac{1}{2}.\rho.u^2$ (théorème de BERNOUILLI), qui, en considérant le fluide comme parfait (sans viscosité) donne :

$$\rho.\frac{u^2}{2} \approx \Delta P \approx \Delta\rho.g.L \qquad (1.65)$$

Ce qui signifie que l'énergie cinétique est produite par une différence de pression qui est de l'ordre de grandeur des variations d'énergie potentielle, engendrée par la perturbation de masse volumique.

Il en résulte que dans tout problème de convection, pour lequel, on le rappelle, la vitesse est une inconnue, on peut, en première approximation, en donner un ordre de grandeur par la relation :

$$u \approx \sqrt{\frac{g.L.\Delta\rho}{\rho}} \qquad (1.66)$$

En négligeant les effets visqueux et autres effets plus petits, on obtient, pour une hauteur caractéristique L=50 cm, et $\frac{\Delta\rho}{\rho}=2\%$, une vitesse de l'ordre de 45 cm/s. En incluant les effets d'entraînement et de viscosité, les vitesses sont sensiblement diminuées,

*elles sont proches des valeurs suivantes, pour une surface verti-
cale chauffée, baignant dans différents fluides :*

34 cm/s pour du mercure

17 cm/s pour de l'air

8 cm/s pour de l'eau

Maintenant que l'on a défini la vitesse caractéristique d'un problème de convection, on peut introduire un nombre de Reynolds
de l'écoulement, soit :

$$Re = \frac{u.L}{\nu} = \sqrt{\frac{g.L^3.\Delta\rho}{\rho.\nu^2}} = \sqrt{Gr} \qquad (1.67)$$

La variable ν représente la viscosité cinématique du fluide et,
dans les problèmes de convection, le paramètre Gr, qui s'appelle le
nombre de Grashof, remplace le nombre de Reynolds pour caractériser la vigueur de l'écoulement.

En convection, le transport de chaleur dépend de la vigueur de
l'écoulement, il dépend des propriétés thermophysiques du fluide,
à travers le nombre de Prandtl, Pr, défini comme le rapport du
pouvoir de diffusion visqueuse du fluide, au pouvoir de diffusion
thermique. Soit :

$$Pr = \frac{\nu}{a} = \frac{\mu.Cp}{k} \qquad (1.68)$$

a est la diffusivité thermique du fluide définie par :

$$a = \frac{k}{\rho.Cp} \qquad (1.69)$$

Un problème de convection revient donc, du point de vue thermique, à déterminer une loi universelle, une corrélation caractéri-
sant le transport de chaleur en fonction des paramètres sensibles
du problème et que l'on représente en général sous la forme :

$$Nu = f(Gr, Pr, autres...) \qquad (1.70)$$

Notons que le nombre de Rayleigh, Ra est défini de la façon
suivante :

$$Ra = Gr.Pr \qquad (1.71)$$

$$Gr = \frac{g.\beta(T_p - T_\infty).x^3}{\nu^2} \qquad (1.72)$$

Le nombre de Grashof correspond au rapport des forces de gravité sur les forces visqueuses. Il permet donc de caractériser le
transfert thermique dû au déplacement naturel d'un fluide. Si on
le multiplie par le nombre de Prandtl pour obtenir le nombre de
Rayleigh, on a un nombre qui caractérise le transfert de chaleur au
sein d'un fluide : inférieur à une valeur critique, le transfert s'opère
essentiellement par conduction, tandis qu'au-delà de cette valeur
c'est la convection libre ou naturelle qui prend le pas. Ces valeurs
seuils sont données sur la figure 1.25.

A présent que nous avons décrit les lois régissant l'établissement de la convection libre, nous allons présenter la structure des
champs convectifs se développant autour d'objets courants. En effet, notre application vise à décrire ce type de phénomène autour de
géométries complexes et à hautes températures. Dans un premier
temps on étudie des cas simples, *on peut considérer qu'un objet
est composé de "primitives" simples qu'il conviendra d'étudier et
d'observer de façon séparée avant d'envisager un traitement de
géométries complexes.* Dans notre travail, nous nous sommes focalisés en priorité sur l'étude de la plaque plane verticale, cas cité
souvent comme référence pour les études de convection naturelle,
et du disque horizontal.

1.4.1.3 Plaque plane verticale et géométrie axisymétrique

1.4.1.3.a Plaque plane verticale isotherme

Considérons le cas générique d'une plaque plane verticale dont la température T_p est supérieure à celle T_a, du fluide environnant. Les particules fluides au voisinage de la plaque, portées à une température plus élevée que celle du fluide au loin, sont plus légères et ont tendance à monter le long de la plaque. Il se crée alors un écoulement ascendant le long de la plaque.

Les propriétés physiques du fluide sont évaluées à :

$$T_f = \frac{T_p - T_\infty}{2} \tag{1.73}$$

$$Ra_x = \frac{g.\beta.\Delta T.x^3}{a.\nu} \tag{1.74}$$

avec $\Delta T = |T_p\text{-}T_\infty|$ et β le coefficient de dilatation thermique.

Nous consacrerons l'essentiel de notre étude sur le *régime laminaire*. En effet, la *reproductibilité* de notre future expérience est importante et il est donc souhaitable de travailler dans un régime laminaire. Il est facilement vérifiable à l'aide du nombre de Rayleigh quelles sont les limites en température et/ou géométrique afin de conserver un tel régime.

La zone laminaire peut être analysée facilement dans le cadre des hypothèses de la couche limite de Prandtl [BFE04]. L'écoulement est supposé bidimensionnel, de composantes u et v dans le repère Oxy. En outre, la plaque est considérée comme infinie dans la direction Ox. En régime permanent et en supposant l'écoulement presque parallèle à la plaque, les équations du mouvement et de l'énergie se simplifient comme suit :

$$\frac{\partial u}{\partial x} + \frac{\partial v}{\partial y} = 0 \tag{1.75}$$

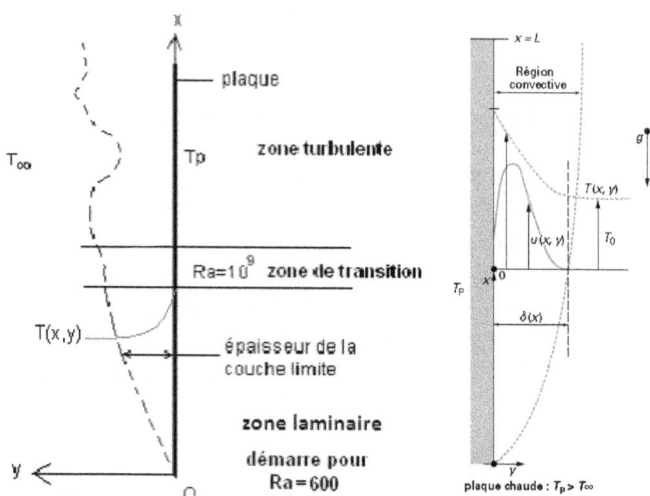

FIGURE 1.25: Schéma de la convection le long d'une plaque plane et ses différents régime en fonction du nombre de Rayleigh

$$\rho\left(u\frac{\partial u}{\partial x} + v\frac{\partial v}{\partial y}\right) = \rho.g.\beta.(T - T_\infty) + \mu.\frac{\partial^2 u}{\partial y^2} \qquad (1.76)$$

$$\frac{dp}{dx} + \rho.g = 0 \qquad (1.77)$$

$$\rho.Cp\left(u\frac{\partial T}{\partial x} + v\frac{\partial T}{\partial y}\right) = k\frac{\partial^2 T}{\partial y^2} \qquad (1.78)$$

Les conditions aux limites sont :
En y=0

$$T(x,0) = T_p \qquad\qquad u(x,0) = v(x,0) = 0 \qquad (1.79)$$

En y=+∞

$$T(x,+\infty) = T_\infty \qquad\qquad u(x,+\infty) = v(x,0) = 0 \qquad (1.80)$$

Pour résoudre ces équations il est possible d'utiliser la méthode de Lorenz [LG00], la méthode intégrale ou encore la méthode des similitudes. La démonstration des équations modélisant les écoulements de convection naturelle le long d'une plaque plane verticale ne sera pas faite ici mais nous retiendrons que Lorenz a obtenu l'expression suivante du coefficient d'échange local :

$$h(x) = 0,548.\frac{k}{x}.\left(\frac{g.C_p.\rho^2\beta.(T_p - T_\infty).x^3}{k.\mu}\right)^{1/4} \qquad (1.81)$$

De même pour l'épaisseur de couche limite thermique (équation utilisée en fin de chapitre) :

$$\frac{\delta}{x} = 3,93.Pr^{-/12}.(0,952 + Pr)^{1/4}.Gr_x^{-1/4} \qquad (1.82)$$

avec δ épaisseur de couche limite thermique

L'expérience montre que l'écoulement se développant le long d'une paroi plane verticale isotherme placée dans un fluide à température uniforme et constante présente les caractéristiques d'un écoulement de couche limite. Si la température de la paroi est supérieure à celle du fluide au loin, le mouvement est toujours ascendant lorsque le fluide est un gaz et il est, en général, également ascendant s'il s'agit d'un liquide. Comme pour un écoulement forcé, la couche limite laminaire devient instable au-delà d'une certaine épaisseur. L'expérience a montré que l'écoulement devient turbulent sur une paroi isotherme immergée dans une ambiance non stratifiée lorsque Ra>10^9, mais la zone de transition est assez grande car elle va d'environ 10^6 à 10^{10} [Sac00]. Notons que très souvent l'échange proprement dit est laminaire et l'écoulement ne devient turbulent que relativement loin de la paroi chaude : l'écoulement de convection libre créé par une cigarette, par exemple, illustre très bien ce phénomène. L'analyse détaillée des phénomènes exige une connaissance approfondie des couches limites thermiques et cinématiques qui prennent naissance en convection libre. Malheureusement, ces couches sont très peu connues du fait des difficultés métrologiques que l'on rencontre dans ce genre de problèmes. Pour cette raison on emploie actuellement des formules de corrélation empirique pour les plaques verticales.

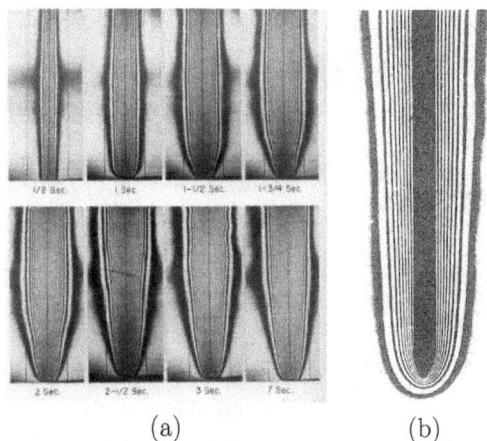

(a)   (b)

FIGURE 1.26: Images d'interférométrie montrant les lignes de températures constante autour d'une plaque verticale chaude en convection libre (a) [VD92] (b) [Hol92]

Enfin, comme on peut le visualiser sur les figures 1.26(a) et 1.26(b), cet écoulement convectif ne permet pas de générer une déviation lumineuse intéressante pour notre étude. L'obligation de viser au travers de l'écoulement dans le même sens que la plaque, implique le passage des rayons lumineux de façon normale au gradient thermique, entraînant une déviation minimale des rayons. De plus, pour les niveaux de températures mis en jeu dans notre application, l'épaisseur de couche limite développée par cette méthode est trop faible.

1.4.1.3.b Géométries axisymétriques

La convection naturelle le long de corps présentant des propriétés d'axisymétrie autour d'un axe vertical englobe de nombreuses applications. Un cylindre, une sphère, un parallélépipède, un cône..., sont les configurations les plus simples qui sont définies par une ou deux dimensions géométriques. Lorsque l'écart de température et/ou la hauteur du corps sont suffisants, l'écoulement le long de la surface ou au-dessus de celle-ci (panache) présente des propriétés similaires à celles d'un écoulement de couche limite le long d'une paroi plane verticale. Les simplifications de couche limite sont cependant plus contestable parce que les épaisseurs des couches limites dynamique et thermique doivent alors être très faible devant les dimensions transversales du corps pour que soient justifiées les hypothèses usuelles de calcul. Nous considérons deux des géométries parmi les plus simples : un cylindre vertical semi-infini et une sphère qui sont représentatifs d'écoulement axisymétriques plus généraux. Dans le premier cas, l'écoulement devient instable puis turbulent à partir d'une certaine hauteur lorsque le cylindre est isotherme ou chauffé uniformément dans une ambiance non stratifiée. Dans la partie inférieure du cylindre, où l'écoulement est laminaire, l'une des questions principales est de considérer le rapport des épaisseurs des couches limites à la longueur du rayon afin de déterminer si des théories développées pour des surfaces planes restent applicables, c'est à dire si les effets de courbures sont ou non importants. Pour la géométrie sphérique, deux cas limites peuvent être envisagés : d'une part, la source de chaleur ponctuelle au-dessus de laquelle il existe un écoulement laminaire sur une hauteur appréciable si la différence de température avec l'ambiance n'est pas trop importante et, d'autre part, la sphère que l'on peut assimiler en première approximation à un disque, du moins suffisamment loin en aval [LG00].

Cylindre

Pour les fluides ayant un nombre de Prandtl de 0,7 (tel que l'air) ou plus, le cas du cylindre vertical peut être traité comme le cas de la plaque verticale si :

$$\frac{L/D}{Gr_D^{1/4}} < 0,025 \quad \text{[Ozi]} \qquad \frac{D}{L} \geq \frac{35}{Gr_L^{1/4}} \quad \text{[LG00]} \qquad (1.83)$$

Où D est le diamètre du cylindre, L la hauteur, Gr_D Nombre de Grashof calculé avec D comme longueur caractéristique et Gr_L avec L (comme la plaque plane).

Dans le cas où ces inégalités sont vérifiées, la différence entre le cas de la plaque plane et le cylindre est inférieure à 5%.

Si les effets de courbure ne sont pas négligeables, les équations de couche limite doivent être résolues mais la méthode affine n'est pas utilisable directement. La résolution passe par une méthode de développement asymptotique ou par la méthode intégrale.

Sphère

Ici le calcul de Ra, afin de vérifier la présence ou non de turbulence, est basé sur le diamètre de la sphère.

La sphère aura tendance à essentiellement créer un panache thermique au-dessus d'elle. Un panache thermique est un écoulement se développant au-dessus d'une source de chaleur qui peut-être une source « ponctuelle », une source linéique ou une surface de plus ou moins grande dimension. Le panache peut aussi être générée par l'évaporation d'un liquide de masse molaire plus faible que le fluide ambiant ou par la dispersion d'un jet d'air très humide (panache solutable). Lorsqu'un écoulement gravitationnel provient de la différence de température entre un corps de forme quelconque et l'ambiance, les couches limites se développant autour de sa surface se rejoignent sur sa partie supérieure pour former un panache ascendant qui se développe dans l'ambiance. L'observation quotidienne de ces écoulements (par exemple en observant la propagation anormale de la lumière au-dessus d'une source chaude) montre que le sillage devient rapidement instationnaire puis, éven-

tuellement turbulent. Le problème posé ici n'est pas celui du re-
froidissement de la source mais plutôt l'échauffement de l'ambiance
ou la dispersion de constituants dus aux mouvements convectifs.
Dans la région juste au-dessus de la source, l'écoulement est laminaire : son étude, plus simple, et s'appuyant sur des modélisations
moins approximatives qu'en régime turbulent, est instructive. Si la
force gravitationnelle est faible, le fluide chaud et/ou plus léger est
rapidement ralenti par les forces de viscosité et par la diminution
de l'écart de température ou par l'augmentation de sa masse volumique dans le panache : les transferts de quantité de mouvement,
de chaleur et de matière deviennent alors principalement diffusifs
et le fluide issu de la source finit par s'étaler horizontalement dans
l'ambiance. A noter que le flux de chaleur convecté dans le panache est indépendant de la hauteur dans le panache et égale à
la puissance de chauffage injectée dans la source de chaleur. Certaines études ramènent également l'étude de la sphère à l'étude
d'une source circulaire (assimilable, en première approximation, à
la projection d'une sphère sur le plan horizontal). Les observations
expérimentales indiquent que le diamètre moyen de la section du
panache augmente proportionnellement à la hauteur de telle sorte
que la source peut être remplacée par une source ponctuelle située
en un point virtuel (point source) (voir Fig. 1.27).

Disque
  La convection naturelle se développant au-dessus d'un disque
horizontal chauffé de façon uniforme est complexe du fait de l'interaction du fluide entraîné le long du disque avec le fluide se sépa-
rant de la surface. Les deux paramètres pouvant affecter la structure de l'écoulement sont la géométrie et la nombre de Grashof
(défini de façon approprié) [RL87]. Des limites peuvent être identi-
fiées comme par exemple le point source de chaleur, point à partir
duquel l'énergie thermique prend la forme d'une colonne de chaleur axisymétrique (Fig. 1.27). La deuxième limite est une grande
largeur de disque, qui permet de négliger les effets de géométrie

axisymétrique sur une grande partie du disque et de supposer que la région centrale, où l'écoulement se sépare, ne joue qu'un rôle peu important dans l'échange de chaleur.

La première limite a déjà été développée par [Yih51] et [Fuj63] et le résultat montre que la largeur de la colonne montante dépend du nombre de Grashof de la source selon une loi en puissance (1/4). La largeur du panache (à une hauteur donnée) diminue donc avec l'augmentation du flux au niveau du disque.

La seconde limite est fondamentalement différente de la première. Pour un grand diamètre de disque, les effets de géométrie radiale deviennent insignifiant, mis à part au centre du disque. On peut alors traiter la convection comme pour le cas de la plaque plane horizontale chauffé uniformément [Ste58, RC69].

L'écoulement et le champ de température près du disque peut-être représenté selon deux parties distincte comme le montre la figure 1.27.

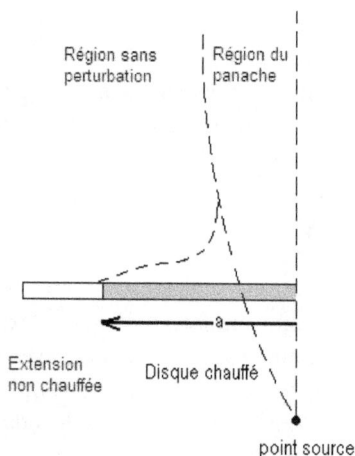

FIGURE 1.27: Géométrie de l'écoulement au-dessus d'un disque chaud

Près du centre du disque l'écoulement se sépare pour former

une colonne. Sans perturbation, la colonne montera de façon régulière transportant l'énergie totale de la chaleur transmise par la surface du disque. La force de la région centrale dépend des forces d'Archimède, directement liées à la température relative du disque. Si le disque est très chaud, les forces d'élévations du fluide peuvent être très fortes, causant une séparation de l'écoulement de la surface du disque. Si c'est le cas, la colonne centrale ne se formera pas comme décrit précédemment. Le décollement de la couche limite se produira alors quasiment au niveau du bord du disque. Ceci a été décrit par [YTM82] pour une surface carrée, et par [LDB87] pour le disque.

Pour ce qui concerne le calcul du nombre de Rayleigh, il se fait dans ce cas en prenant comme longueur caractéristique $0,9.D$ (D étant le diamètre du disque).

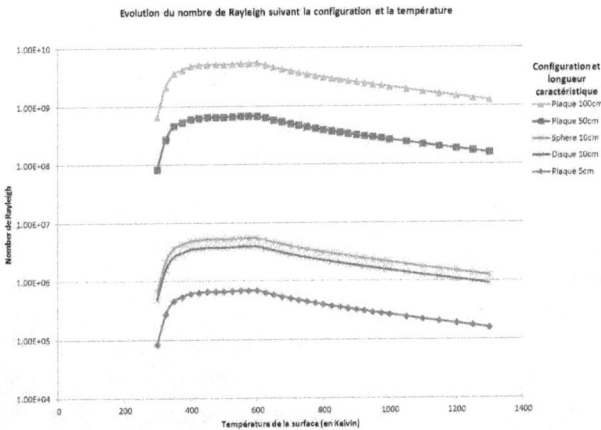

FIGURE 1.28: Évolution du nombre de Rayleigh en fonction de la configuration et de la température

La figure 1.28 représente l'évolution du nombre de Rayleigh pour différentes configurations en fonction de la température. Comme on le voit sur la figure, quelque soit la configuration, le nombre de Rayleigh augmente tout d'abord avec l'élévation de température (jusqu'à environ 600K), puis, bien que la température de surface augmente, diminue progressivement. Ceci est en fait dû au ratio (nombre de Prandtl) $\frac{\nu}{a}$ qui évolue avec la température. En effet, la diffusion visqueuse du fluide (viscosité cinématique) augmente lentement dans un premier temps (jusqu'à une température de fluide de 450K) mais augmente ensuite beaucoup plus rapidement, entrainant alors une diminution du nombre de Rayleigh et donc de la turbulence. Cependant, nous pouvons clairement voir que si nous prenons des géométries avec les longueurs caractéristiques inférieures ou égales à 10cm nous avons une nombre de Rayleigh inférieur à la valeur seuil de turbulence. Ceci est intéressant pour notre étude car un régime laminaire nous permet une *reproductibilité des expériences ainsi qu'une modélisation du phénomène*.

Afin d'avoir en tête un ordre de grandeur des variations de propriétés de l'air, un bref rappel sur les propriétés thermophysiques des fluides est donné dans la partie suivante.

1.4.2 Propriétés thermophysiques des fluides

Dans les équations de bilans relatives aux fluides en écoulement, figurent un certain nombre de propriétés spécifiques appelées "caractéristiques thermophysiques". Ce sont la masse volumique, la viscosité dynamique, la chaleur massique, la conductance thermique, la dilatabilité et la chaleur latente de changement d'état. Plusieurs de ces grandeurs subissent de façon notable l'influence de la température. On dit qu'elles sont "thermodépendantes". Dans quelques cas, elles sont également fonction de la pression : cela se produit en particulier pour les fluides à l'état de vapeur saturante. Mais en général, la pression est sans influence sensible, sauf bien entendu sur la masse volumique des gaz.

Nous récapitulons les propriétés thermophysiques principales de l'air dans le tableau 1.2. Nous donnerons les valeurs exactes de ces propriétés aux bornes de la plage de température concernant notre étude (300K et 1000K) [Whi88] ainsi que les corrélations associées (souvent utilisées pour faciliter les calculs numériques) [EMCWB00].

Propriétés thermophysiques	Valeurs à 300K	1000K	Corrélations
Densité ρ (kg.m^{-3})	1,177	0,352	$\rho(T) = \frac{P.M}{R.T}$
Viscosité ciné. $\mu \times 10^5$ (kg.$m^{-1}.s^{-1}$)	1,6	4,15	$\mu(T) = 1,875.10^{-3}.(\frac{T}{273})^{0,6386}$
Chal. Spé. C_p (J.$kg^{-1}.K^{-1}$)	1006	1142	$C_p(T) = 975,3 + 0,0368.T + 2.10^{-4}.T^2$
Conductivité k (W.$m^{-1}.K^{-1}$)	0,0262	0,0723	$k(T) = 0,026.(\frac{T}{293})^{0,7231}$

TABLEAU 1.2 – Liste non exhaustive des principales propriétés thermophysiques de l'air.

Plus de détails sur les différentes propriétés thermophysiques citées ainsi que sur la diffusivité, la dilatabilité thermique ou encore la chaleur latente de changement d'état sont donnés en annexe E.

Maintenant que nous avons vu le fonctionnement d'un écoulement convectif, les forces en action et les différentes propriétés le régissant, nous allons voir l'aspect énergétique lié d'un écoulement d'air. En effet, en plus de la distorsion géométrique amenée par la présence de la perturbation (convective ou non), il faut aussi avoir en tête que l'atmosphère, ici l'air, à haute température peut jouer un rôle dans certaines bandes spectrales et notamment le proche infrarouge et l'infrarouge. Dans ce souci de bien prendre en compte toutes les sources d'erreurs possibles, la section suivante donne un rappel sur la transmission et l'émission atmosphérique.

1.5 Aspect énergétique : transmission et émission atmosphérique

Cette partie traite brièvement du rôle de l'atmosphère (de l'air ambiant et de l'air chaud présent dans le phénomène convectif) lors de mesures optiques.

1.5.1   La transmission atmosphérique

Dans les conditions usuelles d'environnement, le rayonnement électromagnétique émis par les objets ne parvient au récepteur qu'après avoir traversé l'atmosphère. En traversant l'atmosphère, les obstacles rencontrés sont :

- les molécules de gaz qui sont les constituants naturels de l'atmosphère,
- l'eau en suspension (brume et brouillards),
- l'eau sous forme de précipitations (pluie ou neige),
- les fumées et les poussières,

et nous verrons qu'il s'y produit principalement trois sorte d'effets :

- l'extinction du rayonnement utile,
- l'apparition de rayonnement parasite,
- les turbulences.

En thermographie, les effets précédents se traduisent au niveau du signal délivré en sortie de l'appareillage (thermosignal) par une dégradation du rapport signal-bruit, provoquant une perte de contraste sur l'image et l'apparition de fluctuations temporelles.

1.5.2   Les interactions avec le rayonnement électromagnétique

L'influence de chacun des constituants atmosphériques sur le rayonnement électromagnétique présente un caractère spécifique lié à leurs propriétés physico-chimiques, et l'ampleur du phénomène dépend des quantités intégrées sur le trajet :

Les effets produits sont principalement :

- l'extinction, qui est l'atténuation du flux transmis, par dissipation de l'énergie suite à l'absorption et à la diffusion
- l'émission par rayonnement thermique des constituants atmosphériques eux-mêmes, ou par réflexion diffuse sur les particules

- la turbulence qui, déformant le front d'onde, infléchit la trajectoire des rayons énergétiques.

1.5.2.1 L'extinction atmosphérique

L'extinction (ou atténuation, ou affaiblissement) sur un trajet AB est la dissipation de l'énergie du rayonnement électromagnétique se propageant entre ces deux points. De ce fait, un radiomètre qui mesure en B la luminance d'un radiateur placé en A, indique une valeur inférieure à la luminance réelle de ce radiateur. Ce terme d'extinction recouvre deux modes différents d'interaction du rayonnement électromagnétique avec le milieu de propagation :

- il y a absorption, lorsque l'énergie captée par les atomes et les molécules est convertie sous une autre forme, produisant un accroissement de leur énergie interne (énergie cinétique de translation, de rotation ou de vibration).

- Il y a diffusion, lorsque les rayons sont déviés par rapport à leur direction initiale.

Les deux phénomènes sont liés à la polarisabilité de la matière.

1.5.2.1.a L'absorption

La structure des spectres d'absorption est plus simple que celle des spectres d'émission car, dans les conditions normales de température et de pression, les molécules atmosphériques sont dans leur état de moindre énergie. Les seules transitions observées se produisent donc entre cet état de repos et le premier niveau vibrationnel et rotationnel. Les domaines spectraux occupés par les bandes d'absorption et les bandes d'émission correspondantes sont les mêmes. Ces bandes encadrant des domaines de longueur d'onde dans lesquels la transmission reste, en revanche, satisfaisante. D'un très grand intérêt en thermographie, ces principaux domaines de transmission sont désignés comme les fenêtres atmosphériques (I, II et III). Leur localisation spectrale est précisée sur la figure 1.29

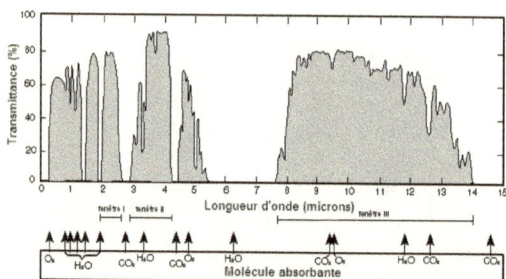

FIGURE 1.29: Principales bandes d'absorption moléculaire et fenêtre atmosphérique [WH]

Il est possible, pour une longueur d'onde donnée, de définir le
facteur monochromatique de transmission pour une longueur l de
milieu semi-transparent (atmosphère, panache...) à l'aide de :

$$\tau_\lambda = e^{-K_\lambda . l} \qquad (1.84)$$

avec K_λ le coefficient monochromatique d'absorption thermique.
Il est homogène à l'inverse d'une longueur. *Pour un milieu donné il
dépend de la longueur d'onde λ, de la température* T, *de la pression* P *pour les gaz, de la concentration* C *d'un composant du
milieu (par exemple H_2O ou CO_2 dans notre cas).* Physiquement
il est intéressant de considérer l'inverse de K_λ, en effet $l_\lambda = \frac{1}{K_\lambda}$ apparaît comme le *libre parcours moyen des photons*, c'est à dire la
distance moyenne que peut parcourir un photon sans être absorbé.
Si l désigne la longueur parcourue par le rayonnement dans le mi-
lieu considéré, le rapport $\frac{l}{l_\lambda} = l.K_\lambda$ s'appelle l'*épaisseur optique*.
Le milieu est *optiquement épais* si l est supérieur à l_λ et *optiquement mince* dans le cas contraire. L'étude de la propagation du
rayonnement électromagnétique à l'aide des équations de Maxwell
[SH81] conduit à la relation :

$$K_\lambda = \frac{4\pi}{\lambda} k_\lambda \qquad (1.85)$$

On voit donc que le *coefficient d'absorption* K_λ se déduit directement de l'*indice d'absorption optique* k_λ (partie imaginaire de l'indice complexe de réfraction), paramètre essentiel à connaître pour le calcul analytique du *facteur monochromatique de transmission*. Il est possible de modéliser finement le coefficient d'absorption $K_{\lambda gaz}$ pour un milieu donné en connaissant la température T, de la pression P et la composition du gaz. Des modèles dits "raie par raie" (Line by Line/LBL) sont les modèles représentant le plus précisément le spectre d'absorption (résolution de $\sigma = 10^{-4} cm^{-1}$ avec $\sigma = \frac{1}{\lambda} \times 10000$ appelé le nombre d'onde). Cependant, cette méthode est très lourde en terme de temps de calcul. On arrive facilement à des temps de calcul de l'ordre de la semaine. Il existe donc des modèles simplifiés :

- Les modèles en bandes étroites, utilisant généralement une formulation statistique ; on les appelles alors les Modèles Statistiques Bandes Etroites (MSBE) [ST97]. La résolution du calcul reste très correcte puisqu'elle est égale à $25 cm^{-1}$. *C'est ce modèle que nous utiliserons lors de cette thèse afin d'estimer la valeur de τ_λ*

- Les modèles en bandes larges dont la résolution de calcul est de $500 cm^{-1}$, permettent par exemple le dimensionnement ou bien la mesure du rendement d'un four. Par exemple, vers $10\mu m$ (soit $1000 cm^{-1}$), une variation autour de plus ou moins $500 cm^{-1}$ amène à $6,66\mu m$ pour $1500 cm^{-1}$ et à $20\mu m$ pour $500 cm^{-1}$. Cela veut dire que pour la caméra infrarouge bande III fonctionnant entre $7,5\mu m$ et $13,5\mu m$, on couvre le domaine avec moins de deux bandes de $500 cm^{-1}$. C'est donc un modèle peu résolu et non adapté à notre étude.

1.5.2.1.b La diffusion

Comme l'absorption, la diffusion trouve son origine dans l'interaction du rayonnement électromagnétique avec la matière. Du fait de la diffusion, une partie des rayons émis par un radiateur, entrant

en contact avec les constituants du milieu traversé, se trouve disper-
sée selon une loi statistique dans toutes les directions de l'espace.
L'énergie dissipée par rapport à la direction régulière de propagation ne parvient donc pas à l'observateur. La diffusion moléculaire
s'étudie, soit du point de vue de la théorie corpusculaire, soit du
point de vue de la théorie ondulatoire. C'est cette propriété intéressante de diffusion du rayonnement qui est mise à profil par exemple
dans les méthodes telles que la PIV et la LDV citées précédemment.

1.5.2.2   L'émission atmosphérique

Comme tous les gaz, l'atmosphère (le panache) est une source
thermorayonnante sélective et le flux qu'elle émet vient se superposer à celui provenant de la scène thermique. La luminance de
l'atmosphère trouve son origine dans l'épaisseur même du milieu.

1.5.2.3   La turbulence atmosphérique

La turbulence optique désigne les fluctuations de l'indice de réfraction de l'atmosphère (panache) induites par les mouvements
de l'air qui provoquent des variations locales de température, de
pression et d'humidité. L'espace étant ainsi fragmenté en cellules
d'indices différents, les conditions de propagation de l'onde électromagnétique se trouvent modifiées par rapport à celles d'un milieu
idéal où la valeur de l'indice de réfraction est supposée uniforme
et constante dans le temps. Suivant la répartitions des indices de
réfraction, un faisceau parallèle à l'origine devient convergent ou
divergent. Il peut y avoir déplacement des points chauds et/ou
variation de températures apparentes par superposition de points
chauds.

Il peut donc y avoir une perturbation apportée par la présence
du panache "chaud" en plus de l'effet géométrique et cet effet doit
être quantifié, notamment dans les fenêtres II et III de l'infrarouge
(présence de H_2O ou CO_2). *Lors de cette thèse, en plus de la per-*

*turbation dimensionnelle apportée par l'effet mirage, nous esti-
merons la transmission et l'émission du panache de façon expérimentale et analytique.*

1.6 Une première observation du phénomène au sein du laboratoire : cas du cylindre chaud

Le but de cette étape expérimentale est l'observation et la mise
en évidence du phénomène de convection autour d'un objet chaud,
et de montrer qu'il engendre bien des déformations lors de mesures optiques. Nous avons d'abord, à l'Institut Clément Ader Albi
(ICAA), testé une méthode originellement dédié à l'observation de
déplacement et/ou de déformation sur des pièces soumises à certaines charges. Cette méthode est appelée *stéréo-vision par corrélation*. Cette méthode est schématisée par la figure 1.30.

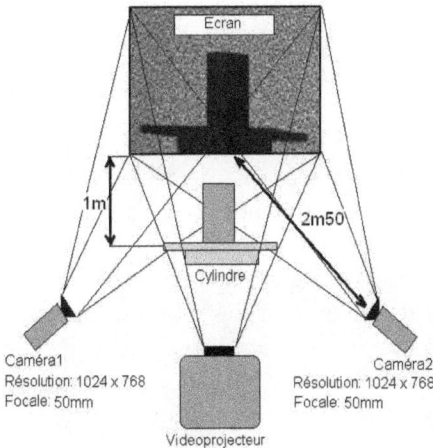

FIGURE 1.30: Schéma de la méthode de stéréo-vision adoptée pour
la visualisation du phénomène

La technique de stéréo-corrélation utilise le principe de la vision binoculaire d'une même scène à savoir la mesure d'un objet suivant deux angles différents [Ort12, Ort09, SOS09]. Sur ce principe, la technique permet de mesurer l'évolution de la géométrie 3D d'un objet ou le champ de déplacements des points de la surface en enregistrant une paire d'images stéréoscopiques relatives à chaque état de déformation.

A notre connaissance, cette méthode est originale pour ce qui concerne l'observation de phénomène convectif. Comme expliqué précédemment, la méthode permet d'observer le déplacement de points d'accroches situés sur la surface d'intérêt au court du temps. Pour cela il est nécessaire d'avoir une image de départ non déformée puis nous comparons toutes les images déformées à celle de la référence. Afin de créer un nombre de points important et le plus dense possible, on utilise un vidéoprojecteur qui va projeter sur un écran l'image d'un mouchetis généré par un bruit de Perlin (soit une génération de points pseudo-aléatoire) [OGRB06]. L'ombre du cylindre doit apparaître sur l'écran, cette zone est la zone d'intérêt filmée par les caméras. Une fois le cylindre chauffé dans un four aux alentours de 700K et l'image de référence prise, on place le cylindre sur son support et des séries d'images sont alors prises en présence des perturbations. L'image de référence et les images déformées sont alors traitées par un outil de post-traitement appelé VIC3D [VV] qui va permettre de calculer le déplacement et/ou la vitesse de déplacement de chaque point dans les 3 dimensions. Dans notre cas, de telles données sont difficiles à exploiter en terme quantitatif. Cependant, le post-traitement permet d'obtenir des images et vidéos des déplacements et/ou des vitesses, suffisantes pour savoir si le phénomène est observable dans la bande des caméras (ici des caméras CCD classiques : 400nm 750nm). La figure 1.31 représente le type d'image obtenu après corrélation par VIC3D.

La figure 1.31 met bien en évidence la présence de perturbations autour et au-dessus du cylindre (couche limite et panache thermique). De plus, en sachant que le cylindre fait 6cm de dia-

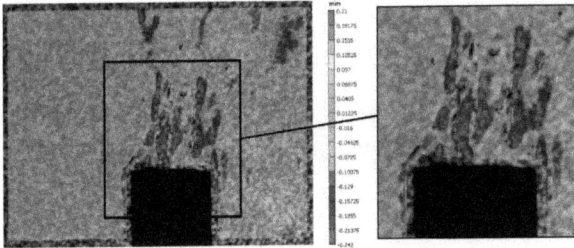

FIGURE 1.31: Image d'un résultat obtenu après post-traitement
d'une image déformée

mètre, on mesure une couche limite d'environ 1cm sur la partie
verticale du cylindre, en son sommet . En revanche, on notera également (surtout visible sur les vidéos) de fortes perturbations du
panache et de la couche limite thermique au cours du temps. Ces
perturbations sont tout simplement dues aux mouvements d'air
parasites présents dans la pièce où a été faite l'expérimentation
(déplacements de personnes, ventilations...). Il sera donc nécessaire, pour les futures configurations expérimentales, de **mettre
en place une enceinte tout autour de l'objet chaud** afin
d'avoir une situation expérimentale reproductible. Néanmoins, le
résultat obtenu reste tout à fait satisfaisant : la méthode, certes purement qualitative pour le moment, permet cependant de mettre
clairement en évidence la présence du phénomène dans la bande
spectrale des caméras utilisées (visible).

Afin de confirmer que les déplacements observés sur les images
post-traitées correspondent bien à l'effet mirage se produisant dans
la couche limite thermique, un calcul analytique permettant d'estimer l'épaisseur de couche limite thermique a été réalisé afin de
le comparer avec l'épaisseur obtenue expérimentalement ($\approx$ 1cm).
Le calcul analytique proposé [Hol92] ici consiste tout simplement à
calculer l'épaisseur de couche limite en haut du cylindre (h=10cm)
et de vérifier qu'on se rapproche bel et bien du 1cm observé expérimentalement. Le calcul analytique est le suivant :

$$\frac{\delta}{x} = 3,93 Pr^{-1/2}.(0,952 + Pr)^{1/4}.Gr_x^{-1/4} \qquad (1.86)$$

Il est donc nécessaire de calculer dans un premier temps Gr_x (toutes les propriétés du fluide sont prises à $T_f = (T_p + T_\infty)\ /\ 2 = (700 + 300)\ /\ 2 = 500K$) :

$$Gr_x = \frac{g.\beta.(T_p - T_\infty).x^3}{\nu^2} \qquad (1.87)$$

$$= \frac{9,81.\frac{1}{500}.(700 - 300).(10.10^{-2})^3}{(3,69.10^{-3})^2} = 5,76.10^6$$

et donc

$$\delta = (3,83 \times 0,68^{-1/2}.(0,952 + 0,68)^{1/4}.(5,76.10^6)^{-1/4}) \times 10.10^{-2}$$
$$= 1,1cm \qquad (1.88)$$

Le calcul proposé ici est donc bien en accord avec les résultats obtenus expérimentalement.

On a vu à l'aide de ce chapitre que **la bande spectrale utilisée ne joue qu'un très faible rôle sur le déplacement géométrique** engendré par la présence d'une perturbation. C'est principalement la température et son gradient au sein du panache qui régit le déplacement des rayons. Cette perturbation sera simulée numériquement et **de nombreuses méthodes expérimentales** retenues plus tôt (cf. Sec. 1.1.3) seront mise à contribution afin de valider ce résultat numérique :

Strioscopie : forme, taille, stabilité de l'écoulement.

PIV, LDV : Vitesse (Validation du modèle CFD de la perturbation)

Thermographie : Température (Validation complémentaire du modèle CFD de la perturbation)

B.O.S. : Champ de déplacements engendré par la perturbation
(Validation de la méthode numérique de lancer de rayons)

Nous avons choisi de faire une étude complète du phénomène
en allant du **visible à l'infrarouge, incluant le proche infrarouge**, il va alors se poser à nous la question de la transmission et
émission du panache chaud.

Il y a donc deux types de mesures à parts entières à réaliser : une concernant **l'aspect dimensionnel** de la perturbation et
l'autre **l'aspect énergétique**. Il est donc nécessaire de construire
une expérimentation nous permettant de réaliser ces deux types de
mesure, et cela pour les différentes bandes spectrales. Enfin, nous
devons définir (et justifier le choix) la géométrie de l'objet et/ou du
panache étudié afin d'obtenir un déplacement maximal mesurable
et facilement reproductible.

CHAPITRE 2

Choix de la configuration et caractéristiques de la perturbation

Sommaire

2.1 Choix de la configuration et ses caractéristiques   **78**

     2.1.1   Choix de la configuration   78

     2.1.2   Caractéristiques du disque   83

2.2 Champ de températures dans un panache convectif **89**

     2.2.1   Paramètres, maillage et résultats   90

     2.2.2   Validation de FLUENT   92

Nous avons vu précédemment que le phénomène dû à l'effet mirage pouvait être aisément mis en évidence à l'aide d'un objet chaud ($\approx 700°C$). Cependant cette observation a également permis de souligner la nécessité d'avoir une enceinte permettant d'isoler d'avantage le phénomène convectif du milieu environnant. De plus, dans un souci d'avoir des expériences reproductibles dans le temps, il était nécessaire de choisir l'objet générant le panache convectif de façon à ce qu'il soit régulé avec une température surfacique la plus homogène possible. Après avoir expliqué les choix concernant la configuration de base, nous étudierons les caractéristiques de la perturbation, d'un point point de vue thermique, dynamique et dimensionnel. Ces différents aspects seront traités avec plusieurs outils numériques (Code sous Matlab, FLUENT, OpenFoam, WIDIM...) qui seront eux-mêmes validés par des expérimentations. Cette étape nous permettra d'obtenir le champ d'indices de réfraction, déduit du champ de températures à l'aide de la loi de Gladstone-Dale, qui sera alors intégré dans le code de lancer de rayons (cf. Chapitre 3).

2.1 Choix de la configuration et ses caractéristiques

2.1.1 Choix de la configuration

Nous avons choisi d'étudier les perturbations optiques induites par la présence d'un fort gradient thermique dans l'air. Il existe différentes possibilités de créer de tels gradients (souffler de l'air chaud, créer un panache convectif...) et géométries (plaque plane verticale, horizontale, cylindre, disque...). Pour faire un choix pertinent quant au type de perturbation, un autre paramètre à prendre en compte était la reproductibilité de l'expérience, c'est pourquoi nous avons opté préférentiellement pour un écoulement laminaire et facilement reproductible. D'un point de vue de la facilité de mise en œuvre, nous avons choisi de ne pas étudier le cas de la plaque plane verticale. En effet, de nombreux problèmes, comme l'accrochage de la couche limite dynamique ou l'homogénéité en température, sont inhérents à l'utilisation d'un tel équipement. De plus, une telle perturbation n'offrirait ni une très large épaisseur d'observation (position 1 de la figure 2.1), ni une importante déviation des rayons lumineux du fait d'une observation quasi normale à la couche limite thermique (position 2).

Le choix s'est donc porté sur une perturbation générée légèrement en dessous de la zone d'observation, permettant ainsi une zone d'intérêt suffisamment grande. Les configurations adéquates

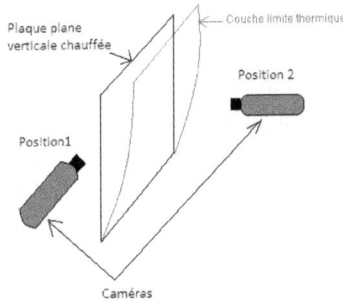

FIGURE 2.1: Schéma simplifié de l'observation de la perturbation dans le cas de la plaque plane verticale

possibles étaient : plaque plane horizontale, cylindre ou sphère, disque horizontal et enfin air chaud soufflé. Comme on a pu le voir à la fin du chapitre 1, le cas du cylindre chaud à tout d'abord été abordé mais la difficulté pour obtenir un cylindre relativement épais (plus de 5cm) et bien homogène nous a fait renoncer aux géométries cylindriques et sphériques. Pour la même raison que pour la plaque plane verticale (observation quasi normale à la perturbation), nous avons préféré le disque horizontal à la plaque horizontale. En effet, le disque chaud, de part sa géométrie axisymétrique offre une déviation maximale quelque soit l'angle d'observation (mis à part en son centre lorsque l'axe optique d'observation passe par le diamètre du disque). Le choix se limitait donc à un panache convectif issu d'un disque horizontal ou bien de l'air chaud soufflé laminairement par un tuyau, soit 2 configurations axisymétriques.

Étude des gradients thermiques respectifs dans ces deux écoulements

Étudier le gradient thermique de ces configuration revient à obtenir dans un premier temps leurs profils. Ces profils de températures ont été obtenus avec FLUENT dans le cas du panache convectif et

à l'aide d'un calcul analytique pour le jet d'air chaud. Dans le cas
du jet d'air chaud en sortie d'un tube cylindrique, le réchauffe-
ment de l'air se fait typiquement via les parois chauffées du tube
(Fig. 2.2). En effet, souffler par un tube de l'air chaud qui aurait
été chauffé préalablement n'a pas de sens dans notre cas car on
obtiendrait alors un profil de température quasiment plat, donc un
gradient nul.

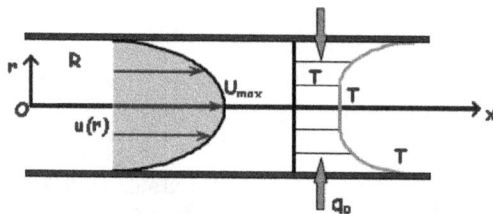

FIGURE 2.2: Schéma montrant le profil de température et de vitesse
d'un tube cylindrique chauffé

Dans le cas d'un écoulement laminaire stationnaire et établi
avec une chauffe pariétale uniforme et constante, on peut écrire le
profil de vitesse et l'équation de la chaleur comme suit [Ozi] :

$$\frac{u(r)}{U_{max}} = 1 - \left(\frac{r}{R}\right)^2 \qquad (2.1)$$

$$u(r)\frac{\partial T}{\partial x} = \frac{a}{r}\frac{\partial}{\partial r}\left(r\frac{\partial T}{\partial r}\right) \qquad (2.2)$$

avec a la diffusivité thermique de l'air.

En supposant le profil thermique développé, cela conduit à dire
que l'élévation de température le long de x est constante :

$$\frac{\partial T}{\partial x} = C_0 \qquad (2.3)$$

Donc l'équation à résoudre est :

$$\frac{1}{r}\frac{\partial}{\partial r}\left(r\frac{\partial T}{\partial r}\right) = \frac{C_0 U_{max}}{a}\left(1 - \left(\frac{r}{R}\right)^2\right) \qquad (2.4)$$

De plus, on a les conditions limites suivantes :

$$\left.\frac{\partial T}{\partial r}\right|_{r=0} = 0 \quad et \quad \left.\frac{\partial T}{\partial r}\right|_{r=R} = -\frac{q_p}{k_f} \qquad (2.5)$$

avec k_f la conductivité de l'air.

dont la solution est :

$$T - T_c = \frac{T^*}{4}\left[\left(\frac{r}{R}\right)^2 - \frac{1}{4}\left(\frac{r}{R}\right)^4\right] \quad avec \quad T^* = \frac{C_o U_{max} R^2}{a} \qquad (2.6)$$

Si nous prenons une température axiale d'écoulement similaire à celle du panache, avec une section de conduite identiques au rayon du disque tout en conservant une puissance de chauffe du même ordre, nous obtenons *classiquement* des profils de température représentés sur la figure 2.3.

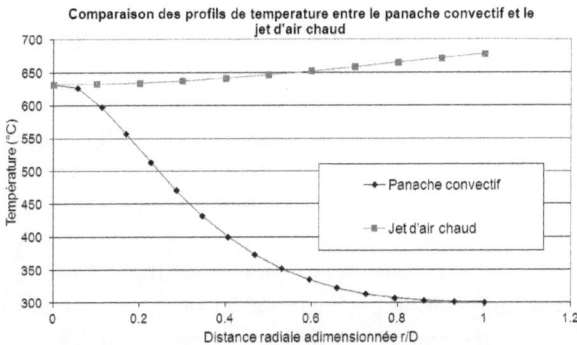

FIGURE 2.3: Comparaison des profils de température entre un jet d'air et un panache convectif

On remarque alors que le profil de température provenant d'une canalisation cylindrique est beaucoup plus aplati que pour le panache convectif. On notera que dans le cas d'air chauffé au préalable et ensuite soufflé par le tuyau, le gradient pour le tube serait alors inversé et régi uniquement par les fuites thermiques via les parois du tube, ce qui sous-entend un plus gros besoin en énergie mais cependant toujours un faible gradient thermique (du fait de la faible conductivité de l'air). Dans le cas d'une canalisation bien isolée, le besoin en énergie serait moindre mais le gradient (radial) serait alors quasiment inexistant. La géométrie la plus adaptée à notre problème était donc celle du **disque horizontal chauffé** qui permettait d'avoir une perturbation aux propriétés axisymétriques et présentant un très fort gradient thermique radial. De plus, par rapport à notre problématique originelle concernant l'effet mirage en laboratoire, un panache convectif correspond tout à fait aux cas observés, bien plus que le jet d'air chaud. Enfin, il était important de noter que l'écoulement pour un disque chaud de 10cm, quelque soit la température, reste laminaire (voir Fig. 1.28 et Eq. (1.74)). Ce choix de 10cm correspond donc à un compromis entre ce qui est disponible techniquement (et simplement) et la limite de transition de régime d'écoulement.

Cependant, un panache convectif, comme nous l'avons vu dans la section 1.6, est très sensible aux perturbations extérieures. En effet, les variations de pressions dans le panache sont extrêmement faibles, de l'ordre de 1 ou 2 Pa seulement [Cre09]. Il était donc nécessaire de construire une enceinte qui contiendrait alors le disque chauffant et le protègerait des mouvements d'air extérieurs au panache convectif lui-même. Afin de pouvoir réaliser ensuite des mesures optiques de différents types, une enceinte en *plexiglas* a été élaborée avec une section de 40cm par 30cm et une hauteur de 1m (voir Fig. 2.4). Des simulations de l'écoulement réalisées sur Fluent ont permis de vérifier qu'aucun effet de bord ne perturbait l'écoulement pour ces dimensions d'enceinte. Cette dernière est positionnée sur des pieds métalliques permettant de la surélever légèrement, créant ainsi une entrée d'air, nécessaire à la convection naturelle. Nous présenterons dans le prochain paragraphe les caractéristiques du disque chauffant choisi. En effet, avant de commencer les simulations numériques proprement dites, il était important de bien connaître les conditions aux limites imposées par cet équipement.

FIGURE 2.4: Photographie de l'enceinte en plexiglas contenant le disque chauffant utilisée pour les expériences

Nous aborderons dans ce qui suit les différentes caractéristiques du disque soit dans un premier temps sa géométrie et ses propriétés puis dans un second temps nous étalonnerons la température de surface de celui-ci à l'aide d'une caméra infrarouge.

2.1.2 Caractéristiques du disque

2.1.2.1 Géométrie et propriétés du disque

Les exigences de départ pour les propriétés du disque étaient les suivantes :

- capable d'atteindre les 900°C
- avoir un diamètre maximum de 10cm

Compte tenu des caractéristiques thermiques, le disque mis en place a été fourni (construit spécialement) par la société Thermocoax [HS]. Il a été réalisé en Inconel 600 de 1cm de hauteur et

de 9,2cm de diamètre (voir Fig. 2.5), capable d'atteindre 950°C
(température limite afin de ne pas détériorer les soudures).

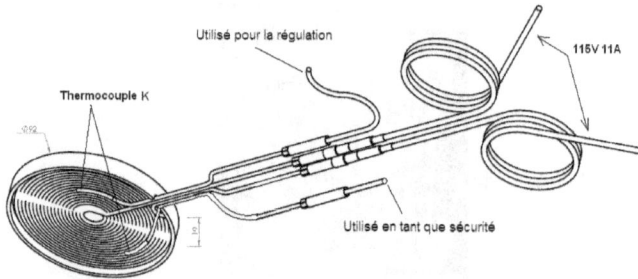

FIGURE 2.5: Schéma de l'équipement chauffant avec son câblage

Ce disque est chauffé par une résistance bobinée qui est brasée
sous vide sur sa face inférieure afin de résister aux hautes températures. Deux thermocouples K sont également soudés de la même
manière sur la résistance afin de permettre respectivement la régulation de celle-ci et la sécurité du système. La résistance est alimen-
tée par un gradateur Eurotherm 7100A pouvant délivrer 11A sous
115V, soit ≈1250W, puissance nécessaire à la résistance pour atteindre 950°C. Le disque a subit certaines évolutions au fur et à mesure que mon travail de thèse avancé. Le disque était tout d'abord
non isolé sur la tranche et simplement maintenu dans un large an-
neau par des vis, puis il a été isolé afin d'obtenir une meilleure
homogénéité de surface comme l'illustre la figure 2.6.

L'isolant est fait de couches successive de papier mica imprégné
avec de la résine de silicone sous haute pression et température. Ce
procédé permet au matériau d'avoir une faible conductivité (0,27
$W.m^{-1}.K^{-1}$) et de résister à de hautes températures (800°C).

Certaines des expériences présentées utilisent parfois le montage (a) et d'autres fois le montage (b), dans chacun des cas un
étalonnage a donc été fait et les simulations numériques ont toujours été réalisées en accord avec le montage étudié lors de l'expérimentation afin d'avoir une comparaison valable. Nous avons

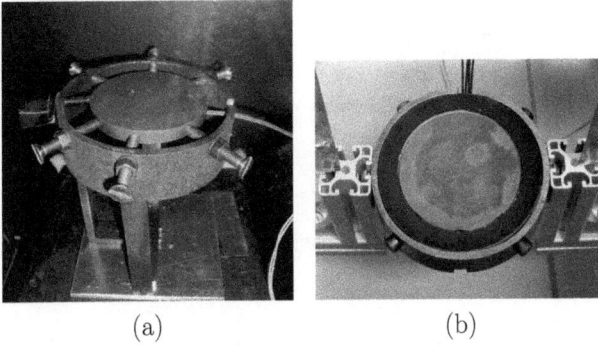

(a) (b)

FIGURE 2.6: (a) Photographie du premier montage du disque (b) Photographie du disque chauffant avec l'isolant

présenté ici seulement un seul étalonnage, étalonnage correspondant au stade le plus avancé du montage (Fig. 2.6(b)).

2.1.2.2 Étalonnage du disque

Cette étape primordiale a pour but de vérifier l'homogénéité ainsi que la stabilité de la température de surface du disque, et donc du bon fonctionnement de la régulation. Pour cela nous avons tout d'abord peint le disque et l'isolant à l'aide d'une peinture noire d'émissivité connue ($\varepsilon{\approx}0{,}96$ dans la bande III voir Fig. 2.7) puis nous avons observé le système chauffant à l'aide d'une caméra infrarouge FLIR SC325 dont les caractéristiques principales sont synthétisées dans le tableau 2.1. Cette étape est illustrée par la figure 2.8.

Type de détecteur	Microbolomètre non refroidi
Bande spectrale	7,5-13,5 μm
Plage de température	de -20°C à +700°C
Résolution spatiale	320×240
Pitch	25 μm
DTEB	50mK
Fréquence d'acquisition	60Hz
Distance focale	30mm

TABLEAU 2.1 – Caractéristiques de la caméra infrarouge SC325

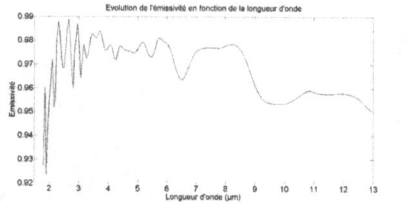

FIGURE 2.7: Evolution de l'emissivite de la peinture en fonction de la longueur d'onde

Nous avons ensuite fait différents paliers (tous les 100°C) et avons observé l'écart-type de la température de surface du disque ainsi que l'écart avec la consigne fixée à l'aide du régulateur. L'augmentation de la température est contrôlé via le régulateur PID et est fixée à 20°C par minute, après quelques minutes, la température de surface du disque atteint une stabilité temporelle de l'ordre de $0,1°C$.

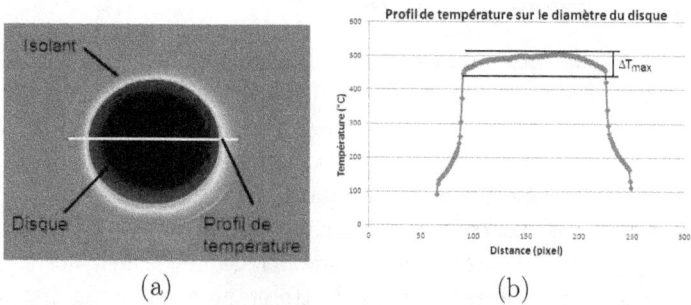

(a)   (b)

FIGURE 2.8: (a) Thermograme du disque avec isolant en situation "établie" (consigne 500°C) (b) Profil de température correspondant

Les résultats obtenus à l'aide de la caméra infrarouge allait uniquement jusqu'à 600°C car la peinture déposée ne résistait pas à des températures supérieures. Cependant à l'aide d'une simple interpolation mathématique sur les profils de température, il a été possible d'obtenir des résultats pour des températures supérieures.

Nous avions six profils de température (de 100°C à 600°C par pas de 100°C), afin d'obtenir un profil à une température supérieure il a fallu faire une régression linéaire sur chaque pixel des six profils afin d'obtenir $f(T) = a.T + b$.

On a ainsi été capable d'obtenir les résultats récapitulés dans le tableau 2.2 et on a pu tracer les donnés essentielles sur la figure 2.9.

Température de consigne ($°C$)	100	200	300	400	500	600	700	800
Minimum ($°C$)	92	178,4	270,8	365,9	455,6	545,8	637,1	727,9
Maximum ($°C$)	98,3	199,4	302,4	404,3	506,7	607	709,8	811,8
Moyenne ($°C$)	96,7	194,5	294,2	392,8	490,6	586,7	686,3	784,5
ΔT Min/Max ($°C$)	6,3	21	31,6	38,4	51,1	61,2	72,7	83,9
Ecart-type ($°C$)	1,6	4,7	7,9	10	12,8	15,2	18,2	21
ΔT Moy/Cons. ($°C$)	3,3	5,5	5,8	7,2	9,4	9,4	13,3	15,5

TABLEAU 2.2 – Propriétés des températures de surface du disque pour différentes températures de consigne

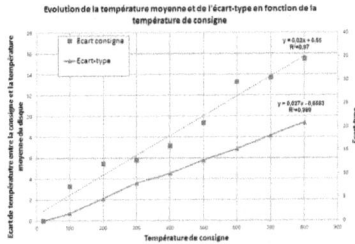

FIGURE   2.9:   Evolution   de   l'écart   de   température (consigne/moyenne) et de l'écart-type sur la surface du disque en fonction de la température de consigne

Une fois que nous disposions des profils de température de surface du disque, il a alors été possible de réaliser les différentes simulations numériques avec des conditions limites connues et bien définies. Nous avons pu calculer à l'aide d'outils numériques, tout d'abord d'un point de vue dimensionnel puis énergétique, les erreurs amenées par la présence de la perturbation.

Nous avons choisi de considérer de manière indépendante les aspects dimensionnel et énergétique mais en les abordant de fa-

çon relativement similaire. Nous donnons dans un premier temps
le principe de la méthode adoptée et nous rentrons ensuite plus
en détails dans chaque étape de celle-ci. Le "dénominateur" com-
mun de notre problème est la modélisation de la propagation du
rayonnement optique dans un environnement où règne un gradient d'indice de réfraction responsable des effets de déviations
des rayons dans le milieu chaud. Pour aborder le traitement de
ce problème, nous avons fait appel à un outil de lancer de rayons
(couramment appelé par son équivalent anglais : *raytracing*) fonctionnant dans l'environnement Matlab . Cet outil a originalement
était développé à l'ICAA pour étudier le chauffage de préformes en
polymère [CSLMB11] destinées au procédé d'injection-soufflage de
bouteilles. Ce code de lancer de rayons a donc été modifié pour être
adapté à notre étude, c'est à dire aux calculs de trajets optiques
dans un milieu d'indice de réfraction non homogène ce qui n'était
pas le cas avant. Il a permis d'obtenir les champs de déplacements
et de densités induits par la présence de la perturbation.

Il était donc nécessaire dans un premier temps de trouver un
moyen d'implémenter dans le code de lancer de rayons le champ
d'indices de réfraction correspondant à la perturbation que l'on
souhaitait étudier, ici le panache convectif issu d'un disque chauffé.
Comme nous l'avons montré dans le chapitre 1 section 1.1.2, la loi
de Gladstone-Dale relie, pour une longueur d'onde donnée, l'indice de réfraction à la température (Eq. (1.5)). Il a suffit donc
d'abord de trouver le champ de températures, afin d'en déduire
à l'aide de cette loi le champ d'indices de réfraction correspondant à la longueur d'onde étudiée. Le champ de températures a été
obtenu à l'aide de calculs en dynamique des fluides et thermique
réalisés au moyen d'un logiciel dédié à cet effet : ANSYS Fluent
[Flu]. Nous avons choisi d'utiliser ANSYS Fluent car c'était un
outil disponible d'une part à l'institut von Karman et que ce logiciel propose de très bonnes capacités pour résoudre les équations
d'énergie et de mouvements impliquées dans notre problématique
(panache convectif). Le séquencement des différentes étapes de mo-

délisation adopté dans notre étude est décrit par l'organigramme suivant (Fig. 2.10).

Nous allons donc présenter ci-après l'outil de CFD utilisé, accompagnés de ses validations. Les résultats obtenus par la jonction des deux outils (CFD et lancer de rayons), c'est à dire *les champs de déplacements et de densités*, constitueront le Chapitre 4.

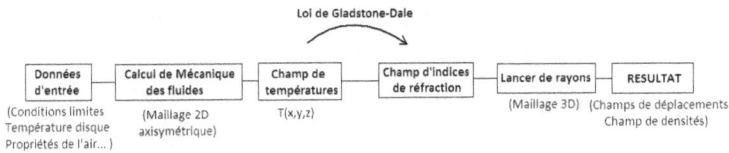

FIGURE 2.10: Diagramme montrant les étapes principales de la méthode numérique adoptée

2.2 Champ de températures dans un panache convectif : ANSYS Fluent

Le logiciel ANSYS Fluent intègre les outils fondamentaux pour la modélisation physique nécessaire aux :
- simulations d'écoulement, turbulent et laminaire,
- transfert de chaleur,
- réactions chimique.

Le champ d'application du logiciel est très large, allant
- de l'écoulement au-dessus d'une aile d'avion à la combustion dans un four,
- de la construction de semi-conducteur à l'écoulement sanguin.

Dans notre cas nous nous sommes contentés d'utiliser celui-ci afin de résoudre les équations de thermique et d'écoulement du fluide, c'est à dire la convection naturelle. Nous allons voir maintenant les paramètres régissant le calcul, les conditions limites, le maillage et les résultats obtenus.

2.2.1 Paramètres, maillage et résultats

Pour résoudre l'équation thermo-aéraulique nous concernant, nous avons utilisé le solveur *"Pressure Based"* avec une formulation *couplée implicite*. Cette formulation dite *"implicite"* permet en quelque sorte de résoudre toutes les variables dans toutes les cellules en même temps, en opposition avec *"l'explicite"* qui résout plutôt toutes les variables d'une cellule, une cellule après l'autre. De plus, la résolution des gradients des variables a été faite à l'aide du *théorème de Green-Gauss* (moyenne arithmétiques des valeurs des cellules voisines) entre les différentes cellules (et non entre nœuds). L'écoulement a été supposé au régime *"établi"* et *laminaire*. Enfin, nous avons choisi une géométrie *axisymétrique* afin de faciliter au maximum la création du maillage et la simulation tout en gagnant en temps de calcul. Pour ce qui concerne les propriétés thermophysiques de l'air, nous avons utilisé les valeurs exactes illustrées dans la section 1.4.2 que nous avons paramétrées manuellement dans Fluent pour différentes températures (tous les 50°C). Fluent fait donc une simple extrapolation linéaire entre chaque valeur exacte fournie. A noter que l'air a été considéré comme un gaz parfait et que la masse volumique de ce-dernier est régie par l'Eq. (E.1) (l'erreur moyenne faite sur la plage de température considérée du fait de cette approximation reste inférieure à 0,16%).

Le maillage a été réalisé à l'aide du logiciel ANSYS Gambit. La taille de domaine choisie est suffisamment grande (50cm en largeur × 100cm en hauteur) pour éviter tout effet de bord. Pour nous en assurer, nous avons cependant fait des simulations avec un domaine beaucoup plus important et vérifié que les résultats étaient identiques ($< 0,01\%$). La discrétisation du domaine a été fixé à 300 nœuds sur la verticale et 200 sur le rayon avec une diminution progressive de la taille des cellules proches du disque (Fig. 2.11(a)). Les conditions limites ont été fixées de la façon suivante : axe axisymétrique au centre du disque, entrée et sortie de l'air par variation de pression respectivement en bas et en haut du domaine, mur sur la partie verticale restante du domaine (correspondant à l'enceinte)

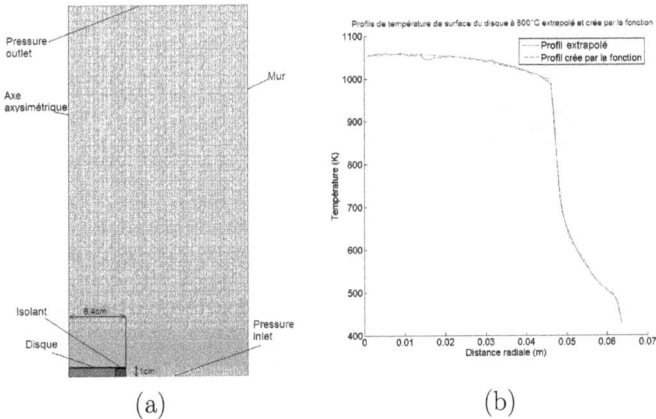

(a) (b)

FIGURE 2.11: (a) Maillage du domaine et conditions limites utilisées (b) Profil type inséré dans les conditions limites du disque et de l'isolant (consigne à 500°C)

et enfin profils de températures obtenus lors de l'étalonnage pour le disque et l'isolant (Fig. 2.8). Le profil de température mesuré par la caméra infrarouge a été approximé par un polynôme de quatrième, cinquième ordre ou plus si besoin à l'aide de Matlab afin d'être intégré dans Fluent. La figure 2.11(b) montre que l'approximation obtenue est très bonne. Dans ces conditions, nous avons obtenu un champ de températures au-dessus du disque présenté sur la figure 2.12.

Comme on l'avait décrit dans la section 1.4.1.3.b, le panache s'élève au-dessus du disque, centré sur son axe de symétrie. On note que le diamètre du panache diminue progressivement avec la hauteur, ce qui se traduit physiquement par une accélération de l'écoulement (conservation de la quantité d'énergie). De plus, on remarque que le gradient de température dans le panache devient vite majoritairement horizontal. Comme on peut le voir sur la figure 2.12(b), le gradient de température à 0,5cm au-dessus du disque est déjà essentiellement radial. On peut donc s'attendre à

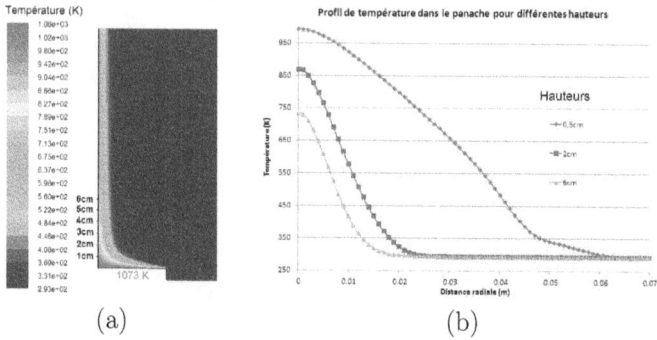

(a)   (b)

FIGURE 2.12: (a) Champ de températures (a) et ses profils associés
à différentes hauteurs (b) obtenus avec Fluent pour une consigne
à 800°C

obtenir un déplacement surtout horizontal induit par la perturbation.

L'étape suivante est la validation des résultats Fluent à l'aide de différentes expérimentations faites sur la panache thermique produit par le disque.

2.2.2   Validation de FLUENT

Cette partie est consacrée à la validation des résultats Fluent. Pour cela des essais ont été réalisées afin d'obtenir de façon expérimentale des mesures de la vitesse et de la température au sein du panache que l'on a pu alors comparer aux résultats Fluent.

2.2.2.1   Champ de vitesses

Cette partie a pour objet de valider un premier volet des calculs Fluent : les aspects dynamiques du problème. Les vitesses calculées numériquement ont été comparées avec celles mesurées. Pour cela deux méthodes différentes ont été utilisées, la *vélocimétrie par image de particules* couramment appelée *PIV* venant de l'anglais *Particule Image Velocimetry*, et la méthode de *vélocimétrie par laser Doppler* appelée *LDV* pour *Laser Doppler Velocimetry*. Ces deux méthodes ont été associées dans un cadre complémentaire comme on va le voir dans ce qui suit.

2.2.2.1.a Vélocimètre par image de particules (PIV)

La PIV (cf. Sec. 1.1.3.6) est une méthode permettant d'obtenir *le champ de vitesses instantanées* en mesurant la vitesse de déplacement de particules au sein de l'écoulement, particules non présentes usuellement dans un écoulement convectif. La première étape a donc consisté à réaliser un ensemencement homogène des particules et perturbant au minimum l'écoulement du panache. Cet ensemencement a été réalisé à l'aide d'équipement dédiés à cet effet. Dans notre cas, les particules utilisées étaient des particules d'huile. Pour faire en sorte de créer des particules d'huile homogènes, le générateur de particules comprend un régulateur de température qui régule une plaque chauffante dont la température était fixée à 180°C (Fig. 2.13).

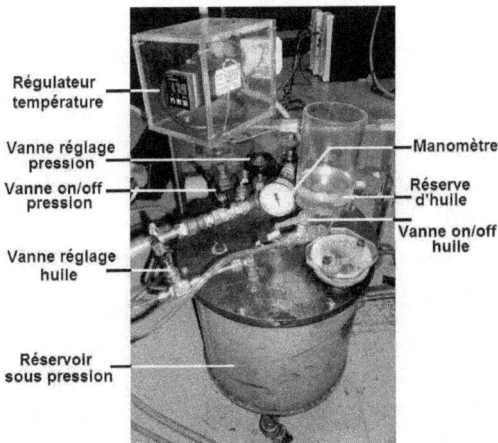

FIGURE 2.13: Générateur de particules

Cette plaque chauffante est contenue dans un réservoir sous

pression ($\approx$1,5bar), volume où la "fumée" a été créée. Un réservoir d'huile laisse échapper de façon homogène de petites gouttes d'huile sur la plaque chaude, gouttes qui, au contact de la plaque, se vaporisent en très fines gouttelettes d'huile. La taille de ces particules va dépendre du générateur utilisé, de l'huile employée, de la température de la plaque et enfin du débit (et donc de la pression imposée). Dans notre cas, selon les résultats expérimentaux de l'IVK, la taille des particules était comprise entre 1 μm et 5μm. On a alors pu vérifier dès maintenant si le temps de réponse des particules était suffisamment court pour les assimiler à l'équilibre avec la vitesse de l'écoulement. D'après les équations de trainée de Stokes, la loi régissant l'établissement de la vitesse d'une particule est donnée par la relation suivante [RWWK07] :

$$U_p(t) = U \left[1 - e^{-\frac{t}{\tau_s}} \right] \tag{2.7}$$

avec

U_p vitesse de la particule (m.s^{-1})

U vitesse du fluide (m.s^{-1})

τ_s temps de relaxation donné par :

$$\tau_s = d_p^2 \frac{\rho_p}{18\mu} \tag{2.8}$$

d_p diamètre de la particule ($\approx$3 μm, il s'agit ici d'une moyenne des tailles)

ρ_p masse volumique de la particule ($\approx$900 kg.m^{-3})

μ viscosité dynamique du fluide ($\approx$2,5.10^{-5} kg.$m^{-1}.s^{-1}$)

On a obtenu dans notre cas une valeur du temps de relaxation de τ_s $\approx$1,8.10^{-5} secondes et donc un temps d'établissement de la vitesse d'une particule représenté par la figure 2.14.

Dans un fluide en accélération (comme c'est le cas ici), les équations de trainée de Stokes ne sont pas applicables. Les équations du mouvement de la particule sont bien plus complexes à résoudre,

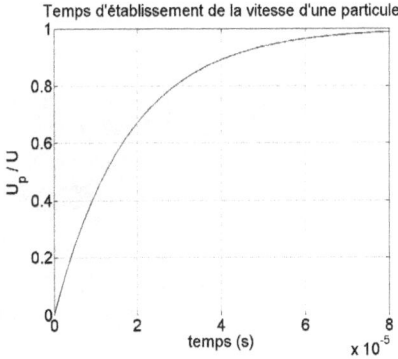

Temps d'établissement de la vitesse d'une particule

FIGURE 2.14: Temps de d'établissement de la vitesse d'une des particules utilisées

et la solution n'est plus une simple décroissance exponentielle de la vélocité. Néanmoins, τ_s reste un outil tout à fait convenable pour connaître la tendance du temps de réponse. La figure 2.14 illustre clairement que le temps de mise en équilibre de la particule avec l'écoulement est extrêmement court, de l'ordre de 0,1 milliseconde. *Il est donc toujours considéré dans nos travaux expérimentaux que la vitesse de la particule mesurée était bel et bien la vitesse du fluide en mouvement.* Les particules pour l'ensemencement du fluide ayant été définies, il était important ensuite de les introduire dans l'écoulement sans perturber celui-ci. Comme expliqué dans la section 2.1.1, le disque chauffant est positionné au sein d'une enceinte en plexiglas illustrée à la figure 2.15.

Il a donc fallu créer une fumée homogène entrainée naturellement par la convection naturelle autour et au-dessus du disque chaud. Après le test de différentes configurations non concluantes (ensemencement à une entrée Fig. 2.15(a) et à deux entrées (b)) du fait d'une trop grande perturbation, une troisième technique concluante a été élaborée (voir Fig. 2.16).

Cette technique, permettant à la fois un ensemencement homogène et une perturbation moindre du panache par l'entrée de

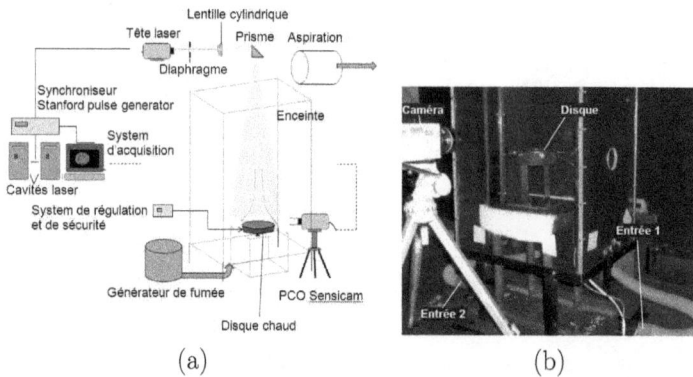

(a)   (b)

FIGURE 2.15: (a) Schéma de la première installation utilisée pour
la méthode de PIV, (b) Photographie de la 2eme installation

fumée, fut la combinaison d'un "réservoir" à la base de l'enceinte
(Fig. 2.16(a)), la mise en place d'un nid d'abeille à l'intérieur de
l'enceinte (Fig. 2.16(b)) et comme dans le montage précédent, l'utilisation d'une double entrée de fumée, afin de ne pas créer un écoulement privilégié du panache.

Cette installation nous a alors permis d'obtenir l'homogénéité
souhaitée au sein de l'écoulement sans engendrer de perturbations
significatives du panache convectif.

La dernière étape a consisté ensuite à la mise en place du laser, de son équipement optique (lentilles, prisme, diaphragme), de
la caméra et du synchroniseur. Comme nous l'avons expliqué, le
principe est d'illuminer les particules introduites dans le fluide par
deux flashs successifs ; les particules ainsi illuminées vont diffuser la
lumière dans toutes les directions, dont celle de la caméra, qui ac-
quièrent alors les deux images correspondant aux deux flashs lasers.
Pour créer ces flashs laser, nous disposions d'un système de Mini-
Yag lasers Twins BSL200 CFR300 fonctionnant à 532nm, fournissant chacun une énergie de 200mJ, une durée d'impulsion de 8ns et
pouvant fonctionner jusqu'à 15Hz. La création des deux impulsions
lasers est réalisée dans deux cavités laser bien distinctes, contenant

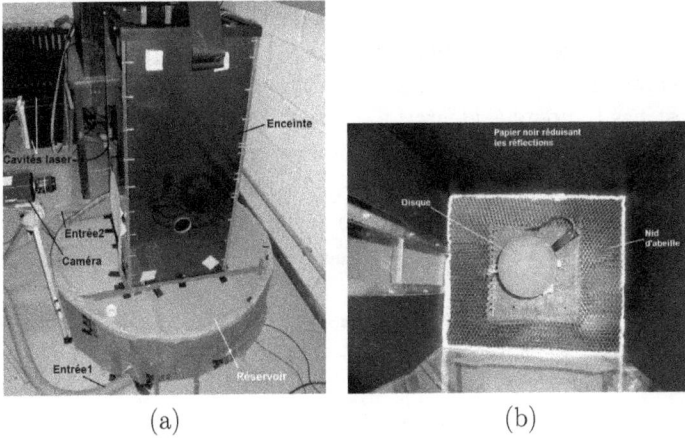

(a)   (b)

FIGURE 2.16: Photographie de l'expérience finale avec le réservoir (a), Photographie de l'intérieur de l'enceinte équipée du nid d'abeille (b)

chacune leur propre lampe. C'est la tête laser qui permet de faire en sorte d'avoir une seule sortie laser pour deux cavités différentes (voir Fig. 2.15). A la sortie de la tête laser, une série d'équipement optique sont positionnés afin d'obtenir la nappe laser souhaitée, c'est à dire la plus fine possible et frappant la zone d'intérêt, ici le diamètre du disque (et d'être perpendiculaire à l'axe d'observation de la caméra), comme le montre la figure 2.15(a) et 2.17(a) : on a placé tout d'abord un diaphragme permettant d'affiner le diamètre du faisceau laser. Viens ensuite une lentille permettant de focaliser le laser à la distance voulue, soit au niveau de la surface du disque, après quoi une lentille cylindrique est positionnée afin d'élargir le faisceau laser en nappe laser. Enfin, un prisme à angle droit permettant la réflexion à 90° de la nappe laser est placée, dirigeant ainsi la nappe laser vers le bas, droit sur le diamètre du disque (Fig. 2.17(a)). La caméra PCO Sensicam (1280×1024 pixels) observant le zone d'intérêt à travers l'enceinte de plexiglas est synchronisée avec la système laser à l'aide d'un générateur d'impulsion

Standford DG535 Digital. Le synchroniseur permet d'acquérir les images uniquement en présence du flash laser, mais compte tenu des différents retards internes aux lasers et à la caméra, cette étape n'est pas toujours évidente.

Il a été nécessaire ensuite de définir le temps Δt que l'on souhaitait avoir entre les deux flashs lasers. Ce temps était directement lié à la vitesse U, a priori estimée, de l'écoulement et du déplacement Δs de la particule égal à :

$$\Delta s = \frac{\Delta t}{U} \tag{2.9}$$

Cette distance Δs parcourue par la particule dans le champ de vision de la caméra a une valeur optimale. En effet, si la distance parcourue (en pixels par exemple) est trop faible alors l'erreur sur la mesure est grande, en revanche si la distance est trop grande alors les algorithmes de corrélation ne fonctionnent plus. La valeur du déplacement optimum pour le logiciel de corrélation utilisé pour la PIV a été défini à 8 pixels [Hor10] quelque soit le champ de vue de la caméra. Ainsi dans notre cas, en sachant que la caméra a été équipée d'un objectif d'une distance focale de 55mm (1 pixel = 0,08mm dans notre cas), l'écart Δt entre les deux flash a été défini à 6ms.

Le système présenté précédemment a permis d'obtenir lors de nos travaux des images (allant toujours par paires) telle que celle représentée par la figure 2.17(b) où on peut voir une partie du disque et les particules illuminés au-dessus de celui-ci.

Les paires d'images enregistrées par la caméra ont été traitées à l'aide d'un logiciel de corrélation croisée développé au sein de l'institut von Karman et appelé WIDIM (Window Displacement Iterative Multigrid) [SR99]. WIDIM, comme son nom l'indique, utilise au cours de la corrélation croisée le déplacement des fenêtres d'interrogation d'une part mais aussi des itérations sur la taille de cette fenêtre d'interrogation afin d'affiner les résultats. La corrélation croisée (corrélation entre une paire d'images) est un outil mathématique souvent utilisé en analyse d'image [BOR11].

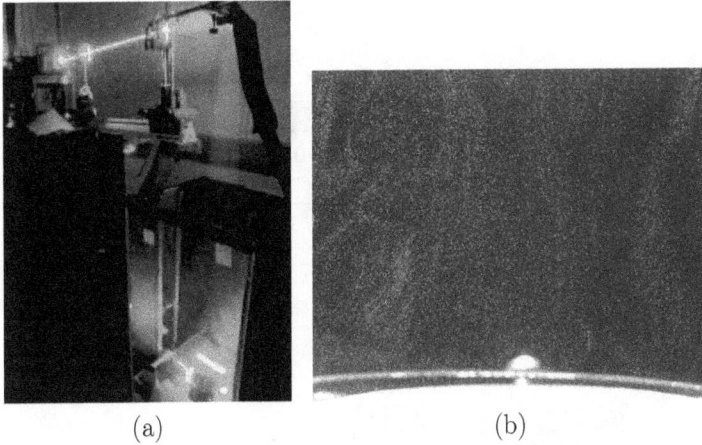

(a)   (b)

FIGURE 2.17: (a) Photographie de l'expérience lors d'un flash laser, (b) Exemple typique d'image acquise

C'est la corrélation d'un signal par lui-même ou autocorrélation en traitement du signal. Il permet de détecter, par exemple, un signal périodique perturbé par beaucoup de bruit. Au début du procédé d'interrogation, les informations sur la structure de l'écoulement sont supposées indisponibles et la première prédiction est fixée uniformément à zéro. Après cette première itération, les résultats obtenus servent de base pour l'interrogation suivante (Fig. 2.18). Le découpage des fenêtres est affiné (dans les deux directions) et les prédictions sur le mouvement appliquées à chaque fenêtre, les images peuvent alors être interrogées avec une meilleure résolution. La résolution spatiale de cette méthode est de l'ordre de 0,1 pixel.

A l'aide de ce logiciel et des paires d'image obtenues avec l'installation présentée, une série de champs de vitesses a pu être obtenue (un champ de vitesses par paire d'images analysée). Du fait d'un souci d'évaporation des particules d'huile trop proches du disque, la température de consigne du disque a été fixée à 140°C. La figure 2.19 présente les champs de vitesses obtenus numériquement avec Fluent et expérimentalement (moyenne de 30 images).

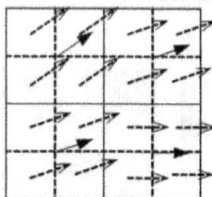

FIGURE 2.18: Utilisation de la première itération (flèches et lignes pleines) pour construire une meilleure prédiction (flèches et lignes pointillées)

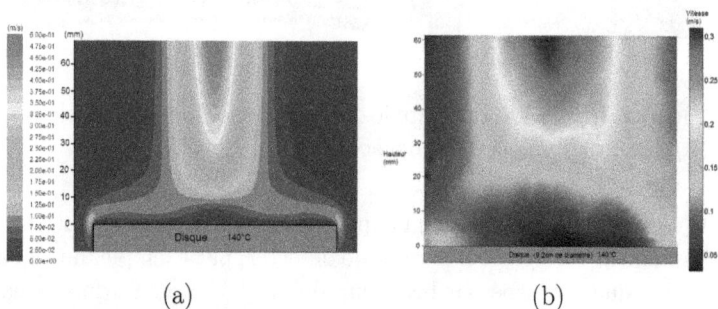

(a)   (b)

FIGURE 2.19: (a) Champ de vitesses numérique obtenu avec Fluent, (b) Champ de vitesses expérimental obtenu par PIV (moyenne de 30 images)

Les résultats obtenus expérimentalement par PIV ont permis de mettre en évidence dans un premier temps la similarité de structure du champ de vitesses comme on peut le voir sur la figure 2.19. Cependant, si on prend la valeur d'un point précis de ce champs de vitesse pour les deux types de résultats, par exemple à 6cm au-dessus du centre du disque, on trouve alors des valeurs relativement différentes : $0{,}47\mathrm{m}.s^{-1}$ pour le résultat numérique et $0{,}32\mathrm{m}.s^{-1}$ pour le résultat expérimental. Cette différence est en fait due à l'utilisation de résultats moyennés (30 images dans notre cas) et non instantanés. En effet, le panache n'étant pas *complètement* stable, les valeurs maximales de la vitesse se déplacent légèrement avec lui et donc un moyennage entraîne inévitablement une diminution de ces valeurs maximales. Rappelons que les résultats obtenus avec Fluent (que ce soit d'un point de vue énergétique ou dynamique) correspondent aux valeurs *maximales* que le panache peut atteindre en température et vitesse car le panache "numérique" est idéalisé, donc sans perturbation. Afin de permettre une comparaison des valeurs, il est possible de relever la valeur maximale obtenue sur le temps de mesure complet ou bien prendre le maximum de chaque paire d'images (6cm au-dessus du disque) et faire une moyenne de ces maximums.

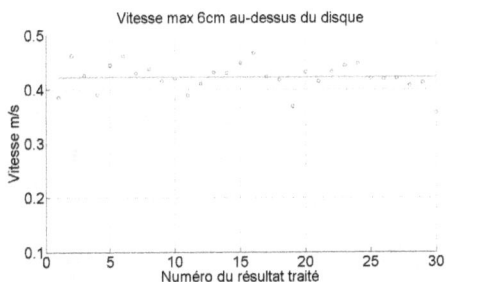

FIGURE 2.20: Vitesse maximale expérimentale obtenue 6cm au-dessus du disque (la ligne horizontale représente la moyenne)

La figure 2.20 représente la vitesse maximale à la hauteur de 6cm au-dessus du disque pour chaque paire d'images. La vitesse maximale relevée est de 0,465m.s^{-1} et la moyenne des maxima est de 0,422m.s^{-1}, soit une erreur respective avec les résultats obtenus avec Fluent de 1% et 10%, nous permettant de statuer sur *le bon accord des résultats expérimentaux avec les résultats numériques*. La recherche du maximum instantané sur tous les points de mesure a permis de se rapprocher au plus près du type de résultats et calculs effectués dans ce cas par Fluent (panache idéalisé).

Le grand avantage des résultats obtenus avec la PIV, outre le fait de leur précision, est leur caractère 2D. En effet, cette méthode montre la cartographie des vitesses dans leur ensemble et peut ainsi permettre (à l'aide d'une image moyennée) de comparer qualitativement les champs numériques et mesurés. En revanche, cette méthode n'est pas "instantanée" et nécessite un traitement des images afin de visualiser des résultats. De plus, il est de première importance d'avoir un ensemencement homogène sur le champ de vue étudié afin d'éviter les zones de non corrélation.

Afin de compléter les résultats acquis par la PIV, une méthode de mesure de vitesse plus directe a été mise en place, la vélocimétrie par laser Doppler.

2.2.2.1.b   Vélocimètre par laser Doppler (LDV)

Cette méthode, détaillée dans la section 1.1.3.5, est capable de mesurer la vitesse en continue et de façon *instantanée localement*, elle nous a ainsi permis de faire des mesures en un point fixe au-dessus du disque et de détecter les valeurs de vitesses maximales, ceci pour différentes températures de consigne du disque. L'avantage de cette technique est que dans notre cas (recherche de la vitesse maximale de l'écoulement) il n'est pas nécessaire d'avoir un ensemencement obligatoirement homogène dans l'écoulement ; à partir du moment où une particule traverse la zone de mesure, une vitesse peut être mesurée.

Pour réaliser cette expérience, nous avons utilisé un montage existant à l'IVK. Ce montage est équipé d'un laser fonctionnant à 632,8 nm, c'est à dire un laser Hélium-Néon (important pour la largeur interfrange) et d'un système "D0-78-3A Doppler processor" (Fig. 2.21(a)) accompagné de son filtre passe bande "D0-751-2" tous deux développés par l'IVK.

La zone de mesure (croisement des deux faisceaux laser) a été positionnée au-dessus du centre du disque et le photomultiplicateur a été très précisément aligné avec le point de mesure. La hauteur du point de mesure dans notre cas a été fixée exactement à 6,8cm au-dessus du disque.

La première méthode consistant à remplir l'enceinte en plexi-

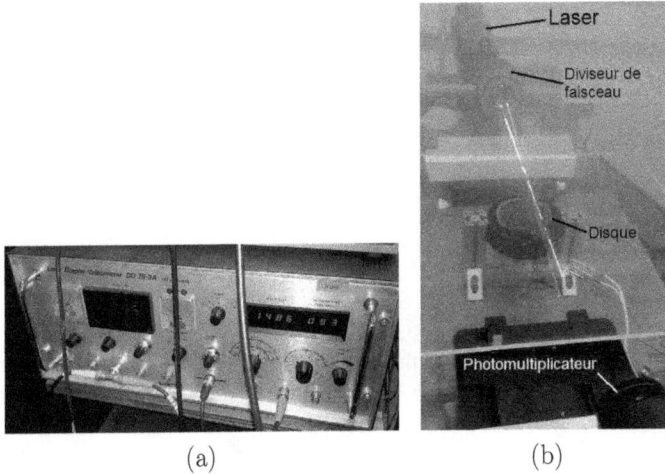

(a)   (b)

FIGURE 2.21: (a) Le processeur Doppler utilisé,(b) Photographie
du montage de LDV et du disque

glas de fumée (voir Fig. 2.21(b)) n'a pas permis d'obtenir de résultats fiables. Du fait d'une large épaisseur de fumée entre le point
de mesure et le photomultiplicateur, le rayonnement diffusé par les
particules au niveau des interfranges se retrouve fortement diffusé
au sein du milieu, ce qui a pour résultat un rapport signal/bruit
trop faible.

La méthode finale a consisté à déposer directement sur le disque
chaud ($> 150°$C) des goutes d'huile afin de la vaporiser directement
sur sa surface. L'ensemencement de l'écoulement bien que non homogène spatialement comme temporellement a permis malgré tout
d'obtenir des vitesses de panache pour différentes températures de
disque (voir Fig. 2.22)

Comme nous l'avons précisé plus haut, les valeurs obtenues par
LDV sont les valeurs de vitesses maximales. La figure 2.22 permet
ainsi de mettre en évidence des valeurs prédites et mesurées en
accord puisqu'on obtient une erreur moyenne sur les points correspondant à une température de disque inférieure à $400°$C autour de

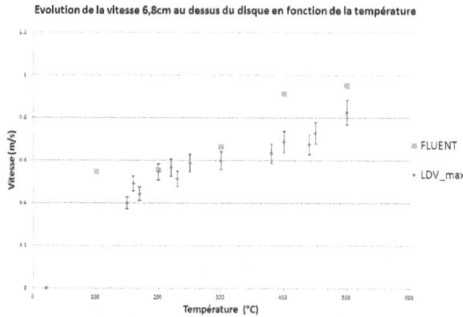

FIGURE 2.22: Comparaison entre les vitesses de panache prédites
par Fluent et mesurées par LDV en fonction de la température de
disque

5% et entre 10 et 20% pour des températures de disque supérieures.

La conclusion de cette partie est donc *la validité des résultats
Fluent d'un point de vue dynamique,* il restait cependant l'aspect
énergétique de la simulation à valider ; ceci est détaillé dans le
paragraphe suivant.

2.2.2.2 Champ de températures

Une approche expérimentale pour la mesure du champ de température dans le panache a été menée à l'aide de deux méthodes
différentes. Dans un premier temps, la mesure a été réalisée avec
un thermocouple déplacé de façon précise au sein du panache, ceci
nous donnant des valeurs ponctuelles sur la température du panache. Dans un second temps, une méthode thermographique a
été mise en place, permettant l'obtention cette fois-ci d'un champ
2D de la température au sein du panache.

2.2.2.2.a Thermocouple

La méthode que nous avons adoptée a été tout d'abord de mesurer la température d'une façon ponctuelle au centre du panache à

une hauteur donnée. Cette mesure rapide à réaliser avait pour objectif de donner une première validation des résultats énergétiques
obtenus par Fluent. Nous avons donc positionné un thermocouple
gainé de type K (de diamètre extérieur de 300μm) de façon à mesurer la température au centre du panache à une hauteur de 10cm.
Dans ces conditions, le thermocouple immergé dans l'écoulement
prend une température d'équilibre régit par les apports énergétiques de la convection et du rayonnement du disque et les pertes
par conduction et rayonnement du thermocouple (voir Fig. 2.23).
Un bilan thermique sur le thermocouple a donc dû être réalisé afin
de connaître l'écart de température entre la température mesurée
(c'est à dire la température d'équilibre) et la température du fluide
en mouvement.

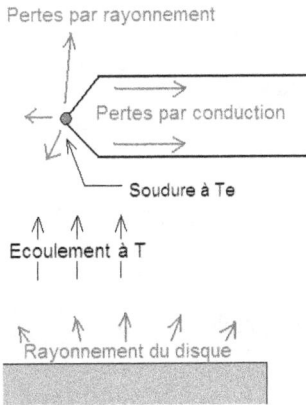

FIGURE 2.23: Illustration du bilan thermique d'un thermocouple
dans un écoulement

Bilan thermique sur un thermocouple dans un panache

• Pertes par conduction :
Le thermocouple se comporte dans le fluide comme une ailette,
avec une partie L immergée et une autre partie dans l'air ambiant.

La longueur L n'est pas connue, elle dépend des effets conductifs dans le modèle. Pour une première approximation, on prendra donc la largeur L correspondant à la distance à laquelle la température retombe à l'ambiant selon les calculs Fluent. Comme on ne connait pas le diamètre des fils on fait une hypothèse en approximant le diamètre des deux fils à un diamètre d de 100μm d'après le diamètre de gaine de 300μm. Le flux perdu par conduction est alors :

$$\Phi_C = 2\frac{k_c S_c}{L}(T_e - T_{amb}) \tag{2.10}$$

avec

k_c conductivité thermique du fil de thermocouple

$S_c = \pi\frac{d^2}{4}$ section

- Pertes par rayonnement :

La soudure, assimilée à une sphère de diamètre D de 300μm, en plus de subir des pertes par conductions, échange par rayonnement avec l'environnement :

$$\Phi_R = \varepsilon S_t \sigma(T_e^4 - T_{env}^4) \tag{2.11}$$

avec

ε émissivité du thermocouple

σ constante de Stefan-Boltzmann

S_t surface de la sphère (soudure)

- Apport par convection :

L'essentiel du flux entrant au niveau du thermocouple est dans notre cas un apport amené par la convection au sein du panache à T.

$$\Phi_{Conv} = \overline{h}S_t(T - T_e) \tag{2.12}$$

avec

$\overline{h}$ coefficient d'échange convectif moyen (W.$m^{-2}.K^{-1}$)

Le coefficient d'échange moyen a été déduit du nombre de Nusselt (Eq.(1.63)) en prenant comme longueur caractéristiques le diamètre D de la sphère (soudure). On a choisi ici d'utiliser la corrélation de Katsnel'son et Timofeyeva [Jak66] pour une sphère placée dans un écoulement et valable quelque soit le nombre de Reynolds :

$$Nu_D = 2 + 0,03Pr^{0,33}.Re_D^{0,34} + 0,35Pr^{0,36}.Re_D^{0,58} \qquad (2.13)$$

et donc

$$\overline{h} = \frac{k_a}{D}Nu_D \qquad (2.14)$$

avec

k_a conductivité thermique de l'air

• Apport par rayonnement :

Cet apport par rayonnement bien que relativement faible à basse température peu cependant devenir non négligeable pour de hautes température (>500°C). Il se calcule par la formule suivante.

$$\Phi_{Ray} = S_{disque}\varepsilon_{disque}F\sigma(T_{disque} - T_e) \qquad (2.15)$$

avec

S_{disque} surface du disque (D=0,092m)

ε_{disque} émissivité du disque ($\approx 0,91$)

F facteur de forme entre le disque et le thermocouple. En considérant que la soudure du thermocouple est très petite devant le disque F se calcule, pour une hauteur h au-dessus d'un disque de rayon R :

$$F = \frac{1}{\pi}\frac{1}{R^2 + h^2}.S_t \qquad (2.16)$$

Le bilan thermique du thermocouple peut donc s'écrire :

$$\frac{k_a}{D}Nu_D(T - T_e).S_t + S_{disque}\varepsilon_{disque}\frac{1}{\pi}\frac{1}{R^2 + h^2}.S_t\sigma(T_{disque} - T_e) =$$
$$\varepsilon S_t\sigma(T_e^4 - T_{env}^4) + \frac{2k_cS_c}{L}(T_e - T_{amb}) \quad (2.17)$$

avec ici $T_{env}=T_{amb}$.

Résoudre cette équation revient à résoudre la fonction $f(T_e)$ de façon à ce qu'elle soit égale 0 :

$$f(T_e) = \frac{k_a}{D}Nu_D(T - T_e) + S_{disque}\varepsilon_{disque}\frac{1}{\pi}\frac{1}{R^2 + h^2}\sigma(T_{disque} - T_e)$$

$$- \varepsilon\sigma(T_e^4 - T_{env}^4) + \frac{2k_c S_c}{S_t.L}(T_e - T_{amb}) = 0 \quad (2.18)$$

Nous avons pris :

- les données de l'acier oxydé pour ε de 0,8 (la surface rayonnante étant très petite, l'émissivité ne joue qu'un rôle secondaire dans le bilan thermique).

- les données de l'air sont prises dans la littérature [Whi88]

- L est la distance entre le centre du panache et la température ambiante (pour une température de disque donnée) : déduit des résultats Fluent

- k_c est la conductivité thermique moyenne calculée en considérant un fil en chromel (19 W.$m^{-1}.K^{-1}$) et un fil en alumel (31 W.$m^{-1}.K^{-1}$).

Le tableau suivant donne le résultat des calculs afin d'obtenir le coefficient d'échange. Les vitesses au centre du panache (r=0) pour le calcul du nombre de Reynolds sont celles données par la simulation Fluent.

Température de consigne (K)	Vitesse à r=0 (m/s)	Re_D	Pr	$h(W.m^{-2}.K^{-1})$
400	0,66	12,5	0,69	178,31
600	0,762	7,23	0,685	205,45
800	1,11	6,634	0,709	243,58
1100	1,52	5,35	0,727	271,3

TABLEAU 2.3 – Évolution des nombres adimensionnels et du coefficient d'échange avec la température du disque

Connaissant maintenant toutes les données de l'équation (2.18), il est possible de mesurer la température d'équilibre du thermocouple pour différentes températures de disque et de tracer l'écart de température entre la température T de l'air dans l'écoulement et la température d'équilibre T_e (voir Fig. 2.24).

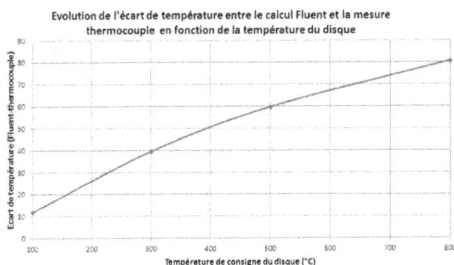

FIGURE 2.24: Écart de la température faite par la mesure thermocouple en fonction de la température du disque (r=0 h=10cm)

Il apparait alors clair qu'une mesure de la température d'un fluide en mouvement avec un thermocouple ne peut se faire sans post-traitement correctif. Nous avons montré qu'une erreur moyenne d'environ 20% est présente quelque soit la température du disque.

Dans un souci d'éviter au maximum les perturbations dues à l'instabilité du panache à de hautes températures, nous avons réalisé une mesure de température à l'aide du thermocouple pour une température de consigne de 100°C. A 10cm au-dessus du disque nous avons pu mesurer une température de 49,7°C. D'après la figure 2.24, il est possible de connaître la correction à apporter afin d'avoir la température réelle du fluide en mouvement, il s'agit ici d'ajouter 12°C à la mesure thermocouple. Nous obtenons alors une température de 61,7°C, résultat en très bon accord avec le résultat Fluent puisque nous trouvons avec Fluent une température au centre du panache de 61,4°C.

La température au centre du panache calculé par Fluent a donc été validé par une première méthode expérimentale ponctuelle.

Nous allons maintenant nous intéresser à une seconde méthode permettant d'obtenir cette fois-ci la champ de température du panache, la thermographie infrarouge.

2.2.2.2.b Thermographie infrarouge

Afin d'obtenir directement un champ 2D de la température au sein du panache, une expérience mettant en jeu la thermographie infrarouge a été réalisée. Comme l'air chaud n'est pas observable de façon directe dans l'infrarouge, il a été nécessaire d'insérer dans le panache un film opaque dans l'infrarouge et capable de révéler la température du fluide en mouvement autour de lui. Le support inséré doit être thermiquement mince (pas de gradient de température dans son épaisseur) et créer le moins de perturbation possible dans le panache. Une vue de l'expérimentation est présentée sur la figure 2.25.

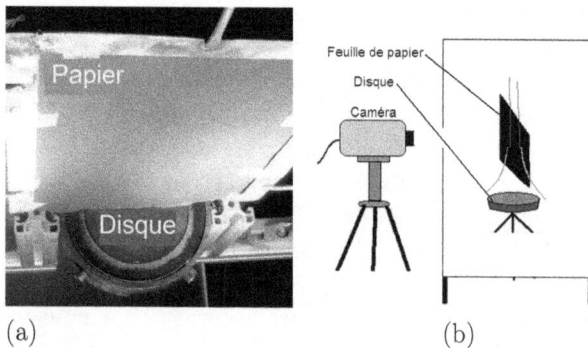

FIGURE 2.25: (a) Photographie montrant le disque isolé avec son support et la feuille de papier peinte fixé en son centre (b) Schéma de la méthode employée

Après différents tests (feuille d'aluminium, feuille plastique en acétate de cellulose, feuille papier...), le support retenu fut une feuille de papier. Elle permet le meilleur compromis entre "solide" thermiquement mince et de faible diffusion. Afin de quantifier l'aspect thermiquement mince du papier, on utilise un critère basé sur le nombre de Biot. Ce nombre est défini par le rapport entre les résistances conductive et convective. Il s'écrit comme suit [ID01] :

$$Bi = \frac{h.L}{k} \qquad (2.19)$$

h le coefficient d'échange convectif ($W.m^{-2}.K^{-1}$)

$L = \frac{V}{S}$ volume de la feuille sur sa surface soit : $L = \frac{e}{2}$ (ici l'épaisseur mesurée e du papier=150μm) (m)

k la conductivité thermique du matériaux ($k_{papier} \approx 0,14\, W.m^{-1}.K^{-1}$)

Afin d'utiliser un h représentatif, on sélectionne une zone du panache de 1cm×2cm où un fort échange entre l'air et le papier se produit comme observé à la figure 2.26. Si on prend maintenant dans cette zone une vitesse moyenne donnée par Fluent (0,35m.s^{-1}), on peut obtenir le coefficient d'échange moyen. On utilise la corrélation suivante [Ozi] :

$$\overline{Nu} = \frac{\overline{h}.L}{k} = \frac{2}{3}.Re^{0,5}.Pr^{0,33} \qquad (2.20)$$

avec :

$$Re = \frac{\rho.\overline{U}.L}{\mu} \qquad (2.21)$$

avec ici L la longueur caractéristique de la feuille selon la hauteur (1cm)

donc

$$\overline{h} = \frac{2}{3}.Re^{0,5}.Pr^{0,33}.\frac{k}{L} \approx 24 W.m^{-2}.K^{-1} \qquad (2.22)$$

On a obtenu donc pour le papier un nombre de Biot d'environ 0,03 ce qui est très largement inférieur à 0,1. Le papier peut être considéré comme thermiquement mince (pas de gradient thermique dans son épaisseur). Cependant il peut y avoir une diffusion latérale de la température dans le papier. Pour estimer cet effet, on a calculé

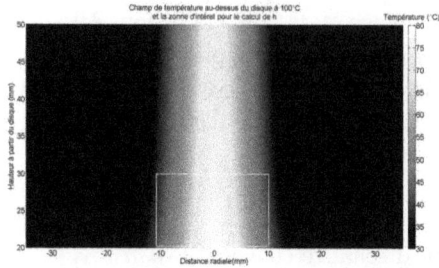

FIGURE 2.26: Panache (Fluent) et zone d'intérêt pour le calcul d'un h représentatif (encadré en blanc)

dans un premier temps la constante de temps du papier soumis à un tel coefficient d'échange :

$$\tau = \frac{\rho.V.C_p}{h.S} = \frac{\rho.e.C_p}{\overline{h}.2} \approx 2,9s \qquad (2.23)$$

avec

ρ masse volumique du papier (700 kg.m^{-3})

$\overline{h}$ le coefficient d'échange convectif (24 W.$m^{-2}.K^{-1}$)

S et V respectivement la surface d'échange et le volume de papier associé (m^2 et m^3)

e épaisseur du papier (150.10^{-6}m)

C_p la capacité thermique massique du papier (1340 J.kg$^{-1}.K^{-1}$)

La diffusivité du papier est dans ces conditions :

$$a = \frac{k}{\rho.C_p} = 1,4.10^{-7}m^2.s^{-1} \qquad (2.24)$$

avec

ρ masse volumique du papier (700 kg.m^{-3})

k la conductivité thermique du papier (0,14 W.$m^{-1}.K^{-1}$)

C_p la capacité thermique massique du papier (1340 J.kg^{-1}.K^{-1})

une longueur caractéristique de diffusion à 50% est donnée par :

$$l = \sqrt{a.t} \tag{2.25}$$

Si on prend $t=\tau$, on trouve $l\approx$0,64mm ce qui veut dire que le papier diffusera la température latérale à 50% de sa valeur jusqu'à 0,64mm. En revanche, à la distance de $4\times l$ soit $\approx$2,5mm, le papier n'atteindra seulement que 1% de la température appliquée en son centre. Il apparait donc que la diffusion latérale est relativement faible et devrait peu modifier la largeur apparente du panache sur le papier. La feuille de papier a été préalablement peinte avec une peinture noire d'émissivité connue ($\varepsilon \approx$0,96).

La feuille a dû être positionnée de façon précise sur le diamètre du disque car la variation de température pour quelques millimètres de déplacements est grande : à deux centimètres au-dessus du disque on a environ 10°C de différence entre le centre du panache et à 5mm de son centre (voir Fig. 2.27) d'après les calculs Fluent.

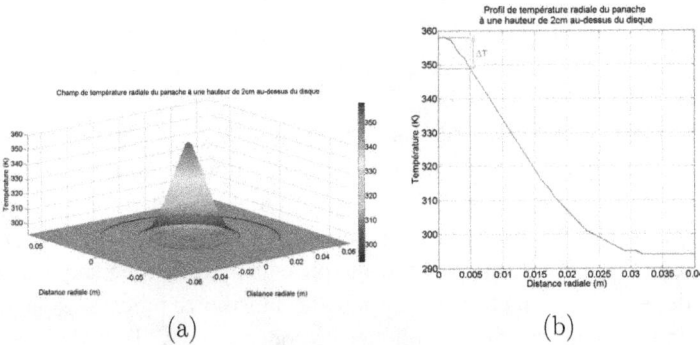

(a)   (b)

FIGURE 2.27: (a) Champ de température radial 2cm au-dessus du disque à 100°C (b) Profil de température radial correspondant

La feuille et la caméra ont donc été positionnées précisément de la façon illustrée par la figure 2.25(b). La caméra infrarouge est

une FLIR SC325 (voir Tab. 2.1). On a utilisé un objectif infrarouge
avec une distance focale de 30mm, nous donnant ainsi la possibilité
d'avoir un champ de vue de 10cm (horizontalement) au niveau de
la feuille.

La figure 2.28 présente un comparatif entre les résultats FLUENT
et expérimentaux pour un disque à 100°C (du fait de l'utilisation
d'une feuille de papier).

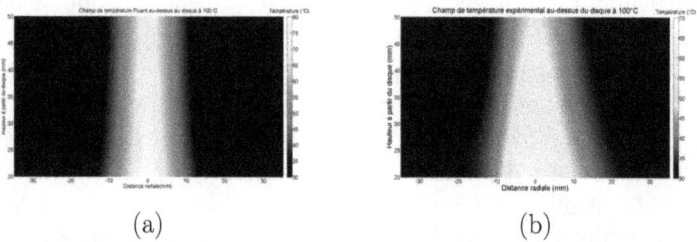

(a)   (b)

FIGURE 2.28: (a) Champ de température Fluent au-dessus du
disque à 100°C (b) Champ de température expérimental au-dessus
du disque à 100°C

Comme on le voit sur la figure 2.28, le panache obtenu expérimentalement apparait légèrement plus large et présente des températures inférieures à celui obtenu à l'aide des calculs Fluent. Les
écarts des profils de températures sont présentés sur la figure 2.29
(2cm au-dessus du disque).

La figure 2.29 indique qu'il y a une diminution de 10°C sur le
maximum de la température ainsi qu'une largeur de panache plus
importante pour ce qui concerne le champ de température obtenu
expérimentalement. Nous avons pu voir précédemment que le rôle
de la diffusion n'était pas important dans notre mesure, cependant
deux raisons peuvent expliquer ces phénomènes. Tout d'abord un
léger déplacement de la feuille de 1 ou 2mm peut diminuer la température maximale de 5°C. La deuxième raison permettant d'expliquer les différences observées pourrait être un petit mouvement du
panache de droite à gauche lié à des perturbations extérieures. Le
papier, du fait de son inertie, joue en quelque sorte le rôle de "filtre

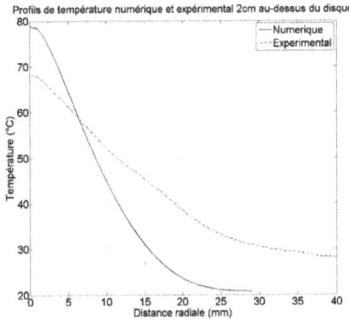

FIGURE 2.29: Profils de température radiale numérique et expérimental 2cm au-dessus du disque

passe bas", c'est à dire qu'il ne permet pas de visualiser les petites fluctuations rapides du panache. Cette *fréquence de coupure* peut être estimé à l'aide de la formule suivante.

$$f_c = \frac{1}{2\pi\tau} \approx 5,5.10^{-2} Hz \qquad (2.26)$$

Cette fréquence de coupure montre que toutes fluctuations se produisant au niveau du panache doivent durer plus de 18 secondes pour être entièrement visualisable. Les fluctuations de durées inférieures sont tout simplement intégrées par le papier et seulement une légère augmentation de la température traduit leurs présences. Une méthode présentée dans la section suivante met en évidences ces fluctuations.

2.2.2.3 Forme du panache

Cette partie a pour objectif l'observation du panache convectif et la mise en évidence des fluctuations de ce dernier au cours du temps comme évoquées dans la section précédente. Pour cela, une méthode de strioscopie présentée précédemment (Sec. 1.1.3.3) a été utilisée. Le montage strioscopique disponible à l'Institut von Karman correspond à une variante du *montage en Z*, il est schématisé simplement sur la figure 2.30.

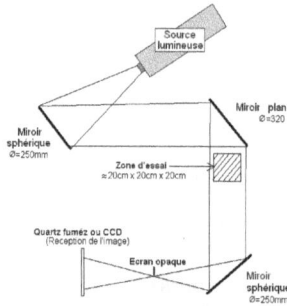

FIGURE 2.30: Montage de strioscopie utilisé pour l'observation du panache

Cette technique est originellement employée à l'IVK pour l'observation d'écoulements supersoniques autour d'objets (corps lors de rentrée atmosphérique) et une particularité intéressante pour notre application est la présence d'une grande enceinte tout autour de la zone d'essai qui est ainsi relativement bien isolée des perturbations extérieures. La figure 2.31 montre le chemin optique parcourue par la lumière sur ce montage spécifique.

FIGURE 2.31: Installation de strioscopie utilisée à l'IVK

Notre disque chauffant a donc été positionné à l'intérieur de la grande cuve, entre les deux fenêtres de la zone d'essais. Nous avons placé le couteau (écran opaque) au point de focalisation du deuxième miroir sphérique de façon à couper les rayons lumineux bien focalisés. Le couteau a été placé verticalement, de façon à faire ressortir les gradients d'indices de réfraction horizontaux du panache, en clair la déviation lumineuse devait être horizontale pour atteindre le capteur CCD de la caméra visible utilisée. L'observation du panache convectif a été réalisée pour différentes températures de disques (Fig. 2.32) mais également pour différentes longueurs d'ondes. En effet, plusieurs filtres interférentiels ont été utilisés (centré sur 429nm, 530nm, 650nm, 1000nm) afin de voir si une largeur de panache différente pouvait être observée selon la longueur d'onde. Mais, comme on a pu le voir dans la section 1.1.2, l'indice de réfraction ne varie que très peu dans ces gammes de longueurs d'onde, aucun effet d'élargissement n'a pu être observé ; ce point sera à nouveau évoqué en section 3.2.

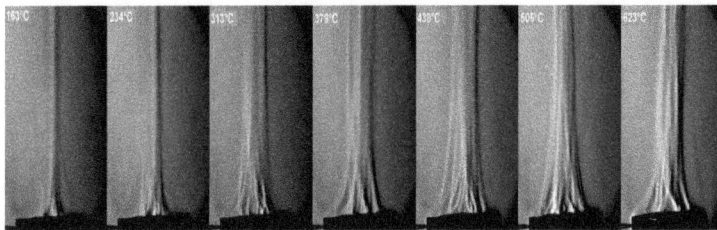

FIGURE 2.32: Différentes images strioscopiques du panache pour différentes températures de disque

La figure 2.32 révèle l'augmentation des gradients d'indices de réfraction au sein du panache qui se traduit par des variations d'intensité lumineuses de plus en plus prononcées avec l'augmentation de température. Ces essais ont également permis de montrer l'*extrême sensibilité* du panache au milieu environnant, sensibilité s'accentuant avec l'augmentation de la température du disque. Au-dessus de 650°C, il devient très difficile voire impossible de garder un écoulement complètement stable. Même pour des températures plus faibles, de légères fluctuations sont toujours visibles épisodiquement (Fig. 2.33). La largeur de panache reste en revanche en bon accord avec Fluent puisqu'on trouve des largeurs de panaches identiques (erreur relative $< 10\%$) mais la présence des fluctuations entraine des largeurs de panaches supérieures lorsqu'on réalise une moyenne sur les images ou bien qu'on observe le panache avec un système intégrant les fluctuations au cours du temps comme par exemple la feuille de papier dans le panache observée par la caméra infrarouge.

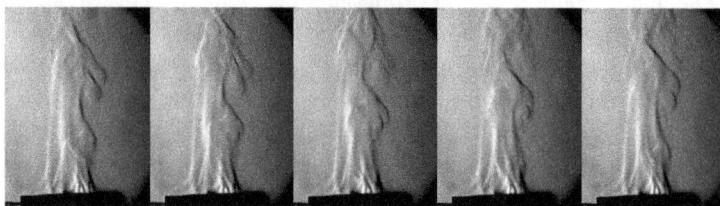

FIGURE 2.33: Passage d'une fluctuation dans le panache (Température disque= $300°C$)

A l'aide de cette étape d'observation du panache, nous avons pu souligner deux points importants :

- Les formes du panache sont en accords avec celles obtenues avec Fluent. A noter ici que la comparaison a été faite à l'aide d'un traitement de l'image strioscopique et en prenant soin de choisir une image correspondant à une période *sans fluctuations*.

- La très grande sensibilité de l'écoulement convectif et la présence quasi-inévitable de fluctuations dans le panache.

La dernière étape a été de vérifier la tendance des résultats Fluent en réalisant la même simulation numérique mais à l'aide cette fois-ci d'un autre outil de CFD, *OpenFoam* [Ope04].

2.2.2.4   Autre

A titre de comparaison, l'annexe F montre le type de résultat obtenu avec un autre outil de CFD : OpenFoam. Ces résultats m'ont été fournis par une tierce personne, et, suite à une différence dans les conditions limites, les champs de températures obtenus avec les deux logiciels diffèrent légèrement.

Différents aspects des résultats Fluent ont donc été validés à l'aide de nombreuses techniques expérimentales :

- La vitesse au sein de l'écoulement a été mesurée expérimentalement par PIV et LDV , les résultats sont en accord avec un écart entre 1 et 6% pour les températures de disque inférieures à 400°C, et 10 et 20% pour les températures supérieures.

- La température de l'air dans la perturbation a été validée à l'aide d'une méthode de thermographie et de thermocouple. Elles montrent respectivement un écart d'environ **12%** (pour un champ de températures) et de **0,5%** (ponctuellement au centre du panache) avec les résultats Fluent.

- La forme du panache observé à l'aide de la strioscopie est en bon accord avec la simulation (écart inférieur à **10%**)

La section suivante va donc être de déduire le champ d'indices de réfraction à l'aide de la loi de Gladstone-Dale et du champ de températures validé issu de Fluent et de l'intégrer au code de lancer de rayons. On pourra ainsi obtenir numériquement **le champ de déplacements et les variations de températures** induites par la présence du panache.

CHAPITRE 3

Simulation numérique de l'effet mirage par lancer de rayons

Sommaire

3.1 Validation du code et maillage optimisé 124
   3.1.1 Validation du code 124
   3.1.2 Maillage optimisé 127
3.2 Aspect dimensionnel 128
   3.2.1 Paramétrage et résolution 129
   3.2.2 Résultats 130
3.3 Aspect énergétique 133
   3.3.1 Calcul du rôle de la transmitivité et de l'emissivité
       du panache 134
   3.3.2 Carte de densités qualitative : mise en évidence
       des zones de convergence et divergence 146
   3.3.3 Carte de densités quantitative : estimation de la
       variation de température due à l'effet mirage . . . 147

L'objectif de ce chapitre, dédié à la simulation numérique de l'effet mirage, va être :

- *La quantification du déplacement dû à l'effet mirage*

- *Le calcul de la variation de température engendrés par la présence du panache convectif.* Cette variation de température peut avoir deux origines :

- Émission et/ou absorption du rayonnement thermique par
le panache
- Déviations des rayons par l'effet mirage entraînant une convergence ou divergence du ces derniers

Afin de réaliser les études liées à l'effet mirage, nous allons
utiliser un outil dont nous disposons au laboratoire : *un code de
lancer de rayons.*

Comme nous l'avons déjà expliqué brièvement en fin de section 2.1.2.2 du chapitre 2, le code de lancer de rayons a été développé sous Matlab pour étudier le chauffage de préformes en polymère [CSLMB11]. Il a été modifié ici pour répondre aux attentes
de notre étude, c'est à dire :

- Création d'un milieu d'indice de réfraction *non homogène et
en 3D*

- Calcul du trajet optique de rayons lumineux au sein de ce
milieu

- Récupération des données de chaque rayon traversant le milieu et représentation visuelle des déplacements (ou des déviations angulaires) et des zones de convergence et divergence
des rayons engendrés par la perturbation

La figure 3.1 illustre le fonctionnement du code de lancer de
rayons et sa géométrie. Elle permet de mettre en évidence certains
paramètres du code tels que le champ d'indices de réfraction, la
distance disque/plan d'arrivée (X), le nombre de rayons lancés.

La donnée d'entrée principale à fournir au code de lancer de
rayons est le champ 2D axisymétrique d'indices de réfraction. Il est
déduit du champ de températures, issu des calculs Fluent, à l'aide
de la loi de Gladstone-Dale. Le champ d'indices de réfraction est
transformé par le code de lancer de rayons en champ 3D en faisant
une révolution de ce dernier autour de l'axe du disque.

La discrétisation de ce champ se fait alors selon trois critères : la
circonférence, l'épaisseur et la hauteur. Cette discrétisation permet
de créer des cellules d'indice de réfraction constant. Un exemple de

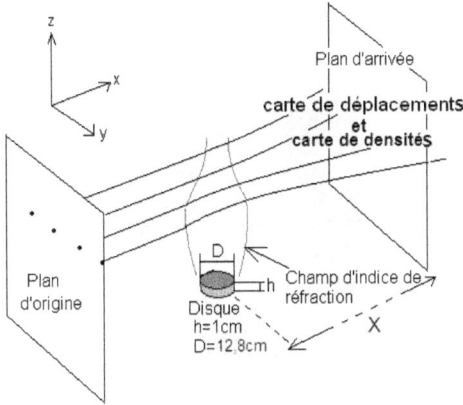

FIGURE 3.1: Schéma simplifié illustrant le fonctionnement du code et sa géométrie

maillage est donné à la figure 3.2.

Les rayons sont lancés à partir d'un plan discrétisé selon la hauteur z et la largeur y, et sont tous lancés de façon normale au plan de départ comme illustré par la figure 3.1. Les rayons se propagent alors dans le milieu 3D discrétisé où la loi de Snell-Descartes régit le passage d'une cellule j à une autre i, avec n et θ respectivement l'indice de réfraction de la cellule et l'angle entre le rayon et la normale à la surface de la cellule :

$$n_i.sin(\theta_i) = n_j.sin(\theta_j) \tag{3.1}$$

Une fois que les rayons ont traversé la perturbation, ils atteignent le plan d'arrivée positionné à une distance donnée selon X sur lequel se dessine alors *une carte* (cartographie) *de déplacements et de densités* correspondant respectivement aux déplacements selon y et z des rayons par rapport à ses coordonnées d'origine et aux convergences et divergences de ces-derniers. Le plan d'arrivée peut être assimilé à un capteur de caméra ou tout

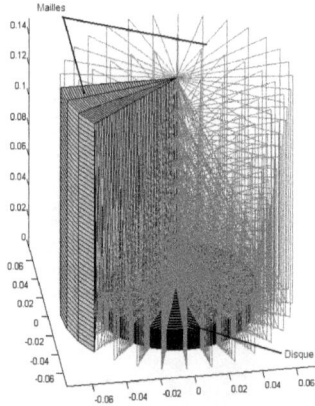

FIGURE 3.2: Exemple de discrétisation du volume en cellules

simplement à un œil.

Il a tout d'abord été nécessaire de valider le code de lancer de rayons. Cette étape est présentée dans la section suivante.

3.1 Validation du code et maillage optimisé

3.1.1 Validation du code

Afin de valider le code nous avons choisi de comparer les résultats obtenus numériquement avec ceux obtenus à partir d'un cas analytique. Pour cela, la perturbation étudiée a été simplifiée ce qui nous a permis de calculer analytiquement les déplacements. La géométrie utilisée pour le calcul du déplacement est un cylindre fait de deux enveloppes d'indice de réfraction différent, le tout contenu dans un troisième indice de réfraction. La figure 3.3(a) schématise cette géométrie. Les valeurs d'indice de réfraction (de l'air) appliquées aux différentes zones 0, 1 et 2 sont respectivement 1,0003, 1,0002 et 1,0001. Pour le suivi analytique du rayon, des formules d'optique géométrique (Eq. (3.1)) et de trigonométrie ont été utilisées. Un schéma explicatif permettant de repérer les différents angles employés dans les formules est présenté à la figure 3.3(b).

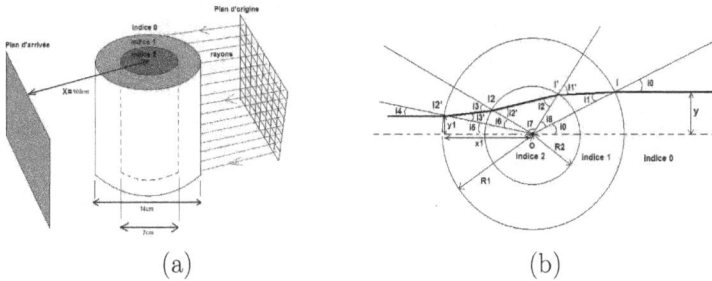

(a) (b)

FIGURE 3.3: (a) Géométrie et distances utilisées pour la validation (b) Nomenclature des angles utilisés pour le calcul analytique

Les différentes formules permettant le calcul des différents angles et donc le suivi du rayon dans le cylindre sont données à l'annexe G.

Cette géométrie simplifiée a été intégrée au code de lancer de rayons, et, afin de faciliter la comparaison des résultats, le plan d'origine (Fig. 3.3) a été discrétisé en 120 points horizontalement dans les cas analytique et numérique. La figure 3.4 montre les cartes de déplacements obtenues à l'aide des deux méthodes.

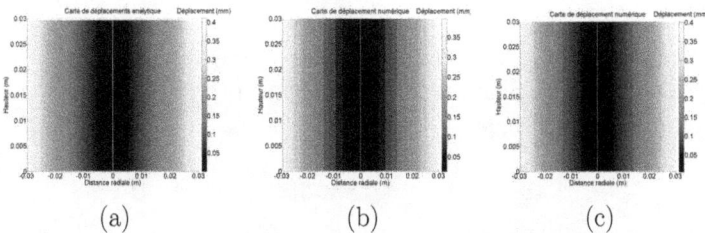

(a) (b) (c)

FIGURE 3.4: (a) Carte de déplacements analytique (b) Carte de déplacements numérique $10\times10\times50$ (c) Carte de déplacements numérique $10\times10\times100$

Notons que les résultats obtenus numériquement dépendent fortement du maillage réalisé pour le champ d'indice de réfraction.

Dans le cas simplifié utilisé lors de la validation, comme dans le cas complexe du panache convectif, les gradients d'indices de réfractions étant essentiellement horizontaux, le paramètre clefs est la finesse de discrétisation selon la circonférence. La figure 3.4(c) met en évidence l'amélioration de la carte de déplacements suite à l'augmentation de ce paramètre. Dans la suite de ce travail, la notation concernant le maillage se fera de manière suivante : *rayon × hauteur × circonférence*; *rayon, hauteur* et *circonférence* étant respectivement le nombre de nœuds selon chaque direction citée.

La figure 3.5 montre la comparaison entre un résultat analytique et numérique ($10{\times}10{\times}100$).

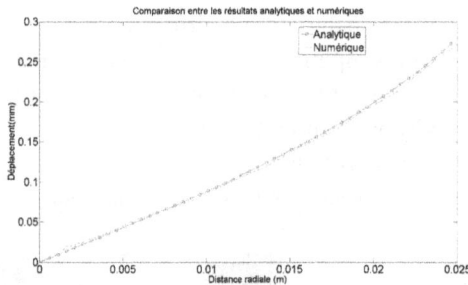

FIGURE 3.5: Comparaison des déplacements obtenus de façon analytique et numérique

Le code de lancer de rayons est donc en très bon accord avec les résultats analytiques puisque la différence observée le long de la distance radiale ne dépasse pas 0,005mm ce qui correspond à 3% pour un déplacement de 0,15mm.

3.1.2   Maillage optimisé

Pour la suite des calculs numériques, c'est à dire incluant le champ d'indices de réfraction du panache, il est évident que plus le maillage sera fin et plus le champ de déplacements obtenu sera proche du résultat analytique. Cependant, un compromis doit être trouvé entre précision et temps de calcul, c'est pourquoi, en sachant que le paramètre clef est la discrétisation selon la circonférence, un maillage optimisé (c'est à dire raffiné en accord avec notre perturbation) pour notre géométrie a été utilisé. A titre d'exemple, l'utilisation d'un maillage 100×100×100 soit de 1000000 cellules implique 15 jours de calcul sur notre machine (AMD Opteron 2GHz,1Mo de cache, 2Go RAM, sur Linux-Feodora).

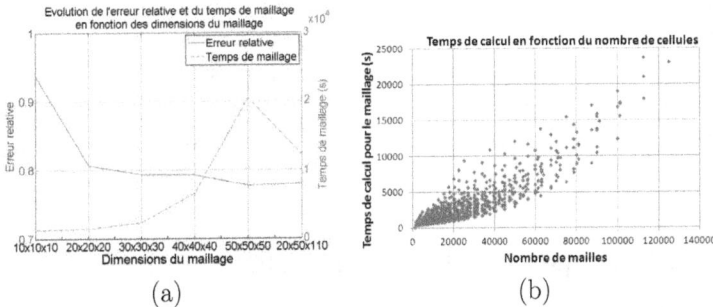

(a)   (b)

FIGURE 3.6: (a) Évolution du temps nécessaire au maillage et de l'erreur moyenne faite sur le champ de déplacement entre un maillage donné et le maillage de référence (b) Évolution du temps de calcul suivant le nombre de mailles

La figure 3.6(a) et (b) montrent respectivement l'évolution de l'erreur moyenne sur le déplacement faite entre un maillage moins raffiné et le maillage de "référence" 100×100×100 et l'évolution exponentielle du temps de calcul nécessaire au maillage du volume correspondant au panache.

Les valeurs de l'erreur moyenne représentées sur le graphique à la figure 3.6(a) ne sont pas à prendre quantitativement mais quali-

tativement ; en effet, si on calcule une erreur relative moyenne entre
deux cartes de déplacements, le fait d'avoir de grandes zones avec
de très faibles déplacements voire égales à zéro, entraîne une erreur relative très importante (il y a toujours un très faible décalage
entre deux maillages différents).

La figure 3.6 montre bien la nécessité d'utiliser un maillage
optimisé afin d'obtenir, d'une part un temps de calcul relativement
court et d'autre part une bonne précision sur la mesure puisqu'on
atteint une erreur relative moyenne sur le champ de déplacements
inférieure à 5% avec un maillage 20×50×110 par rapport à un
maillage extrêmement fin (100×100×100). Disposant d'un maillage
optimisé et d'un champ thermique prédit par Fluent validé, il suffit
d'appliquer la loi de Gladstone-Dale (Eq. (1.5)) afin d'obtenir le
champ d'indices de réfraction monochromatiques, champ ensuite
inclus dans le code de lancer de rayons. Le passage des rayons aux
travers de ce champ d'indices de réfraction 3D nous a donné les
champs de déplacements et de densités pour différentes longueurs
d'onde (aussi appelées dans notre cas : *cartes de déplacements et
de densités*).

3.2 Aspect dimensionnel

Le code de lancer de rayons a été utilisé dans cette section pour
quantifier les déplacements créer par la présence de la perturbation.
Cependant, comme nous l'avons déjà indiqué, le champ de déplacements obtenu dépendra de la distance entre le plan d'arrivée et le
disque c'est pourquoi nous avons choisi de représenter les résultats
selon deux approches :

- **Carte de déplacements** : elle représente le déplacement
  (en mm) de tous les rayons lancés ; il s'agit d'une différence
  des coordonnés de départ et d'arrivée de chaque rayon. Ce
  résultat dépend de la position selon x du plan d'arrivée.

- **Carte des angles** : elle représente l'angle d'incidence sous
  lequel chaque rayon lancé atteint le plan d'arrivée. Ce résul-

tat est *adimensionnel* et ne dépend donc aucunement de la position du plan d'arrivée et permet d'obtenir la carte de déplacement pour *n'importe quelle position de ce dernier*. Il suffit pour cela de faire :

$$Carte\ des\ déplacements = tan(Carte\ des\ angles) \times X \quad (3.2)$$

avec X la distance entre le plan d'arrivée et le centre du disque.

Voyons dans un premier temps les différents paramètres du code de lancer de rayons et la résolution du champ de déplacements associé.

3.2.1 Paramétrage et résolution

Comme expliqué précédemment, le champ d'indices de réfraction utilisé dans le code de lancer de rayons est différent selon la longueur d'onde que l'on souhaite étudier. Dans nos calculs nous avons fait varier l'indice de réfraction de 200nm à 8μm (au-delà, l'indice de réfraction est constant) et avons observé les différences sur les champs de déplacements et de densités entre ces différents calculs. La densité de points de la carte de déplacements ou de densités obtenues sur le plan d'arrivée dépend uniquement du nombre de rayons lancés au plan d'origine. La discrétisation du plan d'origine a été choisi ici de 500 verticalement par 1000 horizontalement avec un plan d'origine mesurant 7cm de haut par 14cm de large (taille définie afin de prendre toute la largeur du disque et une bonne partie du panache). Cette discrétisation a été fixée encore une fois afin d'avoir un bon compromis entre le temps de calcul et la densité de points de la carte de déplacements.

Le deuxième élément à discrétiser est la plan d'arrivée. Sa discrétisation est très importante car elle conditionne directement la précision des cartes de déplacements ou de densités souhaitées. Le plan d'arrivée ayant de toute évidence ici la même taille que le plan d'origine (7cm×14cm), si on choisit une discrétisation de 1000 par

2000, on obtient alors une précision (horizontale comme verticale) de 7.10^{-3}mm. Une précision inférieure n'aurait pas de sens ici car on se trouverait alors dans l'erreur de calculs présente entre le cas analytique et numérique (cf. Sec. 3.1). Cependant, avec de simples interpolations mathématiques il est également possible d'atteindre des précisions plus grandes encore, c'est pourquoi il nous a été possible de donner des valeurs de déplacements avec une précision de l'ordre du μm.

Les 500000 rayons lancés du plan d'origine, traversent le panache et atteignent le plan d'arrivée. On obtient alors la carte de déplacement et/ou la carte des angles.

3.2.2 Résultats

La figure 3.7 représente les cartes de déplacements selon y et z obtenues pour une longueur d'onde de 632,8nm et une distance X de 0,37cm (valeur prise en sorte de faciliter la comparaison avec les expériences présentées dans le chapitre 4) et une température de 800°C. Il est à noter ici que l'apparence visuelle des différentes cartes de déplacements est absolument identique sur la bande spectrale étudiée (200nm-8μm).

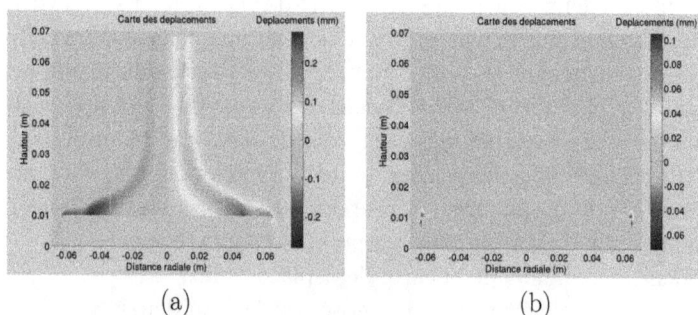

(a)   (b)

FIGURE 3.7: (a) Carte des déplacements selon y (horizontalement) (b) Carte des déplacements selon z (verticalement)

A l'aide de ces deux cartes il apparait que le déplacement induit

par la perturbation est *essentiellement* selon l'axe y. En effet, mis
à part de très petites singularités au niveau de l'angle du disque
(voir Fig. 3.7(b)), le déplacement selon l'axe z est plus petit que
0,005mm dans le panache, soit plus de 30 fois inférieur aux déplacements observés selon y. Nous ne considèrerons donc pour le reste
de notre étude que les déplacements horizontaux induits par le panache convectif. Les déplacements observés à une distance de 37cm
sont d'environ 0,276mm juste au-dessus du disque et de 0,124mm
au sein du panache. Un tableau récapitulatif (Tab. 3.1) permet
d'avoir une idée des déplacements se produisant à différentes longueurs d'onde et hauteurs de panache ; chaque longueur d'onde est
associée à une bande spectrale et à une caméra afin de faire l'analogie avec les expériences présentées par la suite. Les points utilisés
pour lire les déplacements sur la carte et la largeur du panache sont
localisés sur la figure 3.8.

Type de caméras	"Caméra UV"	"Caméra visible"			"Caméra NIR" [1]	"Caméra IR"
Résolution	*1388×1038*	*1388×1038*			*320×256*	*320×240*
Longueurs d'ondes	*200nm*	*400nm*	*632.8nm*	*750nm*	*1μm*	*8μm*
Déplacements max au-dessus du disque : *Point 1* (mm)	0.323	0.2822	0.2761	0.2751	0.2739	0.2705
Déplacement max dans le panache : *Point 2* (mm)	0.1542	0.1274	0.1246	0.1242	0.1236	0.1221
Déplacement max dans le panache : *Point 3* (mm)	0.1457	0.1271	0.1244	0.1239	0.1234	0.1218
Largeur de panache 3cm au-dessus du disque (mm)	43,00	42,34	42,28	42,26	42,24	42,18

TABLEAU 3.1 – Largeur du panache et déplacements induits par
la perturbation en différents points et longueurs d'onde

Le tableau 3.1 permet de mettre clairement en évidence le faible
effet de la longueur d'onde sur le déplacement. En effet, si on met
de côté la valeur correspondant à 200nm ("caméra UV" non disponible au laboratoire), il apparait que la variation du déplacement ne
dépasse pas 0,01mm entre λ=400nm et λ=8μm. De même, l'évolution de la largeur du panache entre 400nm et 750nm est inférieure à
1mm ce qui explique alors l'impossibilité, lors de nos mesures strioscopiques (cf.. Sec. 2.2.2.3), d'observer des variations de largeurs de
panache pour différentes longueurs d'onde du visible. La deuxième

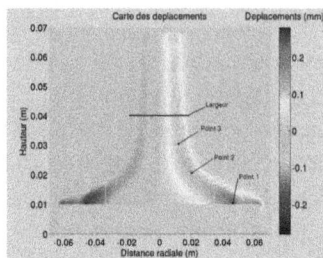

FIGURE 3.8: Positionnement des points et de la largeur de panache
utilisés pour les valeurs du tableau 3.1

représentation possible de la déviation engendrée par le passage
des rayons dans le panache est la carte des angles qui représente
l'angle sous lequel chaque rayon intercepte le plan d'arrivée. Ce
résultat, bien que moins explicite au premier abord et visuellement
tout à fait identique à la figure 3.7(a), donne un caractère adimensionnel au résultat puisque celui-ci ne dépend plus de la position
du plan d'arrivée. La figure 3.9 représente le résultat obtenu pour
une longueur d'onde de 632,8nm.

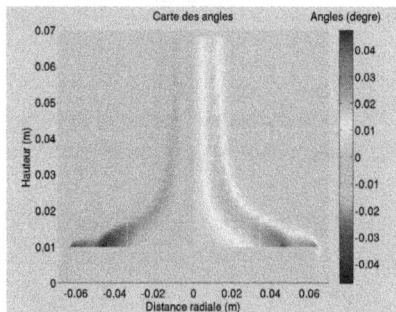

FIGURE 3.9: Carte des angles (en degré) selon l'angle ϕ (horizontal)

Comme on pouvait le prédire, la position des angles les plus
grands se situe au même niveau que les déplacements les plus élevés. La valeur absolue maximale des angles (correspondant donc à

un déplacement de 0,276mm à X=37cm) est de 0,05°.

La méthode développée ici à l'aide d'un calcul CFD et d'un code de lancer de rayons nous a permis d'obtenir le champ de déplacements engendré par une perturbation donnée et ceci pour différentes longueurs d'onde. Nous avons vu la faible influence de la bande spectrale. Nous nous attendons donc à observer les mêmes déplacements quelque soit la caméra utilisée. *Ce point sera l'objet du chapitre 4 , dédié à l'obtention de résultats expérimentaux à l'aide d'une installation originale.*

Néanmoins, s'il apparait évident que la perturbation a un effet sur les mesures dimensionnelles (distorsion de l'image, déplacement...), il est également important d'estimer son rôle quant aux mesures de températures. Deux phénomènes peuvent alors rentrer en jeu :

- L'effet d'émission et d'absorption énergétiques du panache lui même (cf. Sec. 1.1.3.7) pouvant aboutir à une variation de température de l'objet observé,

- La variation de températures due à la convergence et la divergence des rayons sur le capteur de la caméra infrarouge pouvant entraîner d'un pixel à l'autre une surestimation et sous-estimation de la température.

Une approche numérique de ces phénomènes a été faite. Elle est décrite dans la section suivante.

3.3   Aspect énergétique

Avant de commencer à étudier la variation de température liée à l'effet mirage, c'est à dire à la convergence et divergence des rayons, nous avons choisi de calculer analytiquement la quantité de chaleur émise et transmise par le panache afin de quantifier son rôle éventuel dans le bilan énergétique du rayonnement reçu par une caméra thermique. Nous verrons par la suite le rôle de l'effet mirage sur la variation de température et nous serons alors capable de dire s'il est négligeable ou non devant le rôle émissif/absorbant du panache.

3.3.1 Calcul du rôle de la transmitivité et de l'emissivité du panache

Cette étape a pour objectif l'estimation *analytique* du rôle joué par le panache d'air chaud dans la mesure de température. Comme il a été expliqué dans la Sec. 1.1.3.7, la mesure de température d'un corps chaud peut être influencée par l'environnement (ici négligé) et l'atmosphère situé entre l'outil de mesure et le corps chaud. En effet, bien que les différentes fenêtres optiques infrarouges aient été choisies de façon à se positionner dans les bandes spectrales présentant la meilleure transmission (voir Fig. 1.29), il réside toujours des raies d'absorption dans ces différentes bandes. Ces raies d'absorption pour l'air sont essentiellement dues à la présence de CO_2 et d'H_2O. Plus ces composés sont en fortes concentrations et plus la transmitivité du panache diminue. Dans notre cas, la concentration des deux composés étant celle de l'air ambiant du laboratoire, nous avons une concentration (fraction massique) respective pour le CO_2 et l'H_2O de 0,0335% et environ 1% (valeur moyenne pour de l'air à 20°C avec une humidité relative de 50%) [Ass99].

Pour le calcul analytique de la variation de la température due aux propriétés radiatives intrinsèques du panache, nous avons donc réalisé un modèle. Le panache a été divisé en 5 enveloppes et un bilan radiatif a été écrit afin de calculer le flux d'énergie émis par un corps chaud (à titre de référence : le corps noir), atteignant la caméra infrarouge après traversée dudit panache (voir Fig. 3.10). Le trajet optique choisi est celui passant au centre du panache à une hauteur de 1 cm au-dessus du disque. Ce trajet optique est optimal pour cette étude car c'est celui permettant de traverser la plus grande épaisseur de panache tout en passant par les enveloppes

les plus chaudes et de ne pas être soumis aux déviations lumineuses
liées à l'effet mirage.

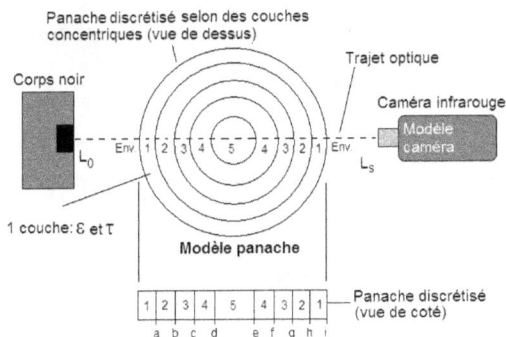

FIGURE 3.10: Principe du calcul radiatif

A partir de la figure 3.10, il apparait clair que pour permettre
un calcul de la variation de température due à l'aspect émissif et
absorbant du panache, *trois étapes élémentaires* sont nécessaires
(Fig. 3.11) :

- 1 : Définir une source radiative de référence, ici le corps noir,
  et écrire le bilan radiatif en présence du panache ou non.

- 2 : Modéliser le panache : géométrie, températures, émissivité
  (ε), transmitivité (τ). Les données géométrique et de températures ont été calculé à l'aide de Fluent, les valeurs d'émissivité
  et de transmitivité par un modèle statistique à bande étroite
  (détaillé par la suite).

- 3 : Modéliser la caméra permettant d'avoir un comparatif
  entre le calcul analytique (et numérique) et expérimental afin
  d'estimer la pertinence de cette approche, sa capacité à prédire la variation de température.

Il a donc été nécessaire de réaliser ces trois étapes pour obtenir,
in fine, une variation de température comparable à des mesures
expérimentales.

Bilan radiatif (émission du corps noir)	Modélisation du panache	Modélisation de la caméra	Chapitre 4 Comparaison avec les mesures

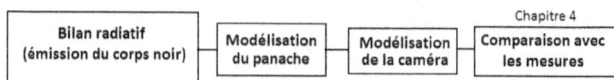

FIGURE 3.11: Etapes de la démarche adoptée

3.3.1.1 Bilan radiatif

Le bilan radiatif développé ici permet de calculer le flux reçu par la caméra après calcul des différentes contributions du corps noir et du panache.

En sachant que L_0 (voir Fig. 3.10) est la luminance émise par le corps noir à une température donnée, il est possible d'écrire de proche en proche la luminance sortant de chaque enveloppe, c'est à dire le flux d'énergie transmis par l'enveloppe plus le flux émis par cette dernière. En sachant qu'aucune réflexion ne se produit dans le milieu, on peut alors écrire :

$$L_a = \tau_{Env}\tau_1 L_0 + \varepsilon_1 L_1$$
$$L_b = \tau_2 L_a + \varepsilon_2 L_2$$
$$L_c = \tau_3 L_b + \varepsilon_3 L_3 \qquad (3.3)$$
$$\dots$$
$$L_i = \tau_1 L_h + \varepsilon_1 L_1$$

Il est ainsi possible d'obtenir la densité de flux L_s arrivant à la caméra. Elle est égale à $L_i \times \tau_{Env}$. En remplaçant chaque luminance de sortie par son expression, on obtient :

$$L_s = \tau_{Env}[\tau_1\tau_2\tau_3\tau_4\tau_5(\tau_{Env}\tau_1\tau_2\tau_3\tau_4 L_0 + \tau_2\tau_3\tau_4\varepsilon_1 L_1$$
$$+ \tau_3\tau_4\varepsilon_2 L_2 + \tau_4\varepsilon_3 L_3 + \varepsilon_4 L_4) + \tau_1\tau_2\tau_3\tau_4\varepsilon_5 L_5$$
$$+ \tau_1\tau_2\tau_3\varepsilon_4 L_4 + \tau_1\tau_2\varepsilon_3 L_3 + \tau_1\varepsilon_2 L_2 + \varepsilon_1 L_1] \quad (3.4)$$

Comme il l'a été signalé plus tôt, aucune réflexion ne se faisant au sein du panache, l'égalité suivante peut être écrite pour l'enveloppe n :

$$\varepsilon_n = 1 - \tau_n \qquad (3.5)$$

On combinant les équations (3.4) et (3.5), on arrive finalement à la relation suivante :

$$L_s = \tau_{Env}[\tau_1\tau_2\tau_3\tau_4\tau_5\left[\tau_{Env}\tau_1\tau_2\tau_3\tau_4 L_0 + \tau_2\tau_3\tau_4(1 - \tau_1)L_1\right.$$
$$+\tau_3\tau_4(1 - \tau_2)L_2 + \tau_4(1 - \tau_3)L_3 + (1 - \tau_4)L_4 - L_5] + \tau_1\tau_2\tau_3\tau_4 L_5$$
$$+ \tau_1\tau_2\tau_3(1 - \tau_4)L_4 + \tau_1\tau_2(1 - \tau_3)L_3 + \tau_1(1 - \tau_2)L_2 + (1 - \tau_1)L_1]$$
$$(3.6)$$

avec

$$L_{p_{\Delta\lambda}} = \int_{\Delta\lambda} \frac{2hc_\lambda^2}{\lambda^5} \cdot \frac{1}{e^{\left(\frac{hc_\lambda}{k\lambda T_p}\right)} - 1} d\lambda \qquad (3.7)$$

avec $c_\lambda = \frac{c}{n_\lambda}$ et p : numéro d'enveloppe

n_λ indice de réfraction du milieu pour la longueur d'onde λ

$c = 299792458$ m/s (vitesse de la lumière dans le vide)

$h = 6,62617.10^{-34}$ J.s (constante de Planck)

$k = 1,38066.10^{-23}$ J/K (constante de Boltzmann)

T est la température de la couche i considérée

Les inconnues de notre système sont les transmitivités propres de chaque enveloppe. Pour les obtenir, il existe différents codes de calculs se différenciant spécialement par la résolution spectrale de leurs résultats et leurs temps de calcul. C'est l'étape de modélisation du panache qui va nous permettre d'obtenir ces grandeurs.

3.3.1.2 Modélisation du panache

Pour calculer les propriétés radiatives intrinsèques au panache, comme cela a été précisé dans la section 1.5.2.1.a, le modèle donnant le meilleur compromis entre la résolution spectrale et le temps

de calcul est le modèle statistique à bandes étroites (MSBE) [ST97].
Ce modèle est bien adapté à notre cas car nous sommes en présence
de molécules simples à des températures relativement faibles (comparé à des situations de combustion par exemple). Nous avons ainsi
une évolution lente des intensités et des largeurs de raies d'absorption. Le domaine spectral d'intérêt $\Delta\lambda$ ($1\mu m$ à $13,5\mu m$ c'est à dire
[en nombre d'onde] entre $740cm^{-1}$ et $10000cm^{-1}$) a été découpé en
petits intervalles de largeur $\delta\lambda$ (ici $25cm^{-1}$). La transmission intégrée sur ce domaine $\Delta\lambda$ est alors obtenue à partir des hypothèses
suivantes :

- L'intervalle $\Delta\lambda$ contient un grand nombre N de raies espacées
  en moyenne de d=$\frac{\Delta\lambda}{N}$.

- La position spectrale et les intensités des N raies dans $\Delta\lambda$ sont
  aléatoires et sont supposées statistiquement indépendantes.

- L'intensité des raies S suit une loi probabiliste P(S)

- L'absorption dans $\Delta\lambda$ est exclusivement due aux N raies cen-
  trées à l'intérieur de $\Delta\lambda$, mais toute l'étendue spectrale de
  chacune des N raies est supposée incluse dans $\Delta\lambda$.

- Les N raies ont même largeur à mi-hauteur $\overline{\gamma}$

Le problème consiste alors à proposer une loi $P(S)$ qui permet
de décrire de façon réaliste le terme $\tau_{\Delta\lambda}(L)$ (L=trajet dans le gaz) ;
celle-ci est généralement issue d'observations expérimentales ou de
calculs "raie par raie". La plus connue de ces distributions P(S)
est la loi de Malkmus exponentielle inverse tronquée [Mal67], loi
que nous avons choisie d'utiliser dans notre travail. Elle permet
d'obtenir la formulation en transmitivité ne dépendant que de deux
paramètres caractéristiques pour la fenêtre $\Delta\lambda$: $\overline{k}$ et $\overline{\beta}$ [DFG99].

$$\overline{\tau}_{\Delta\lambda} = e^{-\frac{\overline{\beta}}{\pi}\cdot\left(\sqrt{1+\frac{2\pi x p L\overline{k}}{\overline{\beta}}}-1\right)} \tag{3.8}$$

avec $\overline{\beta} = \frac{2\pi\overline{\gamma}}{d}$ et $\overline{k} = \frac{1}{d}\cdot\frac{1}{N}\cdot\sum_{i=1}^{N}S_i = \frac{\overline{S}}{d}$

x représente la fraction molaire de l'espèce gazeuse considérée

p la pression totale

L le trajet dans le gaz

Le code de calcul permet donc, à l'aide de la simple connaissance de la concentration des composés (CO_2 et H_2O), de leur température et de la largeur de couche optique, d'obtenir la transmitivité de la couche considérée pour une plage spectrale choisie. Le code a été vérifié à l'aide de cas tirés de la littérature [Gau99]. Nous avons obtenu une erreur maximale inférieure à 1% sur tout le spectre étudié (soit entre 1μm et 15μm).

Afin de définir la largeur et la température de chaque couche, un profil de température à une hauteur de 1cm au-dessus du disque à 800°C a été obtenu à l'aide de Fluent, et une discrétisation a été définie pour décrire au mieux le gradient thermique du panache (voir Fig. 3.12)

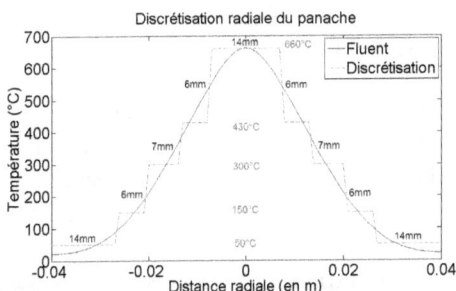

FIGURE 3.12: Discrétisation du panache utilisée pour le calcul de la luminance sortante (épaisseur totale=8cm)

En utilisant les largeurs d'enveloppe et les températures affichées à la figure 3.12, nous avons pu obtenir les différentes transmitivités des couches et ainsi la transmitivité totale du panache ($\tau_{panache} = \tau_1^2\tau_2^2\tau_3^2\tau_4^2\tau_5$) qui a pu être tracée en fonction de longueur d'onde à la figure 3.13.

Afin de faciliter l'analogie avec les caméras proche infrarouge et infrarouge, une transmitivité effective sur les bandes spectrales de fonctionnement des caméras a été calculée à l'aide de la relation

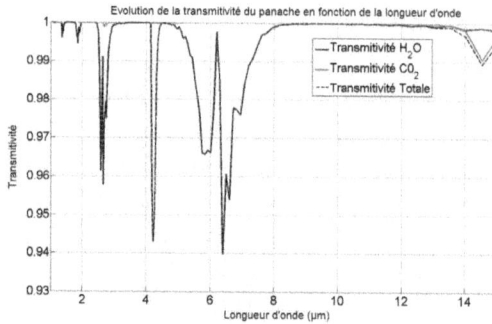

FIGURE 3.13: Évolution de la transmitivité du panache en fonction
de la longueur d'onde

suivante :

$$\tau_{\Delta\lambda} = \frac{\int_{\Delta\lambda} \tau_{\delta\lambda} L^0_{\lambda,T} d\lambda}{\int_{\Delta\lambda} L^0_{\lambda,T} d\lambda} \qquad (3.9)$$

Le tableau 3.2 récapitule alors les différentes transmitivités
pour les bandes spectrales du proche infrarouge à l'infrarouge. Il est
important de noter qu'ici les variations de transmitivités étant très
faibles sur les bandes spectrales considérées, la variation de température d'émission du corps noir T_{CN} (et donc L_0) a un impact très
faible sur les valeurs des transmitivités effectives. $\tau_{Environnement}$ correspond à 30cm d'air à température ambiante (couches présentent
de part et d'autre du panache).

L'effet le plus sensible se situe entre 2 et $5\mu m$ du fait des bandes
CO_2 et H_2O "fortes" présentes dans cette fenêtre (cf. Fig. 3.13).

3.3.1.3   Modélisation des caméras NIR/IR

Disposant des transmitivités de chaque enveloppe, il est maintenant possible de calculer $L_{s\lambda,T}$ pour une température de corps
noir et une plage spectrale données. Néanmoins, pour remonter à
un écart de température que l'on puisse comparer à ce que l'on
peut observer à l'aide d'une caméra, par exemple la caméra infra-

Type de caméras *Bande spectrale*		Proche infrarouge *1μm à 1,7μm*	Infrarouge bande I *2μm à 3μm*	Infrarouge bande II *3μm à 5μm*	Infrarouge bande III *7,5μm à 13μm*
Transmitivité	$T_{CN}(K)$				
τ_1	400	0,9998	0,9996	0,9995	0,9998
τ_1	1200	0,9998	0,9986	0,9990	0,9998
τ_2	400	0,9998	0,9998	0,9997	0,9998
τ_2	1200	0,9998	0,9994	0,9995	0,9998
τ_3	400	0,9998	0,9998	0,9997	0,9998
τ_3	1200	0,9998	0,9995	0,9996	0,9998
τ_4	400	0,9998	0,9998	0,9998	0,9997
τ_4	1200	0,9998	0,9996	0,9997	0,9998
τ_5	400	0,9998	0,9997	0,9997	0,9996
τ_5	1200	0,9998	0,9994	0,9995	0,9996
$\tau_{Panache}$	400	0,9998	0,9989	0,9986	0,9992
$\tau_{Panache}$	1200	0,9996	0,9951	0,9972	0,9993
$\tau_{Environnement}$	400	0,9996	0,9966	0,9952	0,9994
$\tau_{Environnement}$	1200	0,9989	0,9822	0,9876	0,9995

TABLEAU 3.2 – Transmitivité effective pour différentes plages spectrales

rouge bande III SC325 (cf.. Tab. 2.1) ou proche infrarouge bande I XenICs (voir Tab. 3.3), il est nécessaire de connaître le rendement $R(\lambda)$ (sa capacité à transformer les watts photoniques en watts électriques) de celle-ci et sa sensibilité η (sa capacité à transformer les watts électriques en niveaux numériques [NN]). Nous allons voir, dans un premier temps, les résultats concernant la caméra infrarouge SC325.

Le flux d'énergie (en niveaux numériques) reçu du corps noir à la température T par la caméra en présence du panache correspond à notre modèle mathématique de la caméra et peut s'écrire :

$$NN = \eta . \frac{\pi}{4} \frac{S_d}{N^2} \int_{\Delta\lambda} \tau_{Env_\lambda} R(\lambda) L_{s_{\lambda,T}} d\lambda \qquad (3.10)$$

avec

S_d Surface d'un pixel $(25\mu m \times 25\mu m)$

N Ouverture numérique de la caméra$=\frac{Distance\ focale(30mm)}{Diamètre\ pupille(23mm)}=1,3$

En ayant pris soin d'étalonner la caméra infrarouge et proche infrarouge afin d'obtenir la courbe $NN=f(T_{corps\,noir})$ comme montré à la figure 3.14(a), il est possible d'obtenir la sensibilité η de la

caméra. Cette sensibilité relie l'évolution des NN en fonction du
flux corps noir reçu (voir Fig. 3.14(b)) et s'obtient en calculant la
pente de la droite (voir annexe H).

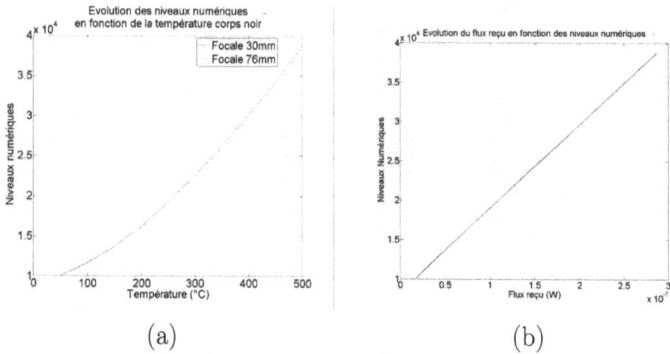

(a)   (b)

FIGURE 3.14: (a) Évolution des NN de la caméra en fonction T_{CN}
(distance focale 30mm) (b) Evolution des NN de la caméra en
fonction du flux corps noir reçu

Disposant de toutes les variables de l'équation, on est alors en
mesure de déterminer une température de corps noir en présence
de panache et en son absence (Eq. (3.10) sans la transmitivité $\tau_{\Delta\lambda}$).
La différence de ces deux températures nous donne alors le ΔT induit par la présence du panache du point de vue de l'émission et
de l'absorption de ce-dernier. Le ΔT varie suivant la température
de corps noir fixée. La figure 3.15(a) et (b) représentent respectivement l'évolution de l'écart de température calculé numériquement
et la contribution des deux effets (émission et transmission) en
fonction de la température du corps noir observée dans la bande
III par la caméra SC325.

La figure 3.15(a) montre que la présence du panache peut entraîner des variations assez importantes dans la mesure de températures, notamment lorsque la température du corps noir est
relativement faible (ce qui dans le cas pratique n'est pas vraiment
notre cas). Pour des températures de corps noir inférieures à 300°C,

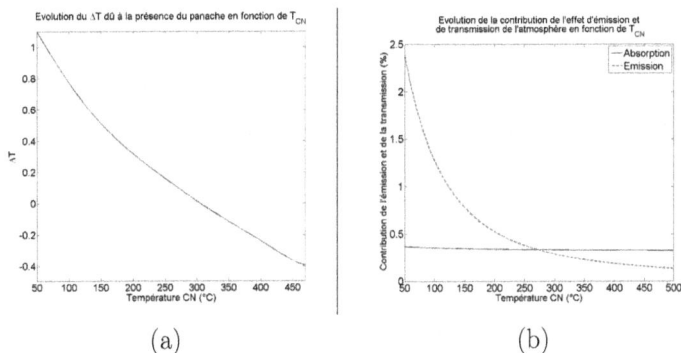

(a)   (b)

FIGURE 3.15: (a) Évolution de l'écart de température dû à la présence du panache en fonction de la température du corps noir dans la bande III et (b) la contribution respective des deux effets

la présence du panache aura tendance à augmenter la température lue par la caméra, alors qu'au dessus de 300°C, il aura tendance à absorber le rayonnement corps noir et donc à diminuer légèrement le flux reçu par la caméra. Ce phénomène est clairement observable sur la figure 3.15(b) où l'on trace la contribution (en %) de chaque effet. Le pourcentage d'énergie absorbée par le panache est quasiment la même quelque soit la température du corps noir, en revanche, le rôle émissif du panache, qui est quasi constant, devient de plus en plus petite devant l'énergie émise par le corps noir. Ceci se traduit donc par une forte diminution de la contribution émissive du panache avec l'augmentation de température du corps noir. D'un point de vue thermographique, cette variation de température devrait être remarquée expérimentalement en observant l'évolution de la température moyenne de la zone du corps noir observée en présence ou non du panache.

Pour ce qui concerne la bande I (caméra proche infrarouge), les variations de température calculées numériquement sont représentées à la figure 3.16.

Type de détecteur	InGaAs
Bande spectrale	0,4-1,7 μm
Plage de température	de $+200°C$ à $<+2000°C$
Résolution spatiale	320×256
Pitch	30 μm
DTEB	100mK
Fréquence d'acquisition	60Hz
Distance focale	50mm

TABLEAU 3.3 – Caractéristiques de la caméra proche infrarouge XenICs

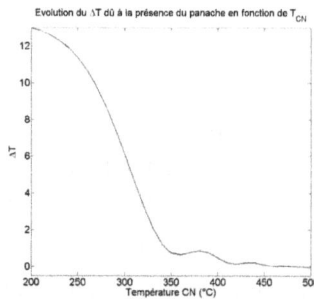

FIGURE 3.16: Évolution de l'écart de température dû à la présence du panache en fonction de la température du corps noir dans le proche infrarouge

L'étude de la variation de la température dans le proche infrarouge ne s'est faite uniquement qu'entre 200°C et 500°C pour deux raisons :

- d'une part 200°C correspond à la limite basse de détection de la caméra proche infrarouge sur l'objet visé (le corps noir),

- d'autre part la limite haute vient des possibilités du corps noir utilisé.

On remarque que pour les températures les plus faibles, une forte variation de température est présente, mais elle diminue fortement pour finalement tendre autour de 0°C à partir d'une température de corps noir de 400°C. Ces résultats seront testés expérimentalement dans le chapitre suivant.

Pour conclure sur cette partie, on note que la caméra proche infrarouge est plus sensible à la présence du panache que la caméra infrarouge (en accord avec les transmittivités du Tab. 3.2). On obtient une variation de température de 13°C pour une température de corps noir de 200°C chutant rapidement à 1°C pour une température de 350°C, et finalement décroitre vers 0°C. La caméra infrarouge, très peu sensible à la présence du panache, voit son erreur sur la température varier quasiment linéairement entre 50°C et 450°C, avec des valeurs passant de 1°C à -0,4°C.

La deuxième étape traitant de l'aspect énergétique liée au panache est d'estimer la variation de température entraînée par la convergence et la divergence des rayons par effet mirage. En effet, il est tout à fait possible que des photons destinés originalement à un pixel de la caméra atteignent un autre pixel et donc crée un ΔT entre ces deux pixels (Fig. 3.17).

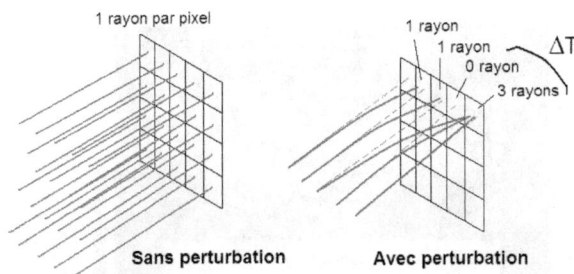

FIGURE 3.17: Schéma simplifié d'un capteur recevant des rayons en présence ou non de perturbation

3.3.2 Carte de densités qualitative : mise en évidence des zones de convergence et divergence

Comme expliqué en début de chapitre, le code de lancer de rayons a également été modifié afin d'obtenir sur le plan d'arrivée une *carte de densités*. Cette carte de densités représente le nombre des rayons impactant sur chaque cellule du plan d'arrivée, ainsi, moins le plan d'arrivée est discrétisé et plus le nombre de rayons arrivant par cellules est grand. Ce type de résultat permet de visualiser directement l'effet de la perturbation sur les rayons lumineux et d'observer la distorsion de l'objet. A titre d'exemple, le panache convectif au-dessus et autour du disque chaud sans isolant a été simulé par CFD et, après déduction du champ d'indices de réfraction correspondant introduit dans le code de lancer de rayons, la figure 3.18 a été obtenue. Elle représente la carte de densités obtenue pour la longueur d'onde de 632,8nm, pour un disque à 800°C et un plan d'arrivée positionné à 5m de ce-dernier ; cette distance est représentative des distances d'observation en ombroscopie ou strioscopie par exemple.

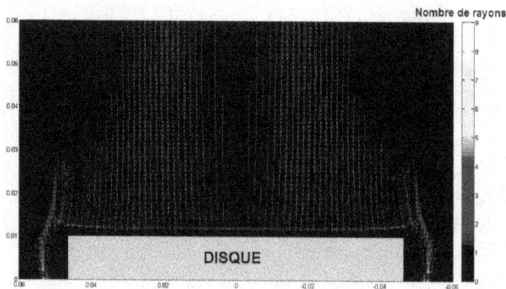

FIGURE 3.18: Carte de densités avec plan d'arrivée à 5m

Ce résultat ne permet pas vraiment de donner ici une information quantitative quant à la variation de température induite par le panache mais elle met clairement en évidence les zones de convergence et de divergence. Les plus distinctes étant celles se trouvant juste autour du disque chaud : on peut voir se dessiner tout autour du disque une zone plus claire correspondant à la convergence de nombreux rayons dans cette zone, rayons déviés par le fort gradient thermique présent aux abords de l'objet chaud. Une zone de divergence, noire, se dessine également sur le pourtour du disque, zone pouvant entraîner de mauvaises interprétations. En effet, si on observe un tel objet chaud avec un système tel que l'ombroscopie, le disque n'apparaissant pas sur l'image (seul son ombre apparait), il est alors facile d'interpréter cette zone sombre comme due à la présence du disque ce qui n'est pas le cas. Il est également possible de voir la présence de faibles convergences et divergences des rayons plus haut dans le panache mais leurs variations restent faibles puisque les zones de convergences correspondent à seulement 2 rayons. Pour étudier la variation de température induite par le panache il faudra alors soit augmenter fortement le nombre de rayons lancés (le temps de calcul augmente) soit réduire la zone de panache étudiée à une fenêtre de quelques millimètres et non quelques centimètres comme c'était le cas dans l'exemple précédent. Nous avons donc choisi pour l'étude de la distorsion du champ thermique de se consacrer à une partie beaucoup plus petite du panache.

3.3.3 Carte de densités quantitative : estimation de la variation de température due à l'effet mirage

Il s'agit maintenant d'estimer la variation de température due à l'effet mirage. Pour cela, le code de lancer de rayons a été modifié afin de pouvoir simuler le rayonnement thermique. Comme expliqué précédemment, le plan d'origine doit être réduit cette fois à quelques millimètres (10mm par 10mm). Pour se limiter à une zone permettant le passage des rayons dans une partie du panache où règne un gradient thermique important, la zone chaude a été positionnée comme l'illustre la figure 3.19.

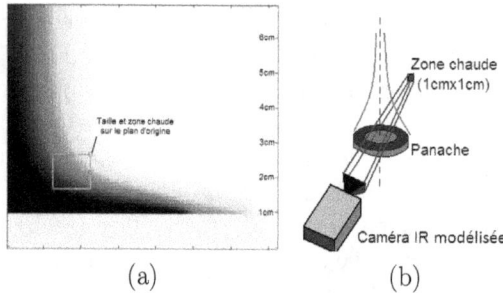

(a)   (b)

FIGURE 3.19: (a) Taille et positionnement de la zone chaude sur
une moitié du panache (b) Principe de la simulation

Les rayons sont alors lancés dans tout l'espace de façon aléatoire
et seule une petite partie est interceptée par le plan d'arrivée. Ce
plan doit avoir une taille comparable au diamètre de l'objectif.
C'est la taille du plan d'arrivée et la distance X (imposée par la
distance de travail de l'objectif) qui va définir l'angle solide sous
lequel est vu l'objectif depuis un "point" source et le nombre de
rayons atteignant le capteur. Le principe de la simulation réalisée
et l'analogie avec un cas concret sont illustrés à la figure 3.20.

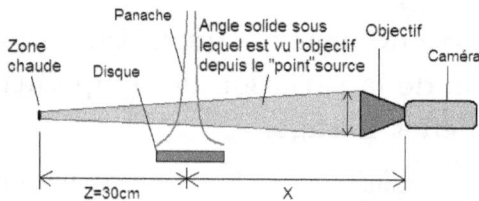

FIGURE 3.20: Principe de la simulation numérique réalisée

Comme le montre la figure 3.20, les principaux paramètres
jouant un rôle sur les résultats de la carte de densités se décom-
posent en deux catégories :

- ceux fixés dans un souci de *similitude* avec les futures expériences,

- et ceux pouvant varier numériquement et devant être étudiés puis définis.

Paramètres de similitude

Dans cette première catégorie nous avons :

- la distance Z (fixée à 30cm pour garder la similitude avec l'expérience),
- la distance X (pouvant varier suivant l'objectif et focale utilisés),
- la surface de collection de l'objectif (et donc de l'angle solide),
- les dimensions de la zone chaude
- la température de la zone chaude
- et enfin la longueur d'onde (fixé selon la longueur d'onde de la caméra utilisée).

Les diamètres de lentille ont été choisis de 3.5 et 5.5cm (en accord avec les objectifs dont nous disposions respectivement de distance focale 30mm et 76mm) et leurs distances X respectives de 37cm et 330cm. La largeur de la zone chaude a été fixé à 10mm, et sa température à *500K* (température médiane de la plage de température couverte par notre corps noir).

Paramètres numériques à définir

Dans la deuxième catégorie, on retrouve les paramètres purement numériques comme *la discrétisation du plan d'arrivée et le nombre de rayons lancés.*

Afin de ne pas pénaliser le temps de calcul, nous avons tiré des rayons uniquement dans l'angle solide illustré à la figure 3.20, *d'une part en absence de panache et d'autre part en sa présence.* De plus, pour faciliter les calculs, nous avons supposé que les rayons étaient issus d'un corps noir (homogène et isotrope). Cette étape de lancer de rayons en présence et en l'absence de panache, a été réalisée en conservant strictement le même angle de lancé pour chaque rayon afin de permettre une comparaison rigoureuse des cartes de densités.

Comme indiquées précédemment, ces dernières dépendent, d'un point de vue numérique, essentiellement du nombre de rayons et de la discrétisation faite sur le plan d'arrivée. Pour une discrétisation trop grossière, les rayons déviés ou non arriveront tous sur le même élément de la carte et donc aucune différence ne sera notée du fait de la présence du panache. Au contraire, si la discrétisation est trop fine, il n'y aura pas assez de rayons arrivant par élément pour avoir une bonne validité des résultats ; ou alors le nombre de rayons doit être plus grand (au détriment du temps de calcul). Nous avons fixé ici la limite haute du nombre des rayons à 500×500, soit 250000 rayons. Une étude de la discrétisation appropriée a donc été faite.

Pour ce faire, le discrétisation du plan d'arrivée (cible) a été progressivement raffinée jusqu'à ce que l'écart relatif obtenu entre les cartes de densités avec et sans panache (Fig. 3.21) soit jugé trop élevé. Nous avons fixé ici une valeur d'écart relatif moyen maximale acceptable de 1%. Dans un souci de similitude avec les expériences, la discrétisation du plan d'arrivée est associée à la résolution spatiale de la caméra. L'axe des abscisses du graphique correspond donc à la résolution spatiale du système, c'est à dire à *la taille d'un pixel sur le plan objet*, soit la projection de la discrétisation du plan d'arrivée sur la zone chaude (taille de la zone chaude divisée par la discrétisation du plan d'arrivée) et cela pour deux distances de travail différentes (distance disque/plan d'arrivée).

D'après la figure 3.21, nous avons vu que la taille de pixel minimale sur le plan image (afin de garder un écart relatif inférieur à 1%) avec 250000 rayons lancés est ≈0,11mm à X=37cm et 330cm (pour une zone chaude de 10mm), soit une discrétisation du plan d'arrivée de 90×90. Il est possible de réduire cet écart relatif en

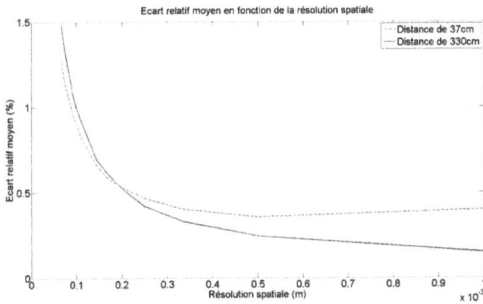

FIGURE 3.21: Evolution de l'ecart relatif entre les deux cartes de densités en fonction de la résolution pour deux distances du plan d'arrivée

augmentant tout simplement le nombre de rayons lancés. Notons que la meilleure résolution spatiale disponible au niveau de la caméra infrarouge du laboratoire est d'environ $0.56mm$ à la distance de visée annoncée précédemment (soit $X+Z=67cm$). Les résultats obtenus avec une résolution de 0,11mm ne sont donc présentés ici qu'à titre indicatif et correspondent d'avantage à des résolutions spatiales plus élevées de caméras infrarouges (640×512 pixels ou plus). Nous présenterons donc également ici les résultats obtenus avec une résolution spatiale de 0,5mm (soit un plan d'arrivée de 20×20), résultats permettant alors une comparaison expérimentale faite par la suite au Chapitre 4.

Chaque rayon quittant le plan d'origine contient une quantité d'énergie définie dépendant de la température du corps noir, de la longueur d'onde et du nombre de rayons lancés. Pour une bande spectrale donnée, il est possible d'utiliser la loi de Planck afin de calculer la densité de flux émise par la zone chaude du plan d'origine (voir Eq. (1.26)). On aboutit à la valeur énergétique en Watt d'un rayon émis par le corps noir dans une bande spectrale donnée par :

$$\text{énergie d'un rayon} = \frac{\int_{\Delta\lambda} \frac{2hc_\lambda^2}{\lambda^5} \cdot \frac{1}{e^{\left(\frac{hc\lambda}{k\lambda T}\right)} - 1} d\lambda \times S_p \times \Omega_p}{\text{Nombre de rayons}} \qquad (3.11)$$

avec $\Omega_p = \frac{S_l}{R^2}$

S_p surface de la zone chaude ($= 1.10^{-4}m^2$)

Ω_p angle solide sous lequel la zone chaude voit la lentille (zone chaude assimilée ponctuelle devant la lentille) (sr)

S_l surface de la lentille (m^2)

R distance entre le plan d'arrivée et le plan d'origine (m)

Nombre de rayons = nombre total de rayons lancés par le point chaud

Une fois que les rayons ont été lancés et ont impacté le plan d'arrivée, nous obtenons deux cartes de densités représentées à la figure 3.22. Elles correspondent au nombre de rayons reçus par "pixel" (ou discrétisation) en présence du panache ou non.

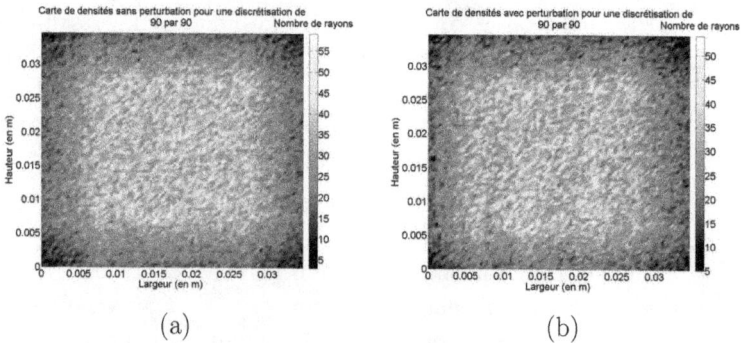

FIGURE 3.22: Carte de densités sans la perturbation (a) et avec (b) pour une discrétisation de 90×90 à une distance de 37cm

Nous constatons que la carte de densités sans perturbation n'est pas strictement homogène. En effet, le fait d'avoir un nombre de

rayons fini inscrit dans un certain angle solide entraîne une prédominance des rayons vers le centre de la carte (lié à la loi de tirage).
Afin d'obtenir une carte de densités homogène, la valeur énergétique des rayons arrivant sur une discrétisation donnée (un pixel)
du plan cible sera augmentée ou diminuée de façon à correspondre
à la réception d'un flux homogène sur toute la carte d'arrivée (correction de la loi de tirage). Concrètement, une zone recevant moins
de rayons (par rapport à la moyenne) voit la valeur énergétique
de ses rayons légèrement augmentée et inversement pour une zone
recevant plus de rayons. Nous avons ainsi obtenu une carte de pon-
dération des pixels de la carte de référence que nous utilisons alors
pour l'étude en présence du panache. Nous rendons ainsi possible
une comparaison des flux reçus.

Les équations suivantes ont permis d'obtenir les niveaux numériques que mesurerait par exemple la caméra SC325 en présence
du panache ou non (cf.. Eq. (3.10)) :

$$NN_{avec\,pert} = \eta.\frac{\pi}{4}\frac{S_d}{N^2}\int_{\Delta\lambda} R(\lambda)(Carte\ pert)d\lambda$$

$$NN_{sans\,pert} = \eta.\frac{\pi}{4}\frac{S_d}{N^2}\int_{\Delta\lambda} R(\lambda)(Carte\ sans\ pert)d\lambda \qquad (3.12)$$

avec

Carte pert. = Nombre de rayons arrivant par élément de la carte
de densités avec perturbation × *énergie d'un rayon*

Carte sans pert. = Nombre de rayons arrivant par élément de la
carte de densités sans perturbation × *énergie d'un rayon*

S_d La surface de détection ici correspond à la surface d'une discrétisation au niveau de la pupille c'est à dire $\frac{S_{pupille}}{Nombre\ d'éléments}$

Les deux cartes de densités obtenues précédemment sont de
toute évidence très similaires visuellement. Cependant, en appliquant l'équation (3.12) nous avons pu simuler une carte de variations de température de la zone chaude (ici fixée rappelons le à

500K) dues à la présence du panache. A partir de l'étalonnage caméra (cf. Fig. 3.14(a) ou annexe H), on a pu directement obtenir
les températures correspondantes aux niveaux numériques calculés,
c'est à dire avoir maintenant deux cartes de températures.

La variation de température liée à l'effet mirage s'obtient alors
en faisant une simple différence des deux cartes de températures
($\Delta T = T_{avec\,panache} - T_{sans\,panache}$). La Fig. 3.23 représente la carte de
variations de températures pour deux discrétisations du plan d'ar-
rivée à 37cm. La première discrétisation (a) correspond aux deux
cartes de densités présentées précédemment soit 9×90 (c'est à dire
une résolution spatiale de 0,1mm) et la deuxième (b) correspond
à la discrétisation permettant d'obtenir une résolution similaire à
notre caméra infrarouge (≈0,5mm à nos distances) soit une discrétisation de 20×20 de la zone chaude de 10mm de coté.

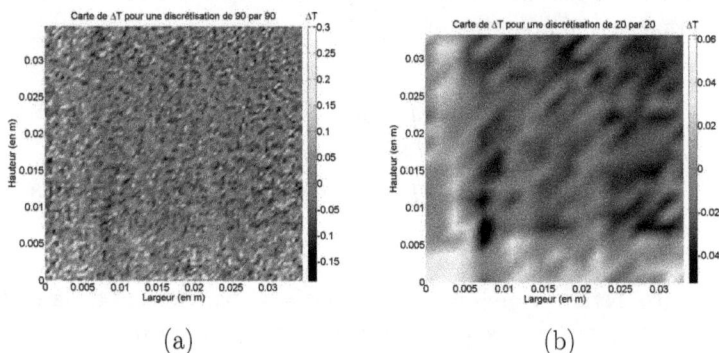

(a)   (b)

FIGURE 3.23: Carte de variations de températures à la distance de
37cm pour deux discrétisations (a) 90×90 (b) 20×20

La figure 3.23 a permis de mettre en évidence différents points
importants. Par exemple, on remarque que plus la discrétisation
est fine (bonne résolution spatiale), et plus on est capable de "cap-
ter" la divergence et la convergence des rayons et donc de repérer
un $\Delta T_{max} = (T_{max} - T_{min})$ important (voir Fig. 3.24(a) pour voir
l'évolution). On montre qu'avec un corps noir à 500K, on pourra

a priori noter avec notre caméra des écarts maximums de 0,1K
(soit des variations de ±0,05K), mais avec une température plus
élevée il est possible d'atteindre des variations plus grandes (voir
tendance Fig. 3.24(b)). Il est important de comparer ces valeurs
de variations de températures avec le DTEB de la caméra utilisée.
Dans notre cas, la caméra SC325 a une résolution thermique de
0,05K, c'est à dire la même valeur que la variation de température
calculée pour un corps noir à 500K. A priori, la caméra infrarouge
dont nous disposons ne pourra donc mettre en évidence l'effet mirage que pour des températures de corps noir supérieures ou égales
à 500K.

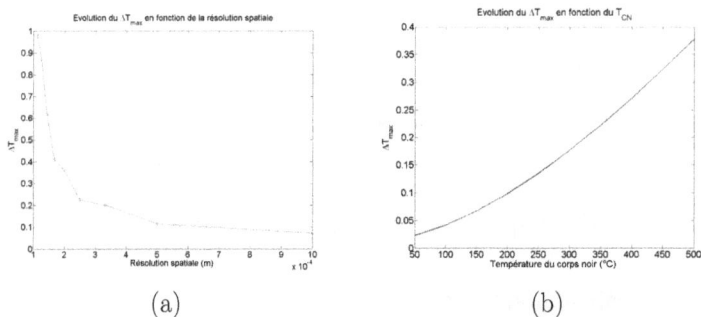

(a)   (b)

FIGURE 3.24: Evolution du ΔT_{max} en fonction de la résolution spatiale (T_{CN}=500K) (a) et de la température du corps noir (20×20)
(b)

La conséquence de l'effet mirage est donc la génération d'une
légère variation de température d'un pixel à un autre, mais pas une
variation de la température globale (moyenne) de la zone chaude.
En effet, la déviation n'est pas assez forte pour faire changer le
nombre de rayons total arrivant au niveau du détecteur. D'un point
de vue thermographique, cet effet pourra être observé en regar-
dant l'évolution de la différence entre le T_{max} et T_{min} de la zone
en présence du panache ou non, soit : $\Delta T = (T_{max\,avec\,panache} - T_{min\,avec\,panache}) - (T_{max\,sans\,panache} - T_{min\,sans\,panache}))$

Conclusion

Ce chapitre a permis de dégager les principaux points suivants :

- Le champ de température calculé au chapitre 2 a permis de *déduire le champ d'indice de réfraction* du panache à l'aide de la loi de Gladstone-Dale ensuite *intégré au code de lancer de rayons modifié* spécifiquement pour notre application.

- Le code de lancer de rayons a permis de *prédire le champ de déplacements* pour les longueurs d'onde souhaitées. Il a montré la faible dépendance de l'effet mirage aux longueurs d'onde prises en compte dans cette thèse ($0,4\mu$-$13,5\mu$). Les déplacements sont, au maximum, de **0,27mm** à fleur du disque et de **0,125mm** dans le panache.

- D'un point de vue énergétique, après avoir montré le rôle émissif et absorbant du panache, le code de lancer de rayons a été utilisé pour montrer l'aspect convergent et divergent des rayons et quantifier les erreurs induites par la présence du panache.

- Il apparait que l'effet mirage joue un rôle très faible voire négligeable dans l'erreur de mesure sur la température ($<$**0,4°C**) alors que l'effet émissif du panache peut engendrer des surestimation notables de la température notamment dans le proche infrarouge pour des températures inférieures à 350°C. Le Tab. 3.4 fait une synthèse des variations de température liées à l'aspect d'émission et de transmission du panache :

Température du CN (°C)	50	100	150	200	250	300	350	400	450	500
Variations dans l'IR (K)	1,1	0,77	0,51	0,31	0,16	0,02	-0,11	-0,24	-0,36	-0,33
Variations dans le NIR (K)				12,99	11,38	6,13	0,76	0,48	0,09	-0,06

TABLEAU 3.4 – Variations des températures pour les bande spectrales de l'IR et du NIR pour un corps noir variant entre 50°C et 500°C

Le chapitre suivant a pour objet la comparaison des prédictions de déplacements et de variations de température obtenues dans ce chapitre avec les résultats expérimentaux. Une installation originale sera mis en œuvre pour permettre la mesure du champ de déplacements dans les bandes spectrales du visible, du proche infrarouge et de l'infrarouge ainsi que les variations de températures liées à la présence du panache.

Chapitre 4

Comparaison expériences/simulations faites pour différentes bandes spectrales

Sommaire

- 4.1 Présentation de l'installation 160
- 4.2 Aspect dimensionnel 163
  - 4.2.1 Présentation de la méthode et des outils 163
  - 4.2.2 Résultats 165
- 4.3 Aspect énergétique 175
  - 4.3.1 Infrarouge 175
  - 4.3.2 Proche infrarouge 180

Il a été présenté dans les chapitres précédents les phénomènes mis en jeu dans l'effet mirage, les différentes méthodes permettant de le mettre en évidence ainsi qu'une méthode numérique permettant de modéliser à l'aide du couplage d'un logiciel de CFD et de lancer de rayons. Le présent chapitre a pour objectif de décrire le méthode expérimentale utilisée afin de quantifier d'un point de vue dimensionnel et énergétique le rôle de l'effet mirage sur la mesure. Dans un premier temps, le montage utilisé pour les expériences est présenté, puis dans un second temps l'erreur engendrée par la présence du panache convectif est mesurée respectivement pour les aspects dimensionnel et énergétique. Les résultats obtenus sont alors comparés avec ceux obtenus numériquement lors du chapitre 3 .

4.1 Présentation de l'installation

Après avoir utiliser l'enceinte en plexiglas (voir Fig. 2.4) pour différentes expériences, certaines remarques et limites ont été relevées, comme par exemple la réflexion du rayonnement émis par le disque chaud sur les parois de l'enceinte, l'opacité du plexiglas dans l'infrarouge... Une nouvelle enceinte a donc été construite pour rendre possible les différentes expériences nécessaires pour permettre de comparer les résultats numériques à des résultats expérimentaux. Cette enceinte a été fabriquée en utilisant des parois d'acier (2mm d'épaisseur) dont les face intérieures ont été peintes en noir afin de diminuer les réflexions. Ces dernières sont également équipés d'ouvertures utilisées pour les expériences : 4 des 5 ouvertures avant sont utilisées pour fixer les lampes halogènes (Fig 4.1(a)) permettant d'éclairer l'arrière plan dans la bande spectrale du visible et du proche infrarouge (voir Fig. 4.3), la dernière ouverture de la face avant sert à l'observation de l'arrière-plan à l'aide d'une caméra, et enfin une ouverture est réalisée en face arrière, face à la caméra, mais sera obturée lors des expériences dimensionnelles par le motif constituant l'arrière-plan (Fig 4.1(b)).

Suite aux différentes observations faites sur la sensibilité du panache dans le chapitre 2, une deuxième enceinte plus grande est construite afin de contenir la première ainsi que la caméra opérant la mesure en cours (Fig. 4.2).

Les différentes caractéristiques de la manipulation et des équipements utilisés sont donc :

- Enceinte primaire en acier de 100cm de haut, 60cm de profondeur et 41cm de large contenant le disque (plus grande que celle en plexiglas ne présentant déjà aucun soucis liés aux effets de bord).

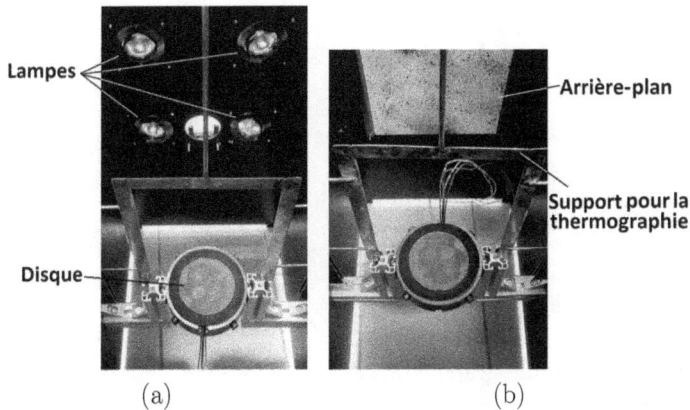

FIGURE 4.1: Photographie de la face intérieure avant (a) et arrière (b) de l'enceinte

- Enceinte secondaire en bois de 115cm de haut,130cm de profondeur et 70cm de large contenant l'enceinte primaire et la caméra utilisée pour l'expérience en cours. Il faut noter que l'enceinte secondaire comporte bien évidemment une ouverture sur le dessus afin d'évacuer le panache convectif montant en son sein, une grille est fixée à cette ouverture afin de d'éviter au maximum l'entrée les mouvements d'air externe. Deux portes sur le coté de l'enceinte extérieure permettent d'avoir accès à l'enceinte intérieure et à la caméra. Les deux enceintes sont surélevés de quelques centimètres (environ 2cm pour l'extérieure et 3cm pour l'intérieure) pour rendre possible la circulation d'air nécessaire en convection libre

- Le disque est fixé au centre du l'enceinte primaire en le rendant solidaire des parois latérale de l'enceinte. Un rail vertical et un support coulissant permettent de réaliser l'expérience de thermographie (voir Sec. 2.2.2.2.b).

- Les lampes halogènes utilisées éclairent dans le visible et le proche infrarouge comme le montre la figure 4.3 (Température

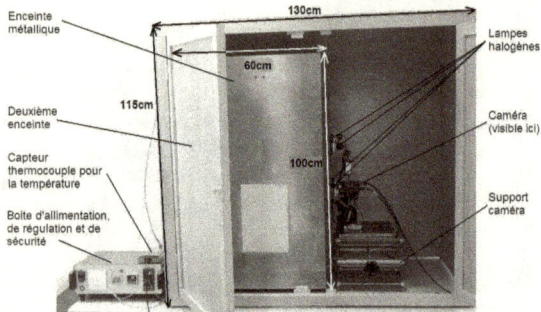

Figure 4.2: Photographie de l'ensemble des enceintes et de l'instrumentation

filament ≈2900K). De plus, on voit que l'arrière-plan plan, fait de peinture blanche et noire, reste nettement visualisable dans les deux bandes spectrales du fait d'une grande différence dans le spectre de réflectivités des peintures. Comme dans le visible, on observera dans le proche infrarouge un contraste de réflectivité entre les deux peintures nous permettant alors d'utiliser le même mouchetis.

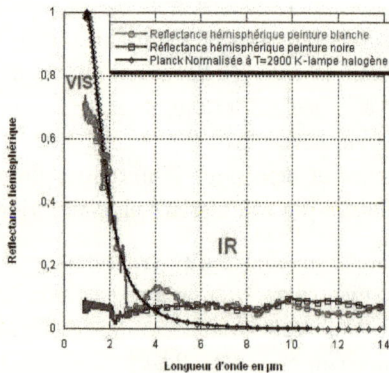

Figure 4.3: Plage spectrale d'émission d'une lampe halogène

• Le boitier à gauche de l'enceinte secondaire permet l'alimentation du disque et des lampes, la régulation et la sécurité du disque chauffant.

Disposant maintenant d'une installation fonctionnelle pour les expériences souhaitées, nous allons présenter les méthodes et les outils utilisés pour obtenir les résultats correspondant respectivement aux déplacements et à la variation de températures engendrés par le panache.

4.2 Aspect dimensionnel

Les déformations dimensionnelles induites par la présence d'une variation de densité dans l'air sont très fréquentes et relativement facile à observer. Bien que la perturbation visuelle soit clairement visible, il n'est pas toujours évident d'estimer quantitativement le déplacement associé. Une méthode présentée dans le chapitre 1 (Sec. 1.1.3.4) appelée strioscopie orientée sur l'arrière-plan (couramment abrégé par BOS pour *Background Oriented Schlieren*) permet non seulement de visualiser nettement l'effet mirage mais aussi, avec l'outil adéquat, de le quantifier.

4.2.1 Présentation de la méthode et des outils

Le principe de la méthode BOS est illustré par la figure 4.4, il consiste à observer à l'aide d'une caméra, un motif, constitué de points distribués de façon aléatoire, situé à l'arrière plan. Deux images sont alors enregistrées avec la caméra, une en présence de la perturbation et une autre sans.

Les images typiques enregistrées par la caméra sont représentées sur la figure 4.5. La caméra est positionnée, à l'aide du support élévateur, de façon à prendre des images de l'arrière plan avec un champ de vue rasant (voire contenant) le disque afin de permettre une meilleure comparaison des valeurs de déplacements maximaux.

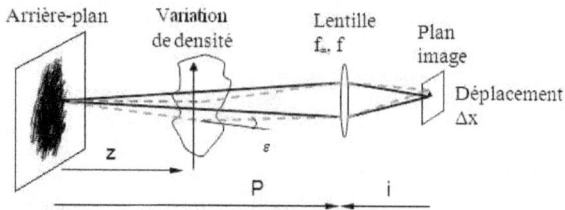

FIGURE 4.4: Schéma du principe de la méthode de BOS

Comme nous l'avons vu dans le chapitre 2, le déplacement engendré par la présence du panache et mesuré par la caméra dépend directement de la distance entre celle-ci et la perturbation. La distance Z est fixé à 30cm et la distance $P+I$ à 67cm (Fig. 4.4).

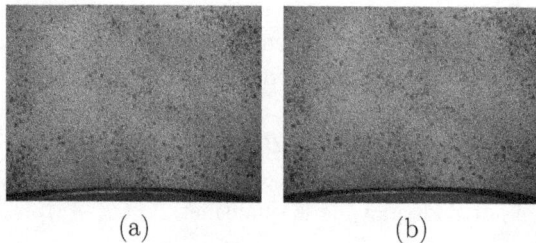

(a)   (b)

FIGURE 4.5: Images enregistré par la caméra visible en absence du panache (a) et en sa présence (b)

Le motif utilisé pour le visible et le proche infrarouge a été réalisé manuellement en appliquant sur une plaque métallique une première couche de peinture blanche pour le fond après quoi un mouchetis de peinture noire a été déposé. Concernant le motif infrarouge (au-delà de λ=4μm), il était impossible de voir un contraste de réflexion entre la peinture noire et blanche (voir courbes de la figure 4.3), un système particulier a donc été fabriqué, il sera présenté plus loin, dans la partie présentant les résultats des déplacements dans la bande spectrale infrarouge.

Une fois les couples d'image enregistrés, ils ont été ensuite post-traités à l'aide d'un logiciel de corrélation d'image appelé VIC2D [VV] permettant de déduire à partir d'une image de référence et une image perturbée, le champ de déplacements. Concernant la précision obtenue sur le déplacement, la méthode couramment employée [WSBS09] est de faire une corrélation sur deux images de référence, le déplacement obtenu correspondant au bruit de notre système (mouchetis, distances, objectif, caméra, logiciel...) fixe donc la limite basse du déplacement mesurable. Tout déplacement supérieur au bruit pourra être détecté. Dans les résultats présentés dans la section suivante, les valeurs de déplacements données ont une précision de $\pm 3\mu$m dans le visible, $\pm 2,5\mu$m dans le proche infrarouge et $\pm 1,5\mu$m dans l'infrarouge. Les tailles des fenêtres de corrélation suite au changement de l'arrière-plan étaient de 21 pixels pour le visible et le proche infrarouge et de 30 pixels pour l'infrarouge.

4.2.2 Résultats

Les champs de déplacements induits par la présence du panache créé par le disque à 800°C ont été mesurés dans trois bandes spectrales différentes à l'aide des caméra fonctionnant dans les bandes spectrales souhaitée, à savoir visible, proche infrarouge et infrarouge.

4.2.2.1 Déplacements dans le visible

La caméra employé pour le visible est une Pike F-145B/C avec un capteur CCD Sony ICX285 bénéficiant d'une résolution de 1388 ×1038 et fonctionnant entre 400nm et 800nm. Un objectif avec une focale de 35mm est utilisé, donnant la possibilité d'explorer environ 7,5cm du panache en largeur juste au-dessus du disque (Fig. 4.6(a)). A noter que la largeur explorée du panache ne correspond pas à la largeur du champ de vue sur l'arrière-plan du fait de l'angle de vue. La résolution spatiale correspondante est donc de 0,45mm au niveau de l'arrière-plan. Comme il a été expliqué dans le chapitre précédent, et malgré la présence de deux enceintes, à 800°C le panache convectif est très facilement déstabilisé et une moyenne des images doit donc être réalisée pour avoir un champ de déplacements représentatif d'un écoulement stable (Fig. 4.6(b)). En revanche, si on utilise un nombre trop élevé d'images pour réaliser ce champ de déplacements moyens, l'image obtenue sera alors quasiment dénuée de contraste et la distinction du panache sur celle-ci impossible. Un compromis a donc dû être réalisé ; le nombre d'images moyennées choisi, se situe autour de 20 images pour le visible.

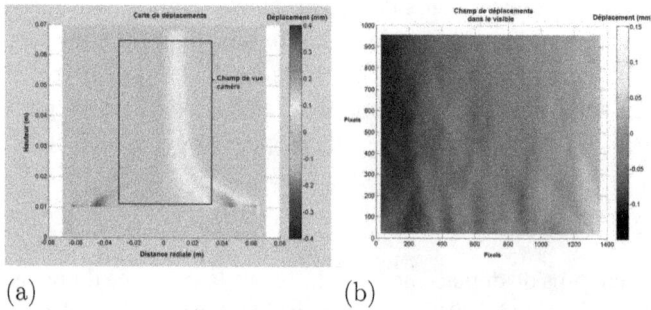

(a)   (b)

FIGURE 4.6: (a) Champ de vue de la caméra sur la plan d'arrivée (b) champ de déplacements dans la bande spectrale du visible (moyenné sur 20 images)

La figure 4.6 est en accord avec les observations faites lors de l'obtention des résultats numériques, soit un déplacement nul au centre du panache avec un déplacement positif (donc dans le sens Oy selon la figure 3.2) sur la droite et négatif sur la gauche du panache. Par contre, la figure ne peut pas être considérée quantitativement du fait du moyennage réalisé. De la même manière que pour l'expérience de vélocimétrie par image de particules, les déplacements des extréma d'une image à l'autre a tendance à diminuer les valeurs de ces-derniers sur l'image moyenne. Un exemple de champ de déplacements instantané est donné sur la figure 4.7.

Cette figure permet de voir la non uniformité de l'écoulement

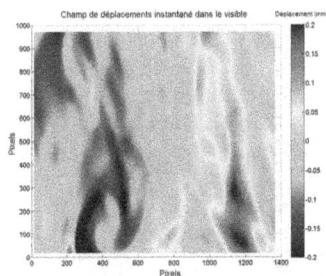

FIGURE 4.7: Image du champ de vitesses instantanées au-dessus du disque

et la nécessité de réaliser une moyenne sur plusieurs champs de déplacements pour "simuler" un écoulement non perturbé. Malgré ce problème d'uniformité dans l'écoulement, les valeurs de déplacements engendrés par celui-ci reste du même ordre et la recherche de la valeur absolue maximale moyenne du déplacement permet un point de comparaison aisé. Les extrémums de chaque image (Fig. 4.7) ont donc été relevés puis moyennées afin de permettre la comparaison avec les déplacements maximums obtenus numériquement. La figure 4.8 représente les valeurs minimales et maximales de chaque image et la ligne horizontale correspond à la moyenne de chaque nuage de points.

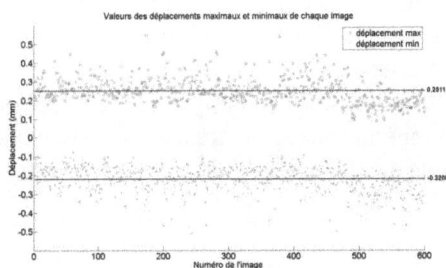

FIGURE 4.8: Valeurs maximales et minimales pour chaque image et leur moyenne

La figure montre clairement la création de deux zones distinctes correspondant respectivement aux maxima et minima des champs de déplacements mesurés. Si on prend la moyenne des valeurs absolues de ces deux zones, nous trouvons alors une valeur moyenne des déplacements maximums de **0,236mm**. Cette valeur correspond en fait au déplacement se produisant 2mm au-dessus du disque et doit donc être une valeur comprise entre le déplacement maximum possible mesurable 0,282mm (valeur moyenne du point 1 dans le visible : Tab. 3.1) et le déplacement 1cm au-dessus du disque, soit 0.127mm (point 2). La raison de ces 2 millimètres au-dessus du disque est expliquée par la figure 4.9.

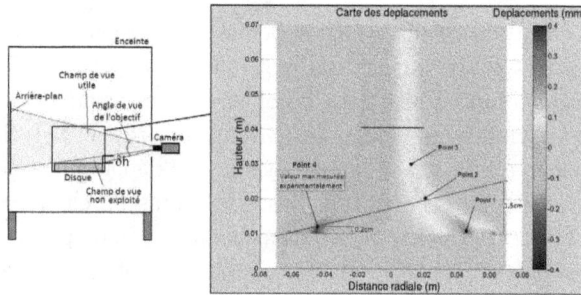

FIGURE 4.9: Illustration de l'angle de vue crée par l'objectif empêchant d'observer le disque de façon rasante

Comme illustré sur la Fig 4.9, la raison de ces 2mm au-dessus du disque vient de l'angle de vue de l'objectif rendant impossible une vision complètement à fleur du disque (à part en le positionnant complètement au milieu du champ de vu). Le déplacement maximum obtenu numériquement à cette hauteur est de **0,224mm**. On est alors capable de dire que notre résultat expérimental a un écart relatif de 5,3% comparé aux résultats numériques.

4.2.2.2 Déplacements dans le proche infrarouge

Pour la bande spectrale proche infrarouge, nous avons utilisé une camera XenICs (cf. Tab 3.3). Le caméra fonctionnant entre

0,4μ et 1,7μm, nous avons donc inséré un filtre entre l'objectif et le panache convectif afin de couper la bande spectrale du visible. Le filtre utilisé a été fourni par la société Optosigma et il bloque 100% du rayonnement inférieur à 850nm. Du fait d'un détecteur moins résolu sur cette caméra, un objectif avec une distance focale légèrement supérieure fut utilisé afin de permettre une bonne détection des déplacements. La distance focale choisi a été cette fois-ci de 50mm, ce qui nous permis d'obtenir un champ de vue de 6cm de largeur au niveau du panache (voir Fig. 4.10(a)). Suite à un problème de corrélation sur les bords de l'image, la zone d'intérêt a été réduit à 290×225 pixels.

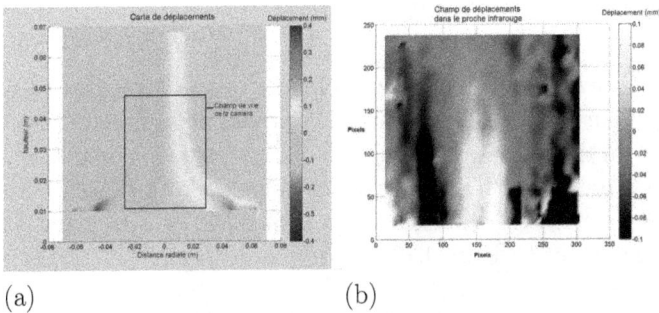

(a)   (b)

FIGURE 4.10: (a) Champ de vue de la caméra sur la plan d'arrivée (b) champ de déplacements dans la bande spectrale du proche infrarouge (moyenné sur 10 images)

Il est possible, de la même façon que pour la figure 4.6(b), de positionner le centre du panache entre les deux zones de déplacements positifs et négatifs (noir et blanc). De plus, on peut voir sur la figure 4.10(b) un angle noir correspondant à un souci de corrélation. A titre d'exemple, un champ de déplacements instantané est représenté sur la figure 4.11.

Comme pour la figure 4.10(b), on voit se dessiner sur la figure 4.11 deux zones de déplacements correspondant aux deux cotés du panache (plus étroites que sur l'image moyenne). On peut

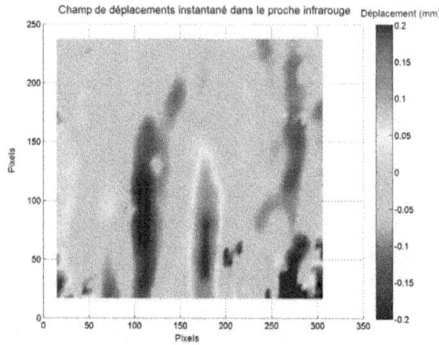

FIGURE 4.11: Image du champ de vitesses instantané au-dessus du disque

noter également différents "pixels morts" sur le détecteur, se traduisant sur l'image par de très petites zones de déplacements trop faibles ou trop élevés. La recherche des extrémums a donc été réalisée en prenant soin de positionner la zone d'intérêt bien autour de ces zones où les déplacements sont erronés, les extrémums sont représentés sur la figure 4.12.

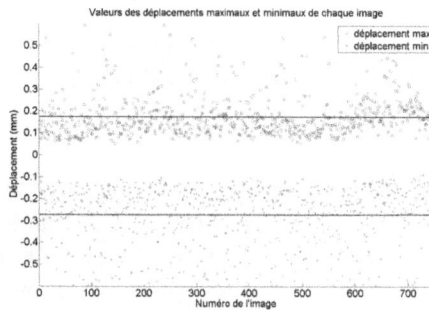

FIGURE 4.12: Valeurs maximales et minimales pour chaque image et leur moyenne

Nous obtenons un déplacement absolu moyen de **0,223mm**.

Cette valeur de déplacement est en accord avec le résultat numérique puisqu'elle se trouve entre les valeurs de déplacement du point 1 et 2 (soit 0,274mm et 0,124mm) tout en étant normalement plus proche de la valeur élevée du point 1. La raison de cet intervalle est la même que celle donnée pour le visible et illustrée par la Fig 4.9, il faut comparer ce résultat avec le déplacement maximum 2mm au-dessus du disque. Le déplacement maximal calculé par le code de lancer de rayons à 2 mm au-dessus du disque est de **0,222mm**. L'écart est donc de 0,5%. Regardons maintenant ce qu'il en est pour le champ de déplacements dans l'infrarouge.

4.2.2.3   Déplacements dans l'infrarouge

Afin de réaliser la mesure de déplacements dans l'infrarouge, nous avons utilisé la caméra FLIR SC325 (cf. Tab 2.1). L'objectif employé pour cette expérience avait une distance focale de 30mm, nous donnant ainsi la possibilité d'explorer 10cm (en largeur) du panache (voir distances au niveau de la figure 4.4), 1cm au-dessus du disque (nous verrons un peu plus loin pourquoi). L'arrière-plan observé avec la caméra dans ce cas a dû être différent des essais faits dans les bandes spectrales précédentes. Nous avons créé un motif infrarouge [SLPM10] à l'aide d'une plaque de cuivre peinte en noir (cf. Fig. 2.7) et chauffée ($\approx 250°C$) par une résistance MICA, et associée à une plaque d'aluminium percée de trous (Fig. 4.13).

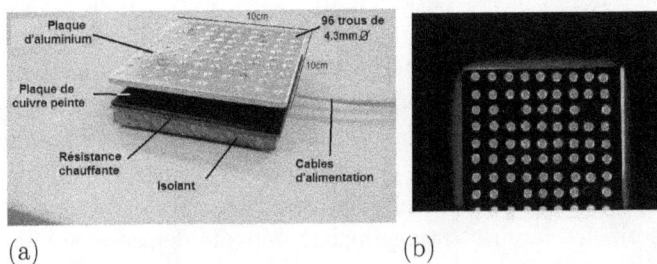

(a)   (b)

FIGURE 4.13: Photographie de l'équipement (a) permettant de créer un motif infrarouge (b)

On peut voir que l'arrière-plan n'occupe pas tout le champ de vue de la caméra et c'est pourquoi la figure 4.14 représentant le champ de déplacements instantanés dans l'infrarouge a une dimension de seulement 175×140 pixels.

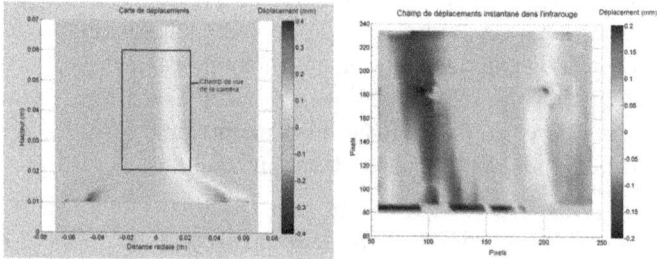

FIGURE 4.14: (a) Champ de vue de la caméra sur la plan d'arrivée (b) Image du champ de vitesses instantané au-dessus du disque

On repère facilement sur le champ de déplacements instantané la présence de la déviation positive et négative du panache. La présence de deux points sombre au milieu du panache correspond à une erreur de corrélation et correspond au deux vis permettant de lier les plaques d'aluminium et de cuivre (voir Fig. 4.13). Dans le souci d'obtenir une figure d'un champ de déplacements engendré par d'un écoulement non perturbé, une moyenne sur 10 images a été réalisée et présentée par la figure 4.15.

De toute évidence, la densité de points du champ de déplacements avec un tel motif est inférieure à ceux obtenus avec l'arrière-plan précédent. Néanmoins, grâce à des interpolations mathématiques faites par le logiciel VIC2D, nous avons pu avoir un résultat similaire (Fig. 4.14(b)). Nous remarquons cependant la présence de bandes verticales sur le champ de déplacements moyenné qui correspondent aux zones verticales sans trous (et donc résultats) du motif. De façon identique aux champs de déplacements dans le visible et proche infrarouge, nous pouvons repérer le centre du panache aux valeurs de déplacement nulles, c'est à dire au centre de l'image, avec respectivement un déplacement positif et négatif

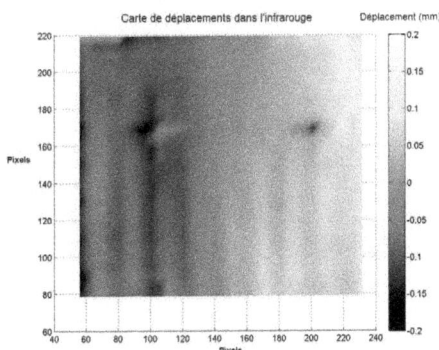

FIGURE 4.15: Champ de déplacements dans la bande spectrale de l'infrarouge (moyenné sur 10 images)

sur ses cotés droit et gauche. Les déplacements ici sont inférieurs à ceux mesurés dans les cas précédents car les images enregistrées par la caméra ont été prise légèrement plus haut dans le panache (1cm au-dessus du disque : Fig. 4.14(a)). En effet, le contraste du motif de l'arrière-plan infrarouge diminuait avec le temps sur le bas du motif à cause du rayonnement thermique du disque sur la plaque d'aluminium. La moyenne des extrémums réalisée sur les images prises par la caméra infrarouge est illustrée par la figure 4.16.

Nous avons ainsi trouvé une valeur moyenne de déplacement absolue de 0.123mm. En sachant que la zone corrélée par le logiciel VIC2D (Fig. 4.15(b) correspond à un champ de vue passant 1cm au-dessus le disque, nous pouvons comparer ce résultat de déplacement expérimental à celui obtenu numériquement au niveau du point 2 (déplacement de 0.122mm 1cm au-dessus du panache). Il apparait alors que le déplacement mesuré est en très bon accord avec le déplacement calculé par la méthode du lancer de rayons (erreur relative < 1%).

Cette section nous a permis de confronter les résultats de déplacements obtenus par la méthode de lancer de rayons avec une

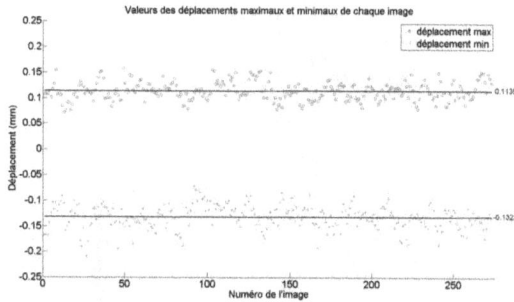

FIGURE 4.16: Valeurs maximales et minimales pour chaque image
et leur moyenne

nouvelle expérience que nous avons développée (voir Tab. 4.1). Il
nous a été possible de mesurer dans chaque bande spectrale des
déplacements en accord avec ceux calculés dans le chapitre 2 : à
une distance Z=30cm et $P+I$=67cm (voir Fig. 4.4) nous trouvons
en moyenne un déplacement de **0,23mm** 2mm au-dessus du disque
(point 4) et **0,12mm** 1cm au-dessus du disque (point 2). Une fois
expliquée la raison du positionnement du déplacement maximum
expérimental 2mm au-dessus du disque, nous avons vu que les résultats obtenus sont en bon accord avec les résultats expérimentaux
puisque nous un obtenons un écart relatif maximal de 5,3%.

Tableau de synthèse :

Type de caméras *Résolution*	Caméra visible CCD *1388×1098*	Caméra NIR [1] *320×256*	Caméra IR *320×240*
Bande spectrale	*Visible (400-750nm)*	*Proche infrarouge (0,85-1,7µm)*	*Infrarouge (7,5-13,5µm)*
Déplacements max numérique : *Point 1* (mm)	0,282	0,274	0,271
Déplacement max numérique : *Point 2* (mm)	0,127	0,124	0,122
Déplacement max numérique : *Point 3* (mm)	0,127	0.123	0,122
Déplacement max numérique : *Point 4* (mm)	0,224	0,222	0,220
Déplacement max expérimental (mm)	0,236 (point 4)	0,223 (point 4)	0.123 (point 2)

TABLEAU 4.1 – Déplacements induits par la perturbation calculés
par lancer de rayons et mesurés par BOS

La deuxième étape de ce chapitre, dédié à la comparaison des résultats numériques aux résultats expérimentaux, est l'obtention de résultats sur l'erreur de température que peut engendrer la présence du panache entre la caméra et l'objet observé.

4.3 Aspect énergétique

L'aspect énergétique est une des conséquences, liées à la présence d'un écoulement chaud, qui est souvent ignorée. Nous nous proposons ici de mettre en évidence l'existence d'une variation de température liée à la présence d'un panache convectif entre la caméra et sa cible. Ces mesures expérimentales ont été menées sur deux plages spectrales, la bande III de l'infrarouge et sur le proche infrarouge correspondant aux bandes extrêmes de notre domaine d'analyse. Faute de temps, la bande II (3-5μm) n'a pu être testée.

4.3.1 Infrarouge

4.3.1.1 Estimation de l'erreur de température due à la transmitivité et l'émissivité propres du panache

Comme nous l'avons précisé dans la Sec. 3.3.1, l'effet de la transmission et de l'émission du panache se fera sentir au niveau de la température *moyenne* mesurée. D'après les résultats numériques obtenus (Fig. 3.15(a) et 3.16), dans l'infrarouge comme dans le proche infrarouge, l'observation d'un corps noir à de faibles températures et en présence du panache devrait entraîner une augmentation de la température apparente moyenne mesurée. Par contre, pour de plus hautes températures de corps noir, l'absorption de l'atmosphère devient prépondérante devant l'émission propre du panache. La méthode expérimentale adoptée a été la suivante : nous avons observé à l'aide des caméras infrarouge FLIR SC325 et proche infrarouge Xenics Xeva-FOA-1.7-320 le corps noir, pour différentes températures de consigne et en présence du panache ou non (Fig. 4.17).

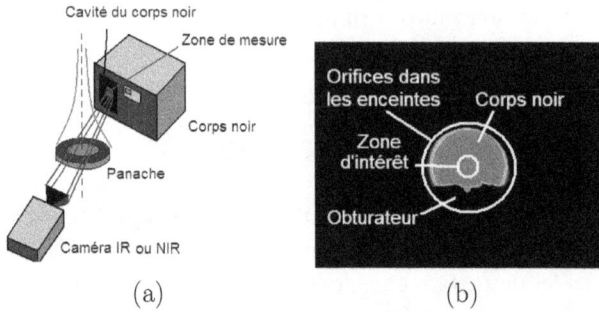

(a)   (b)

FIGURE 4.17: Schéma de principe de l'expérimentation

La visée du corps noir se fait au centre du panache de façon à traverser la plus grande épaisseur possible de panache. Les déviations lumineuses au sein du panache, et entrainant un parcours légèrement plus long des rayons au sein de celui-ci, sont supposées négligeables sur les variations de températures liées à la transmission/émission du panache.

A l'aide des logiciels d'analyse d'images infrarouges et proche infrarouges fournis avec la caméra, une zone d'intérêt est définie au centre de la cavité du corps noir sur laquelle, pour une température de corps noir donnée, les niveaux numériques moyens de la zone sont relevés au cours du temps ; une moyenne temporelle est alors réalisée sur la mesure des niveaux numériques. La température est alors déduite à l'aide des niveaux numériques acquis et de l'étalonnage réalisés pour les deux caméras (cf. annexe H). Ce type de mesure a été mené en présence et en absence du panache afin d'estimer l'erreur sur la mesure de température pouvant être engendrée par les phénomènes d'absorption et d'émission du panache. Une photographie de l'installation utilisée est présentée sur la figure 4.18.

Les niveaux numériques moyens acquis par la caméra infrarouge pour chaque température de corps noir et leurs ΔT associés sont

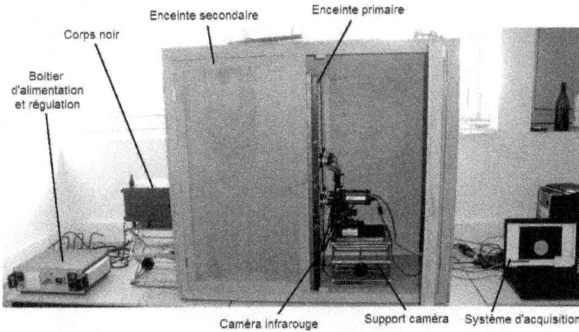

FIGURE 4.18: Photographie de l'installation utilisée pour l'estimation de l'erreur de température liée à la transmission/émission du panache et à l'effet mirage

donnés dans le Tab. 4.2. Les valeurs de niveaux numériques données dans le tableau sont des moyennes de la zone d'intérêt, elles-même moyennées sur 1000 images (correspondant à une acquisition de 17 secondes à 60Hz).

Afin d'obtenir ces variations de niveaux numériques, il a d'abord fallu éviter un échauffement du corps noir ou de l'objectif par les rayonnements parasites provenant du disque. Pour cela, un simple obturateur opaque a été placé sur la partie inférieures des ouvertures de l'enceinte et ainsi mettre à l'abri du rayonnement parasite le corps noir et la caméra (voir Fig. 4.18(b)). Le Tab. 4.2 permet de mettre en évidence l'aspect émissif du panache puisque que l'on peut noter une augmentation jusqu'à 0,5°C pour les faibles températures de corps noir. On retrouve bien la tendance que l'on avait obtenu numériquement dans le chapitre 3 et illustrée par la figure 3.15(a). Cependant bien qu'on prévoyait voir l'effet absorbant du panache devenir prédominant au-dessus de 300°C, on observe que cette prédominance se fait à de plus hautes températures de corps noir. Une possible explication pourrait être la différence d'épaisseur de panache traversé dans le cas expérimental et numé-

$T_{\text{Corps noir}}$		Niveaux numériques moyens	ΔT
58°C	panache	10307,27	0,489
	sans panache	10292,62	
100°C	panache	11674,57	0,225
	sans panache	11666,37	
200°C	panache	16318,26	0,268
	sans panache	16303,29	
300°C	panache	22586,01	0,148
	sans panache	22575,78	
400°C	panache	30130,71	0,146
	sans panache	30118,77	
500°C	panache	38652.99	0,041
	sans panache	38648.89	

TABLEAU 4.2 – Niveaux numériques mesurés par la caméra en présence ou non du panache et les ΔT associés dans l'infrarouge

rique. En effet, dans un souci d'éviter les rayonnements issus du disque, l'observation du corps noir se faisant légèrement plus haut dans le panache que lors du cas développé numériquement, on explore avec la caméra une zone de panache légèrement plus étroite. Cette largeur de panache plus faible entraine alors une contribution de l'absorption du panache moins importante et donc un décalage vers les hautes températures du passage prédominant de l'absorption devant l'émission (voir Fig. 3.15(b)). Cette même raison permet également d'expliquer le ΔT de 0,5°C±0,2°C mesuré et non de 1°C calculé pour un corps noir de 58°C. De plus, une deuxième raison à cette différence pourrait être des fluctuations d'épaisseur à causes de perturbations dans l'écoulement (fréquemment déjà remarquées).

4.3.1.2 Estimation de l'écart de température à travers le panache due à l'effet mirage

L'expérience réalisée ici a pour but de mettre en évidence la variation de température liée cette fois-ci à l'effet mirage. La manipulation consiste à faire exactement la même chose que dans la partie précédente mais cette fois-ci, nous allons observer l'évolution de la différence entre la T_{max} et la T_{min} de la zone d'intérêt définie sur le corps noir en présence du panache ou non. Bien que la zone d'intérêt subisse une légère augmentation de température du fait de la transmission/émission du panache comme nous l'avons vu dans la section précédente, la méthode adoptée ici permet de comparer uniquement l'effet de déviation des rayons. En effet, les phénomène de transmission et/ou d'émission du panache mis en évidence plus tôt jouent un rôle équivalent sur la T_{max} et la T_{min}, seul l'effet mirage les affectent. Les variations de températures, des écarts entre T_{max} et T_{min} en présence du panache et en son absence, sont présentés dans le Tab. 4.3. Les ΔT donnés dans le tableau ont été moyennés sur 1000 images, ce qui explique la possibilité d'obtenir des valeurs très faible.

Température du CN (°C)	58	100	200	300	400	500
ΔT	0.0007	0.1521	0.0558	0.0287	0.0207	0.1872

TABLEAU 4.3 – ΔT mesurés du à l'effet mirage pour la bande spectrale de l'infrarouge

Le Tab. 4.3 montre bien que l'effet mirage ne joue pas un rôle très important sur la variation de température pour les faibles températures. Il apparait même que certaines valeurs obtenues sont inférieures au DTEB de la caméra (50mK), ce qui veut dire que l'effet ne pourra être constaté expérimentalement par cette caméra (du moins pour de faibles températures de corps noir). Il peut devenir cependant plus important que l'effet lié à la transmission du panache pour les hautes températures. Les résultats obtenus numériquement semblent encore une fois légèrement surestimer les résultats expérimentaux, nous trouvions numériquement des variations s'étalant de $0,02°C$ à $0,4°C$. Cependant la tendance des résultats et l'ordre de grandeur restent en bon accord avec ceux trouvés par les calculs.

Les résultats expérimentaux concernant l'aspect énergétique

dans la bande spectrale de l'infrarouge sont synthétisés par la figure 4.19.

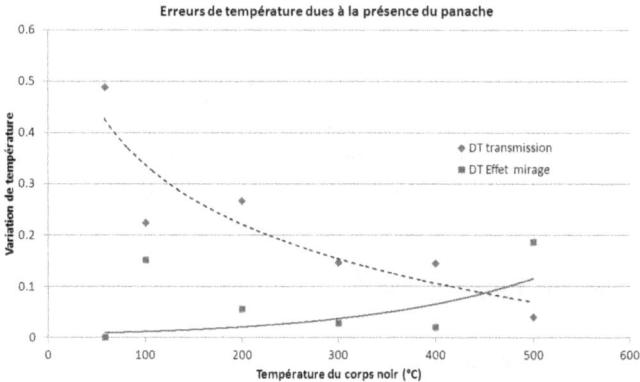

FIGURE 4.19: Évolution des erreurs de température par transmission et effet mirage dues à la présence du panache pour la bande
spectrale infrarouge

Il est possible de distinguer facilement sur la figure 4.19 des
tendances de résultats en accord avec celles prédites (la mesure à
100°C est jugée aberrante). De plus il apparait une température
optimum de mesure; en effet, il existe une température de corps
noir pour laquelle la somme des deux effets est moindre, aux alentours de 450°C dans notre cas.

La partie suivante traite cette fois-ci de la bande spectrale
proche infrarouge.

4.3.2   Proche infrarouge

4.3.2.1   Estimation de l'erreur de température due à la transmitivité et l'émissivité propres du panache

Le même principe que pour la caméra infrarouge a été utilisé pour réaliser les mesures dans le proche infrarouge. Les deux

seules différences notables sont la présence d'un filtre visible pour
travailler uniquement sur la plage 850nm-1,7μm et la présence d'un
temps d'intégration du capteur pouvant varier d'une température
de corps noir à l'autre (ce temps était fixe pour la caméra infrarouge). Cette variation du temps d'intégration explique l'absence
d'une évolution croissante des niveaux numériques avec l'augmentation de la température du corps noir. En revanche, le rapport des
niveaux numériques sur le temps d'intégration permet de revenir
à une valeur proportionnelle aux flux émis par le corps noir (c'est
ce rapport qui est utilisé pour l'étalonnage de la caméra présenté
dans l'annexe H). Le tableau 4.4 donne les résultats expérimentaux obtenus avec la caméra Xenics fonctionnant dans le proche
infrarouge.

$T_{\text{Corps noir}}$		Niveaux numériques moyens	Temps d'inté-gration (μs)	ΔT
200°C	*panache*	5208,40	100000	7,78
	sans panache	3886,31		
250°C	*panache*	7081,7	20000	6,69
	sans panache	5288,58		
300°C	*panache*	6694,35	5000	3,6
	sans panache	6250,02		
350°C	*panache*	8823,14	2000	0,47
	sans panache	8659,56		
400°C	*panache*	6860,65	500	0,26
	sans panache	6830,28		
450°C	*panache*	7157,15	200	0,28
	sans panache	7126,14		
500°C	*panache*	6880,36	80	0,14
	sans panache	6869,09		
550°C	*panache*	7423,03	40	0,11
	sans panache	7418,18		

TABLEAU 4.4 – Niveaux numériques mesurés par la caméra en
présence ou non du panache et les ΔT associés pour le proche
infrarouge

Les erreurs entrainées par la présence du panache dans le proche
infrarouge sont clairement plus élevée que dans l'infrarouge. On

atteint $7,8°C\pm0,75°C$ de plus en présence du panache lorsque le corps noir se trouve à 200°C mais on chute rapidement à des ΔT inférieurs à 0,5°C pour finalement tendre autour de 0°C. Nous obtenons des résultats en bon accord avec ceux obtenus numériquement (Fig. 3.16).

4.3.2.2 Estimation de l'écart de température à travers le panache due à l'effet mirage

Si nous observons maintenant la variation des différences entre T_{min} et T_{max} entre les mesures en présence du panache ou non, nous obtenons la variation de température pouvant être reliée à l'effet mirage. Les résultats sont retranscrit dans le tableau 4.5 :

Température du CN (°C)	200	250	300	350	400	450	500
ΔT	1,78	0.26	0.52	0.01	0.04	0.08	0.10

TABLEAU 4.5 – Niveaux numériques mesurés par la caméra en présence ou non du panache et les ΔT associés pour la bande spectrale proche infrarouge

Comme nous l'avions observé pour la bande spectrale de l'infrarouge, la variation de température induite par l'effet mirage est clairement inférieure à celle due à l'émission et transmission du panache (du moins sur cette gamme de température). Nous obtenons ainsi une variation moyenne autour de 0,2°C (en ignorant le 1er point qui est aberrant probablement du fait de la faible sensibilité de la caméra à cette température) contre légèrement moins dans l'infrarouge (0,1°C). Les écarts de températures donnés sont, comme pour le cas de l'infrarouge, des moyennes arithmétiques faites sur un très grand nombre d'images, ce qui explique la possibilité d'obtenir parfois des valeurs en-dessous du DTEB de la caméra proche infrarouge (100mK). Ces différents résultats nous permette de tracer sur la figure 4.20 la contribution des deux effets abordés dans l'aspect énergétique du panache convectif et donc de valider une tendance des variations de température prédite pour la transmission en très bon accord avec celle obtenue expérimentalement (voir Fig. 3.16).

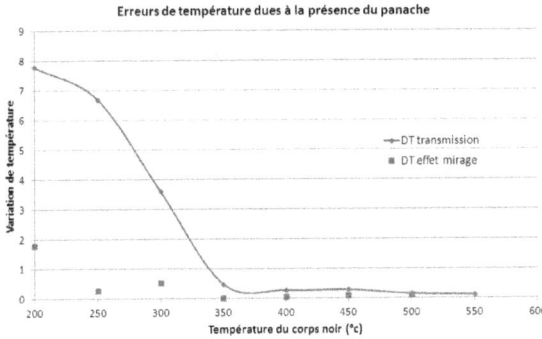

FIGURE 4.20: Évolution des erreurs de température par transmission et effet mirage dues à la présence du panache pour la bande spectrale proche infrarouge

L'ordre de grandeur des variations entre les deux caméras est similaire concernant l'effet mirage. Ce résultat est en accord avec la théorie et les résultats expérimentaux précédents : en effet, nous avons montré plus tôt que la déviation des ondes électromagnétiques (l'effet mirage) restait quasiment constante au-delà d'une longueur d'onde de 1μm (voir Fig. 1.5 et Table 4.1). La température maximale due à l'émission du panache est légèrement inférieure à celle obtenu numériquement mais cela peut être expliqué par les mêmes raisons données dans la partie concernant la bande infrarouge. Toutefois, la chute rapide de l'écart de température pour tendre à partir de 400°C vers 0°C avait été prédite par les calculs. De plus, l'ordre de grandeur des résultats observés est le même. La figure 4.21 synthétise les résultats numériques et expérimentaux concernant l'écart de température lié à l'effet émissif et absorbant du panache.

Concernant les écarts existants entre l'expérience et les calculs numériques sur les effets de transmissions, il faut bien avoir en tête

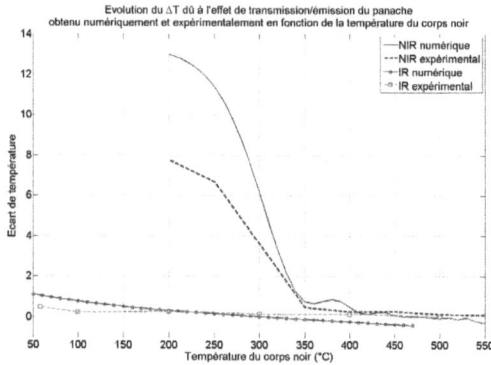

FIGURE 4.21: Évolution de l'écart de température dû à l'effet d'émission et de transmission du panache obtenu numériquement et expérimentalement en fonction de la température du corps noir

que lors du calcul numérique, la forme du panache, le nombre de couches, leurs compositions (X_{CO_2} et X_{H_2O}) et leurs températures ont été idéalisés ; si on "bruitait" ce modèle on verrait certainement des variations. L'objectif était bel et bien de montrer l'existence du modèle et le bon fonctionnement de celui-ci en terme d'ordre de grandeur entre numérique et expérience.

Ce chapitre dédié aux mesures expérimentales a permis de *confronter les différents résultats numériques* obtenus dans le chapitre 3 à l'aide de différents outils de calculs et de simulations d'un point de vue dimensionnel et énergétique.

- Les déplacements maximaux observés expérimentalement et numériquement sont très proches ($<$**5,3%**) et de **0,223mm** à 2mm au-dessus du disque et de **0,12mm** dans le panache.

- La très faible dépendance de l'indice de réfraction sur les bandes étudiées a également été prouvée puisque nous n'avons pas obtenu de variations notables entre les bandes du visible, proche infrarouge et infrarouge dues à l'effet mirage que ce soit pour l'aspect dimensionnel ou énergétique ($\pm 0{,}15°$C à 67cm).

- Nous pouvons même ajouter, qu'étant donné les très faibles valeurs de variations de température induites par l'effet mirage (souvent inférieures au DTEB des caméras), *l'effet mirage joue un rôle négligeable sur l'erreur commise lors de mesures de températures* (pour notre résolution spatiale et thermique de caméra thermique).

- Par contre, la variation de la transmission/émission du panache selon la bande spectrale d'observation peut jouer un rôle relativement important spécialement pour les faibles températures de la bande proche infrarouge, soit 200°C (jusqu'à **7,8°C**).

Le phénomène a maintenant été expliqué, mis en évidence, et quantifié de façons numérique et expérimentale. Le dernier chapitre va donc porter sur les stratégies de corrections existantes et ce qui est possible d'envisager dans notre cas. Une première approche de correction sera réalisée dans le cas de notre perturbation laminaire, établie et axisymétrique.

CHAPITRE 5

Stratégies de correction des effets de la perturbation

Sommaire

5.1 État de l'art 188

   5.1.1 Écoulement turbulent 188

   5.1.2 Écoulement laminaire 194

5.2 Reconstruction du champ d'indices de réfraction dans le cas d'un écoulement laminaire . . . 200

5.3 Reconstruction du champ d'indices dans le cas d'un écoulement turbulent 204

Nous avons montré au cours de notre travail les différentes erreurs liées à l'effet mirage, tout d'abord avec une méthode de calcul numérique et ensuite de façon expérimentale. Dans les deux cas la présence du panache convectif a entraîné un déplacement des rayons rendant les images, acquises en présence de la variation de densité, perturbées. L'objectif de ce chapitre est de donner des pistes sur les techniques de correction existantes et d'introduire une méthode de correction illustrée par de premiers résultats .

5.1 État de l'art

Il est important tout d'abord de bien distinguer deux types de correction, selon que l'écoulement est laminaire ou turbulent. Un écoulement laminaire créera une déformation de l'image temporellement stable, alors qu'un écoulement turbulent aura par définition tendance à entraîner des mouvements aléatoires des points de l'image spatialement et temporellement. Pour ce qui concerne le traitement des images perturbées par des écoulements turbulents, une très grande partie des corrections ont été développées dans une problématique liée à la turbulence atmosphérique. Les thèses de Lemaître [Lem07], de Berdia [Ber07] et de Rondeau [Ron07] sur la turbulence atmosphérique et la restauration de séquences dégradées dans le visible et l'infrarouge permettent de distinguer un grand nombre de techniques de correction.

5.1.1 Écoulement turbulent

5.1.1.1 Description physique de la turbulence

Le phénomène de turbulence correspond aux mouvements aléatoires d'un fluide lorsque celui-ci atteint un nombre de Reynolds suffisant. De tels écoulements apparaissent lorsque la source d'énergie cinétique qui met le fluide en mouvement est relativement intense devant les forces de viscosité que le fluide oppose pour se déplacer. La première description générale et réaliste du mouvement des fluides a été faite par Navier en 1823. Celui-ci a en effet repris le travail d'écriture des équations de Newton pour les particules individuelles d'un fluide, réalisé par Euler, en y ajoutant un terme de friction entre les couches de fluide, proportionnel au coefficient de viscosité μ et aux variations v de la vitesse moyenne du fluide. Le travail expérimental de Reynolds a ensuite permis de caractériser la turbulence comme un état succédant à l'état d'écoulement laminaire pour un nombre de Reynolds (Re) suffisamment élevé. Reynolds a également mis en évidence certaines propriétés fondamentales de la turbulence, comme l'augmentation du nombre de petits tourbillons avec le nombre Re; les tourbillons de petites tailles étant transportés par les plus grands.

Dans le cas d'une turbulence pleinement développée il est donc quasiment impossible de prédire de manière causale les variations spatiales et temporelles des observables fluctuants telles que la vitesse ou la température. Il se dégage néanmoins de l'observation de la formation de la turbulence à partir d'un écoulement initialement laminaire une tendance phénoménologique d'ensemble que l'on peut associer aux propriétés statistiques de la turbulence sans être en conflit avec l'imprédictibilité de la turbulence. Ce processus d'ensemble mène à l'image de la cascade d'énergie de Richardson [TL72]. En 1922 Lewis Fry Richardson formule la première description en cascade radiative des turbulences pleinement développées, c'est à dire des turbulences à grand nombre de Reynolds. Il montre que la turbulence développée est de nature fractale : des tourbillons de grande taille transfèrent leur énergie à des tourbillons de plus petite taille et ainsi de suite jusqu'à dissipation de l'énergie par frottement visqueux. Avec un raisonnement dimensionnel appliqué aux équationx de Navier-Stokes et à l'aide de l'image mentale de la cascade d'énergie de Richardson, la théorie de Kolmogorov [Kol41] décrit la distribution d'énergie dans les structures turbulentes en fonction de leur dimension. La théorie de Kolmogorov s'applique à un domaine d'échelles spatiales appelé le domaine inertiel dans un cas stationnaire d'injection d'énergie. Le domaine inertiel peut se définir comme étant un domaine d'échelles intermédiaires où la turbulence est isotrope, homogène (statistiquement parlant) et où il n'y a ni injection d'énergie cinétique, ni dissipation d'énergie. Sous ces hypothèses, il déduit l'universalité de la turbulence dans le domaine inertiel et prédit le (robuste) spectre d'énergie : la densité spectrale monodimensionnelle d'énergie cinétique turbulente dans le domaine inertiel.

$$E(k) \propto k^{-5/3} \qquad\qquad (5.1)$$

où

k est le module du vecteur d'onde spatiale

En réalité la dimension fractale de dissipation de l'énergie de la turbulence n'est pas tout à fait égale à trois. La statistique dérivée de la loi de Kolmogorov ne rend parfois pas bien compte de l'évolution temporelle de la turbulence. L'hypothèse forte d'un point de vue statistique de la turbulence est généralement de considérer que les fonctions aléatoires de la turbulence sont localement stationnaires et isotropes dans le domaine inertiel. Ainsi les variables aléatoires ne dépendent localement que de la distance entre deux points du champ.

5.1.1.2 Description optique de la turbulence

Les fluctuations de vitesse turbulente sont accompagnées de fluctuations de pression, température et humidité. L'indice de réfraction dans l'air dépend de la température et de la concentration d'humidité, ce qui fait que la turbulence induit des variations spatiales et temporelles de l'indice de réfraction. Dans le cas des observations astronomiques qui sont le plus souvent basées sur des propagations lumineuses quasi-verticales, les fluctuations d'indice de réfraction sont au premier ordre quasiment insensibles aux variations d'humidité et sont donc presque exclusivement dépendantes des fluctuations de température ce qui est également notre cas lors de l'observation d'un objet chaud. Il a été ainsi démontré par Obukhov [Obu83] que la densité spectrale spatiale tridimensionnelle des fluctuations d'indice de réfraction était donnée dans le domaine inertiel par :

$$\Phi_n(\overline{e}) = 0,033.C_n^2.k^{-11/3} \qquad (5.2)$$

avec

Φ_n est la densité spectrale spatiale des fluctuations de l'indice de réfraction

$\overline{e}$ est le vecteur d'onde spatial tridimensionnel

C_n^2 est la constante de structure des fluctuations de l'indice de réfraction. Elle représente l'énergie turbulente correspondant à une couche donnée (si plusieurs couche turbulente sont présentes). Elle peut être déduites à partir du modèle de turbulence de Kolmogorov-Tatarskii ou bien mesurée optiquement par différents instruments (SCIDAR, MASS...).

On ajoutera que pour des conditions de température et pression identiques, les variations d'indice de réfraction en amplitude dépendront aussi de la longueur d'onde du rayonnement concerné.

La turbulence optique peut se définir comme le comportement de la lumière lorsqu'elle se propage à travers un milieu turbulent puisque ce dernier induit des variations spatiales et temporelles du champ d'indice de réfraction. Lorsqu'une onde lumineuse traverse un tel milieu, il s'ensuit des variations aléatoires et localement imprédictibles dans sa phase et son intensité, tant spatialement que temporellement. Les propriétés statistiques et spectrales des fluctuations d'indice de réfraction permettent également une description statistique et spectrale des perturbations que subit la lumière, et qui affectent les images obtenues acquises par une caméra. Toutefois, on souligne que les variations d'indice de réfraction sont extrêmement petites, de sorte que les perturbations affectant les ondes lumineuses peuvent être considérées comme suffisamment faibles pour pouvoir adopter un modèle perturbatif du premier ordre (moyenne + variations) qui décrive d'une manière assez simple la turbulence optique.

5.1.1.3 Méthodes algorithmiques et statistiques

Les zones de perturbations dues à la turbulence étant aléatoires, chaque image de la séquence à traiter apporte une information différente sur l'image originale de la scène observée. Si on fusionne les apports de chaque image, on obtient une moyenne temporelle du phénomène aléatoire qui est équivalente à une moyenne statistique si l'on considère le cas limite d'un nombre d'image moyennée infini. En pratique, on parlera d'un nombre d'image suffisamment important à partir duquel l'image moyennée n'évolue plus (à un seuil de tolérance près). A l'aide de cette image contenant la contribution de nombreuses images et dépendant (entre autre) des propriétés statistiques de la turbulence optique, il est alors possible d'améliorer la qualité de l'image restaurée. De plus, le bruit d'acquisition (souvent négligé mais tout de même présent) peut être également supprimé par moyennage. En sachant ces avantages, nous allons rappeler les différentes méthodes existantes concernant le traitement de séquences d'images quelconques (c'est à dire dont nous avons aucune connaissance a priori) et dégradées par la turbulence atmosphérique.

Séquences "quelconques"

De nombreux auteurs se sont intéressés à la restauration de séquence basse résolution, soit pour obtenir une image haute résolution [EF97], soit pour obtenir une séquence de résolution supérieure [BS98], en utilisant la redondance d'informations entre les images successives de la séquence.

Un grand nombre de travaux concernent la suppression du mouvement apparent (déplacement de points d'une image à l'autre). Pour cela, les auteurs utilisent différentes méthodes. Un des algorithmes de super-résolution les plus simples est proposé par Irani et Peleg [IP93]. Cette méthode définit tout d'abord une première image haute-résolution (HR) à l'aide des images basses résolution (BR) originelle. Il va itérativement *créer* ensuite des images BR à l'aide de celle HR, puis comparer les BR simulées avec les BR d'origine. Les différences existantes entre les BR simulées et BR originelles sont alors utilisées pour améliorer l'image HR de départ. Cet algorithmes relativement simple est efficace mais ne tient pas compte de la présence de bruit dans la séquence. Pour réduire le bruit, plusieurs schémas de filtrages temporels et spatio-temporels ont été proposés. Le filtre de Wiener spatio-temporel se présente comme un bon compromis entre l'efficacité et le temps de calcul. Samy [Sam85] l'a utilisé en sa basant sur des statistiques locales. Özkan et al. [OEST92] ont présenté un filtre dit "filtre de Wiener" qui calcule la corrélation entre les images de la séquence. D'autres méthodes ont été développées pour le traitement de séquences, telle la méthode de moyennage pondérée adaptatif proposées par Özkan [OST93] ou la méthode des ondelettes pour le débruitage de la séquence [VWLB99].

En absence de mouvement de l'objet ou de la caméra, un filtrage spatio-temporel simple semble le mieux adapté. En effet, une séquence d'images (2D+t) peut être vue comme un volume dans l'espace (x,y,t) par exemple. Dans cet espace tridimensionnel, la structure locale du volume de données renseigne sur l'information spatiale ainsi que sur sa variation temporelle. A titre d'exemple, un objet en translation (ou une variation d'indice de réfraction entrainant l'effet équivalent) va ainsi faire apparaître une trace au sein du volume spatiotemporel. Des outils mathématiques tels que la transformée de Fourier spatiale, le filtrage de Fresnel ou encore de Gabor [Gab46] permettent de faire des filtrages spatiotemporels.

Dans le cas particulier de la turbulence atmosphérique, d'autres méthodes et outils sont développés. Il est vrai que notre cas d'effet mirage reste relativement éloigné des problématiques liées aux turbulences atmosphériques, mais certains outils développés dans ce cadre pourraient toutefois être utiles dans la restauration de nos images perturbées.

Turbulence atmosphérique

La plus part des travaux liés à la correction d'image perturbée par la turbulence atmosphérique concerne le domaine de l'astronomie. McGlamery est un des premiers auteurs à s'être intéressé à la suppression des effets de l'atmosphère sur les images par simple filtrage [McG67]. Quelques techniques ont ensuite été développées pour augmenter la résolution du système d'observation à travers la turbulence : l'interférométrie [Tub05, LSG10], l'analyse de front d'onde [PRF90], l'optique adaptative [Rod98], la déconvolution a posteriori [Con94]. Cependant, ces méthodes ne sont pas adaptées à notre cas d'étude où la distance de visée n'est seulement que de quelques centimètres ou mètres.

Une méthode pour améliorer la qualité de l'image restaurée est de pré-sélectionner les images ou les zones d'images les moins dégradées de la séquence, aussi appelées *lucky images*. En effet, comme la turbulence atmosphérique varie aléatoirement au cours du temps, il arrive que quelques zones d'images soient pratiquement nettes à certains moments. Cette méthode est de plus en plus employée [CV98] bien qu'elle nécessite un grand nombre de données pour avoir le maximum de zones nettes possibles.

Parmi les autres méthodes de restauration de la turbulence, il est possible de mesurer un "champ de vecteurs" atmosphérique décrivant les structures de l'atmosphère qui est ensuite utilisé dans un processus de compensation de la distorsion [FMS01]. Il existe aussi une méthode permettant de traiter puis de fusionner la même séquence d'images à des longueurs d'onde différentes afin d'obtenir de meilleurs résultats [YFSS04]. Les distorsions n'étant pas identiques selon la longueur d'onde, il s'agit ici d'utiliser cette propriété et de fusionner des images du visible et de l'infrarouge (ayant subit au préalable un premier traitement).

Certaines des méthodes et algorithmes cités précédemment peuvent être adaptés voire utilisés à notre cas précis d'étude qu'est l'effet mirage sur un objet à haute température.

5.1.2   Écoulement laminaire

Comme nous l'avons indiqué dans le chapitre 1 et illustré par la figure 1.28, la très grande partie des écoulements observés en laboratoire sont, en absence de perturbations extérieures, laminaires.

La turbulence pouvant être amorcée très facilement dans les cas de convection naturelle, une observation relativement longue de l'écoulement et une moyenne des images sera souvent nécessaire afin d'obtenir une image représentative d'un écoulement homogène. L'écoulement moyenné, bien que non laminaire, présente alors des propriétés similaires à un écoulement laminaire. En sachant cela, il devient alors très intéressant d'utiliser l'image de l'écoulement moyennée homogène, c'est à dire prédictible et structurée, comme on le ferait dans le cas d'un écoulement laminaire. En effet, un écoulement laminaire par définition ne varie pas temporellement, *la déviation des rayons lumineux entraînée par cette perturbation est donc constante dans le temps*, c'est cet aspect important de l'écoulement moyenné ou laminaire qui va nous intéresser ici. Il existe des méthodes, que nous allons expliquer plus loin, permettant, à l'aide de cette déviation constante des rayons, de reconstruire le champ 2D axisymétrique (parfois même 3D) d'indices de réfraction. Ce champ d'indices de réfraction reconstruit peut alors être intégré à un outil de lancer de rayons comme le notre et ainsi permettre le calcul des déplacements induits par la perturbation quelque soit la longueur d'onde ou les distances de travail.

5.1.2.1   Méthode de reconstruction du champ d'indice de réfraction

La méthode de reconstruction du champ d'indice de réfraction repose dans un premier temps sur le principe du calcul expérimental de l'angle de déviation du rayon lumineux ε_y comme schématisé à la figure 5.1. La très grande majorité des calculs de l'angle de déviation sont réalisés en utilisant la technique de strioscopie orientée sur l'arrière-plan (BOS) [DAAG08, SR06, Kli01, SHR04] qui consiste à déterminer dans un premier temps le déplacement des points de l'arrière-plan. Le terme arrière-plan, comme on le voit sur la figure 5.1, fait référence à une image faite de points aléatoires située derrière la perturbation étudiée, dans le plan image de la caméra utilisée. Il est également possible d'utiliser les distorsions des franges d'interférence créées par l'objet de phase [SN99, TVS01, EfC11, CMG06] ou enfin, on peut remonter à cet angle de déviation en analysant les variations d'intensité lumineuse obtenues avec une méthode d'ombroscopie ou de strioscopie [BOSu06].

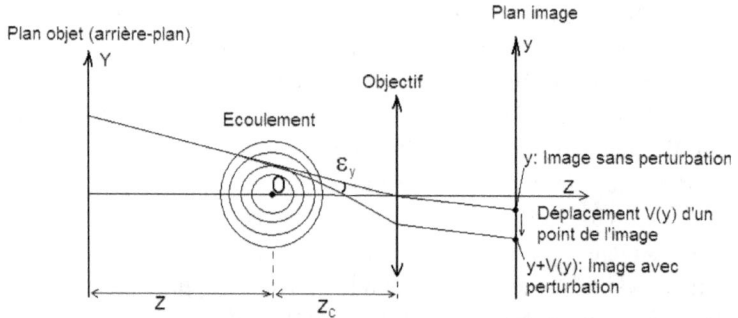

FIGURE 5.1: Schéma générique du dispositif expérimental de BOS simplifié à un déplacement 1D selon y

La figure 5.1 illustre la déviation ε_y engendrée par la présence d'une variation d'indice de réfraction. Nous avons vu dans la section 1.2.1 la relation 1.45 existante entre l'indice de réfraction et la déviation des rayons. A titre de rappel, si l'indice de réfraction est voisin de 1, si la masse volumique varie peu sur une longueur d'onde (hypothèse de l'optique géométrique) et si la direction des rayons est voisine de l'axe optique, alors la trajectoire des rayons lumineux est donnée par :

$$\frac{\partial n}{\partial x} = -x'' \quad et \quad \frac{\partial n}{\partial y} = -y'' \qquad (5.3)$$

La masse volumique est reliée, nous l'avons vu, à l'indice de réfraction par la loi de Gladstone-Dale (Eq. (1.5)). Un rayon issu du point Z=0, x=x_0 et y=y_0, dans la direction $(1,x'_0,y'_0)$ émergera dans la direction (1,x',y') après avoir traversé un milieu où l'indice de réfraction est variable entre z_1 et z_2 :

$$x' = \varepsilon_x = -\int_{Z_1}^{Z_2} \frac{\partial n}{\partial x} dz + x'_0 \quad et \quad y' = \varepsilon_y = -\int_{Z_1}^{Z_2} \frac{\partial n}{\partial y} dz + y'_0$$
(5.4)

En notant ε_x et ε_y la déviation des rayons causée par la perturbation dans les directions respectives x et y, on a finalement :

$$\varepsilon_x = -\int_{Z_1}^{Z_2} \frac{\partial n}{\partial x} dz$$
(5.5)

$$\varepsilon_y = -\int_{Z_1}^{Z_2} \frac{\partial n}{\partial y} dz$$
(5.6)

Maintenant, si on s'intéresse au cas particulier d'un écoulement à symétrie de révolution autour de l'axe Ox, on a l'indice de réfraction de la perturbation qui dépend de x et de $r=\sqrt{y^2 + z^2}$. De plus, on a $z=\pm\sqrt{r^2 - y^2}$ et $dz=\frac{rdr}{z}$. L'équation 5.5 s'écrit alors :

$$\varepsilon_x(x,y) = -2\int_{r=y}^{\infty} \frac{\partial n(x,r)}{\partial x} \frac{rdr}{\sqrt{r^2 - y^2}}$$

$$= -2\frac{\partial}{\partial x} \int_{r=y}^{\infty} n(x,r) \frac{rdr}{\sqrt{r^2 - y^2}}$$

$$= -\frac{\partial}{\partial x} TA[n(x,r)] = -\frac{\partial}{\partial x}[\tilde{n}(x,y)]$$
(5.7)

où on a noté $\tilde{n}$(x,y) la transformée d'Abel de n(x,r) :

$$\tilde{n}(x,y) = TA[n(x,r)] = 2\int_{r=y}^{\infty} n(x,r) \frac{rdr}{\sqrt{r^2 - y^2}}$$
(5.8)

La transformation d'Abel inverse s'écrit :

$$n(x,r) = TA^{-1}[\tilde{n}(x,r)] = -\frac{1}{\pi}\int_{y=r}^{\infty} \left(\frac{\partial}{\partial y}\tilde{n}(x,y)\right) \frac{dy}{\sqrt{y^2 - r^2}}$$
(5.9)

De même, l'équation 5.6 permet d'écrire :

$$\varepsilon_y(x,y) = -2 \int_{r=y}^{\infty} \frac{\partial n(x,r)}{\partial y} \frac{r\,dr}{\sqrt{r^2 - y^2}}$$

$$= -2y \int_{r=y}^{\infty} \frac{\partial n(x,r)}{\partial r} \frac{dr}{\sqrt{r^2 - y^2}} \qquad (5.10)$$

et on obtient soit :

$$\varepsilon_y(x,y) = -y.TA\left[\frac{\partial n(x,r)}{r\partial r}\right] \qquad (5.11)$$

soit

$$\varepsilon_y(x,y) = 2\pi y.TA^{-1}[n(x,r)] \qquad (5.12)$$

Conformément à l'équation 5.6, on trouve que pour un écoulement à symétrie de révolution Ox :

$$\varepsilon_y(x,-y) = \varepsilon_y(x,y) \ et \ \varepsilon_y(x,0) = 0 \qquad (5.13)$$

l'équation 5.12 ne nécessite que la transformée d'Abel directe de $\varepsilon_y(x,y)/y$. C'est cette méthode qui va être adoptée pour mesurer $n(x,r)$ en utilisant :

$$n(x,r) = TA\left[\frac{\varepsilon_y(x,y)}{2\pi y}\right] = 2 \int_{y=r}^{\infty} \left[\frac{\varepsilon_y(x,y)}{2\pi y}\right] \frac{y\,dy}{\sqrt{y^2 - r^2}} \qquad (5.14)$$

Cette équation 5.14 est la base de l'exploitation des images de BOS.

L'indétermination sur la singularité en y=0 peut-être levée en écrivant :

$$\left[\frac{\varepsilon_y(y)}{y}\right]_{y=0} = [\varepsilon'_y]_{y=0} = \frac{\varepsilon(h)}{h} = \left[\frac{\varepsilon_y(y)}{y}\right]_{y=h} \qquad (5.15)$$

où h est le pas de discrétisation de la variable y.

En résumé pour obtenir l'indice de réfraction voire la température dans un écoulement gazeux à symétrie de révolution autour de l'axe x, il faut :

- Déterminer la déviation des rayons lumineux $\varepsilon_y(x,y)$ à la traversée de l'écoulement
- Faire une transformation d'Abel en y de $\frac{\varepsilon_y(x,y)}{2\pi y}$ (Eq. (5.14))
- Connaitre le paramètre K de Gladstone-Dale du gaz en question (si on souhaite remonter à la température, masse volumique...)

La détermination de $\varepsilon_y(x,y)$ se fait à l'aide de la méthode BOS utilisée dans le chapitre 4. Cette méthode nous donne le champ de déplacement induit par la perturbation mais on peut relier de façon simple la déviation au déplacement (V(y) de l'image géométrique et au grandissement G (image/écran) :

$$\varepsilon_y(y) = \frac{-1}{G.Z}V(y) \qquad (5.16)$$

avec

le grandissement $G = \frac{f}{Z_C + Z - f}$

où

f est la focale de l'objectif

Il est alors possible d'écrire l'Eq. (5.14) en fonction du déplacement :

$$n(x,r) = \frac{-(Z + Z_C - f)}{f.Z}2\int_{y=r}^{\infty}\left[\frac{V(x,y)}{2\pi y}\right]\frac{ydy}{\sqrt{y^2 - r^2}} \qquad (5.17)$$

Des résultats préliminaires basés sur cette méthode sont présentés dans la section 5.2.

5.1.2.2 Simulation numérique de la perturbation

Cette méthode consiste à simuler à l'aide d'un logiciel de CFD, le développement de l'écoulement laminaire autour de l'objet chaud.

Il s'agit en fait de réaliser ce qui a été fait au cours de ce travail de thèse, c'est à dire de simuler l'écoulement pour une géométrie et des conditions aux limites données et d'obtenir son champ de températures, en déduire son champ d'indices de réfraction à l'aide de la loi de Gladstone-Dale et de l'intégrer ensuite au code de lancer de rayons. On est ainsi capable de connaître le déplacement des rayons après leur passage dans la perturbation. La limite de cette méthode, comme cela a été vu, est l'obligation d'avoir un écoulement réellement parfaitement laminaire afin d'avoir des champs de déplacement similaires à ceux calculés numériquement.

5.2   Reconstruction du champ d'indices de réfraction dans le cas d'un écoulement laminaire

Nous nous proposons ici de mettre en application la méthode de reconstruction du champ d'indices de réfraction dans le cas d'un écoulement laminaire. A titre de première application de la méthode, nous avons choisi de reconstruire le champ d'indice de réfraction à partir du champ de déplacements obtenus avec le code de lancer de rayons. Nous utilisons le champ de déplacements obtenu avec une discrétisation de $100 \times 100 \times 100$ afin d'avoir la meilleure précision possible sur le champ de déplacements (voir Fig. 5.2). L'approche de reconstruction réalisée ici est un *résultat préliminaire* qui illustre une première stratégie de correction.

Nous avons choisi de reconstruire seulement la partie du panache qui se développe 2cm au-dessus du disque (afin d'avoir un gradient d'indice de réfraction uniquement horizontal dans un premier temps). Nous avons appliqué l'équation 5.17, la transformée inverse d'Abel, au champ de déplacements. La cartographie de l'indice de réfraction obtenue est présentée à la figure 5.3(a). Elle est confrontée à la figure 5.3(b) au résultat initial introduit dans le code et donné par Fluent.

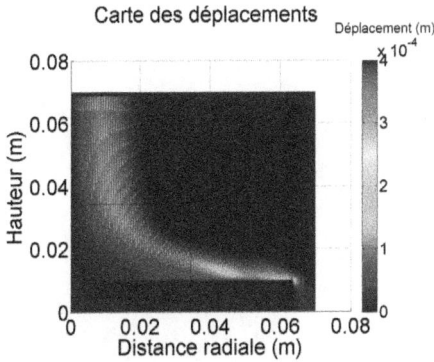

FIGURE 5.2: Carte des déplacements obtenue pour un maillage de $100 \times 100 \times 100$ à 800°C et 632,8nm

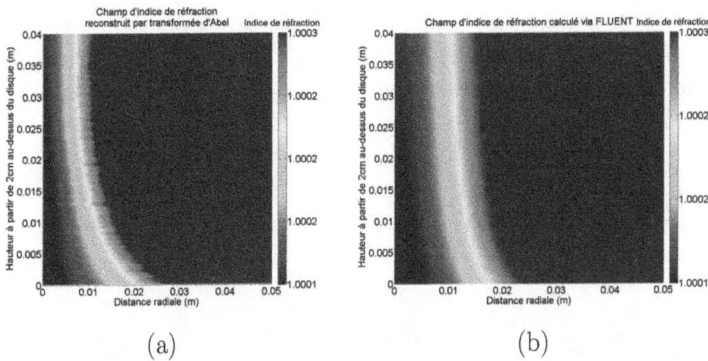

(a)   (b)

FIGURE 5.3: (a) Reconstruction du champ d'indices de réfraction (b) Champ d'indices de réfraction calculé par Fluent

La figure 5.3 montre que la champ d'indices de réfraction calculé à l'aide de la transformée inverse d'Abel est légèrement plus étroit que celui introduit dans le code de lancer de rayons. Les résultats de reconstruction du champ d'indices de réfraction obtenus sont toutefois prometteurs. Ils permettent de prévoir de nombreuses perspectives d'applications de cette méthode.

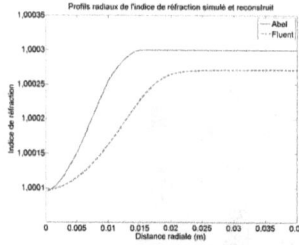

FIGURE 5.4: Profils radiaux 4cm au-dessus du disque

Afin de tester l'efficacité de la correction à l'aide de ces résultats préliminaires, nous avons appliqué une méthode décrite à la Fig 5.5. On se trouve en présence d'une perturbation inconnue, on est seulement capable d'obtenir le champ de déplacements qu'elle induit (étape 1.). Il s'agit en fait de la modéliser à l'aide de la transformée d'Abel (étape 2.). Une fois modélisée et intégrée au code de lancer de rayons, on obtient un outil permettant de calculer un champ de déplacements quelque soit la distance de la caméra et sa longueur d'onde (étape 3.). On est alors capable de corriger une mire de référence distordue par la présence de la perturbation. Nous avons perturbé l'image d'une mire faite de traits verticaux noirs sur fond blanc (respectivement 0 et 1 numériquement).

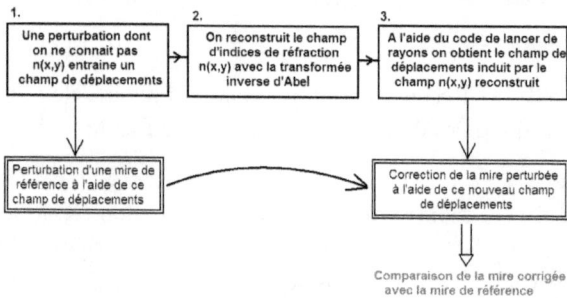

FIGURE 5.5: Étapes de la démarche adoptée pour tester l'efficacité de la correction

La figure 5.6 représente les différents états de la mire (zone
zoomée de celle-ci) tout au long du processus (originale, perturbée,
corrigée).

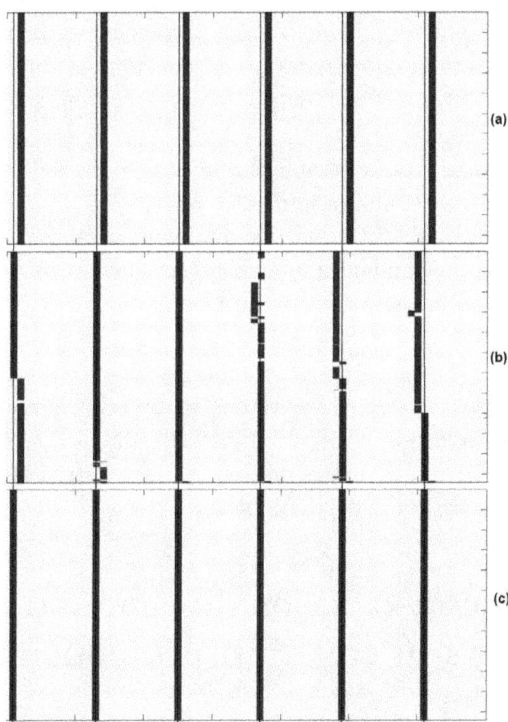

FIGURE 5.6: (a) Mire perturbée (b) Mire corrigée (c) Mire de référence (les lignes fines verticales symbolisent le centre des traits
verticaux de référence)

Comme on peut le voir sur la figure 5.6, la correction, bien
qu'amenant un léger bruitage des lignes verticales, les ramène néanmoins dans une grande majorité dans l'axe vertical adéquat. La
correction proposée ici fonctionne donc.

Afin d'obtenir une valeur quantitative et représentative de la

perturbation de la mire avant et après correction, on met en place
un nouveau paramètre : *le degré de perturbation*. Celui-ci dépend
de la mire utilisée et se calcule de la façon suivante :
- Ajouter 1 sur tous les pixels de deux mires.
- On réalise le rapport de la mire perturbée par la mire d'origine. Les pixels identiques prendront donc la valeur 1 et les
  pixels différents d'une carte à l'autre prendront soit la valeur
  0.5 (1/2) soit 2 (2/1).
- Nous avons ensuite remplacé toutes les valeurs 0.5 par 2.
- On soustrait enfin 1 à toutes les valeurs.
- La moyenne de cette matrice donne un nombre entre 0 et 1
  avec 0 correspondant à une image absolument non perturbée
  et 1 à une image perturbée au maximum.

Le degré de perturbation pour la mire perturbée est de 10,23%.
Après correction de celle-ci par reconstruction du champ d'indices
de réfraction, le degré de perturbation est réduit à 6,02%. La correction est donc sensible mais doit encore être optimisée pour minimiser au maximum le degré de perturbation.

5.3   Reconstruction du champ d'indices dans le cas d'un écoulement tur-bulent

Pour un écoulement turbulent, il est également possible d'appliquer une méthode de reconstruction du champ d'indice de réfraction. La méthode employée est identique à celle expliquée précédemment pour une écoulement laminaire à symétrie de révolution
(cf Sec. 5.1.2) mis à part l'utilisation dans ce cas d'un champ de déplacements moyenné temporellement afin de "gommer" les traces
de la turbulence. On obtiendra obligatoirement, comme on l'a vu
au chapitre 3, des valeurs du champ de déplacements moyenné plus
faible que le champ de déplacements instantané mais cela ne pose

pas de problème [Dav89]. En effet, à l'aide de la transformée inverse d'Abel, il sera possible d'obtenir le champ d'indice "moyenné" fonction du *nombre d'images utilisées* pour le calcul du champ de déplacements moyen. Cela veut donc dire qu'on sera capable, après intégration du champ d'indices de réfraction dans le code de lancer de rayons, d'estimer le déplacement "moyen" engendré par la perturbation pour n'importe quelles distances de travail (distance caméra/perturbation par exemple) ou longueurs d'onde. La figure 5.7 est la démarche proposée pour une stratégie de correction en présence d'un écoulement perturbateur turbulent.

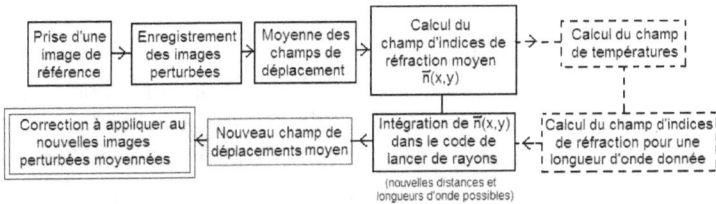

FIGURE 5.7: Démarche proposée pour la correction d'image perturbée par un écoulement turbulent

Le *nouveau* champ de déplacement calculé à l'aide du code de lancer de rayon permettra de connaitre *a priori* l'erreur engendrée par la perturbation dans la nouvelle configuration de mesure. La condition pour le bon fonctionnement de la méthode est de conserver le même nombre d'images pour réaliser l'image moyenne (dans les deux configurations) sur laquelle sera appliquée le champ de déplacements calculé numériquement. Cette image, par exemple de mouchetis, moyennée sera obligatoirement légèrement floutée par le moyennage temporel fait en présence de la perturbation, c'est à ce niveau que la section 5.1.1 concernant le traitement des images par algorithmes peut jouer un rôle très efficace : le *"défloutage"* des images est une problématique récurrente en analyse d'images (d'autant plus qu'on connait relativement bien les caractéristiques du mouchetis utilisé).

Rappelons que l'hypothèse de départ était d'avoir une perturbation avec symétrie de révolution. Si la perturbation créée par l'objet chaud étudié n'est pas complètement axisymétrique, tout n'est pas à abandonner, il est en effet possible d'utiliser une transformé d'Abel modifiée (généralisée) [TG01] afin d'être capable néanmoins de reconstruire notre champ d'indices de réfraction moyen. Au moyen d'une expansion polynomiale de Legendre tronquée, la condition forte de symétrie axiale, lors de l'inversion de la transformée d'Abel, est "relâchée" et il devient alors possible de générer des cartes d'indices de réfraction possible pour des sources non axisymétriques.

Afin de clarifier au maximum la méthode décrite ici, voici un exemple concret d'utilisation point par point de la méthode. Imaginons que le travail réalisé soit "l'étude de la dilatation d'une éprouvette métallique cylindrique due à un effet thermique". Cette étude se fait en créant un mouchetis sur l'éprouvette afin de suivre sa déformation dans le temps et avec la température, or, pour de hautes températures (par exemple $> 600°C$) la contribution due à la dilatation ou à l'effet mirage devient de plus en plus difficile à séparer, la corrélation du mouchetis devient parfois même très difficile (contient des artefacts). Pour corriger ce problème, la stratégie pourrait être la suivante :

- Placer un mouchetis en arrière-plan de l'éprouvette (encore froide) et focaliser la caméra sur cet arrière plan. Cette caméra n'a pas obligatoirement la même résolution ou gamme spectrale que celle utilisée pour l'étude, une plus grande résolution peut être choisie afin de gagner en densité de points de mesure pour la reconstruction du champ d'indices de réfraction faite ensuite.

- On prend une image de référence de l'arrière-plan.

- On monte l'éprouvette en température, jusqu'à la température T posant des problèmes de corrélation et on acquiert des images (un nombre n représentatif sur un laps de temps

t donné), par exemple une centaine d'image en 1min.

- On calcule le champ de déplacements de chaque image par rapport à l'image de référence, et on réalise la moyenne de ces champs de déplacements.

- On reconstruit le champ d'indices de réfraction à l'aide de la transformée inverse d'Abel.

- Si on souhaite observer l'éprouvette à une longueur d'onde différente de celle de la caméra utilisée pour observer l'arrière plan, il y a une étape en plus permettant le calcul du champ de température puis du nouveau champ d'indices de réfractions (à l'aide du paramètre de Gladstone-Dale approprié).

- Le champ d'indices de réfraction calculé est introduit dans le code de lancer de rayons afin de calculer un nouveau déplacement. Dans ce cas précis, c'est le déplacement au niveau de l'éprouvette qui nous intéresse. On connait maintenant le champ de déplacements engendré par la convection sur les parois de l'éprouvette elle-même.

- Concernant le déplacements lié uniquement à la dilatation de l'éprouvette, on prend tout d'abord une image du mouchetis de l'éprouvette à froid, c'est l'image de référence.

- A la température T, dont nous avons étudiée la perturbation plus tôt, nous prenons n images sur une période t (l'idéal serait de réaliser les mesures sur les deux mouchetis exactement en même temps).

- Une moyenne des images du mouchetis est réalisé et un traitement de l'image est réalisé afin de "déflouter" celle-ci si besoin est (cf. Sec. 5.1.1.3).

- Le mouchetis moyenné obtenu est corrigé à l'aide du champ de déplacement obtenu avec le code de lancer de rayons

- Le mouchetis corrigé peut enfin être corrélé avec celui de référence de l'éprouvette pour obtenir le champ de déplacement uniquement lié à la dilatation de l'éprouvette.

Bien entendu, de très nombreuses autres applications sont possibles pour cette stratégie de corrections.

Ce chapitre, faisant dans un premier temps l'*état de l'art* sur la correction des images perturbées, amène de nombreuses pistes et perspectives (développées dans le chapitre suivant).

La correction des images est un domaine vaste dont les méthodes sont d'une part nombreuses et souvent complexes. *Une stratégie préliminaire a été apportée par l'utilisation de la transformée inverse d'Abel*, des premiers résultats ont été obtenus afin de reconstruire le champ d'indices de réfraction et *une correction a également été faite* sur une mire perturbée numériquement.

Enfin, une stratégie de correction en présence d'écoulement turbulent a été proposée.

Conclusions et Perspectives

1. Conclusions

L'étude réalisée dans cette thèse avait pour objectif d'amener une meilleure compréhension du phénomène physique qu'est l'effet mirage. De plus, on se proposait d'estimer les erreurs que celui-ci engendrait d'un point de vue dimensionnel et énergétique, tout ceci dans une optique d'amener une stratégie de correction efficace de ces erreurs.

Pour réaliser cette étude, nous avons découpé l'approche en 5 étapes principales en commençant dans un premier temps par décrire les mécanismes physiques jouant un rôle dans notre étude, que ce soit d'un point de vue électromagnétique (optique) ou bien thermo-aéraulique. Cette première étape nous a également permis de sélectionner différentes méthodes de visualisation et/ou de caractérisation d'écoulement qui ont pu être mis en application.

En effet, le chapitre 2 concernait le choix, le dimensionnement et la caractérisation d'une perturbation permettant de créer un effet mirage, c'est à dire une déviation optique, reproductible et de forte intensité : la perturbation choisie fut un panache convectif issu d'un disque chaud horizontal. L'intensité de l'effet mirage étant directement liée au gradient de température au sein du panache convectif, nous avons calculé par simulation numérique (Fluent) le champ de températures (et de vitesses) associé à cette perturbation pour différentes températures de disque. Ces résultats numériques ont alors été comparés à différentes méthodes expérimentales mises en œuvre :

- **Vélocimétrie par images de particules (PIV)** : elle a permis d'obtenir avec succès le *champ de vitesses* du panache convectif et ainsi valider la répartition qualitative de la vitesse. En effet, du fait de légères perturbations toujours présentes, une image moyennée aura toujours tendance à sous-estimer les grandeurs caractéristiques de l'écoulement. Cependant, en valeurs instantanées, nous trouvons des résultats expérimentaux en accord avec la simulation avec un écart relatif compris entre **1 et 10%** (selon si on considère la valeur maximale ou la valeur moyenne des maximums).

- **Vélocimétrie par Laser Doppler (LDV)** : elle donne une *mesure ponctuelle* de la vitesse de l'écoulement. Il est ainsi beaucoup plus facile de la mesurer en ce point pour différentes températures de disque (de 150°C à 500°C). L'erreur moyenne sur les points de mesures correspondant à une température de disque inférieure à 400°C est de **5%** et entre **10 et 20%** pour des températures de disque supérieures.

- **Thermocouple** : la mesure réalisée avec le thermocouple, puis corrigée par un bilan énergétique réalisé sur ce-dernier, donne un résultat en très bon accord avec Fluent : écart **inférieur à 0,5%**.

- **Thermographie IR** : on obtient cette fois-ci un *champ de températures*, mais du fait de légères fluctuations et de l'effet d'intégration du papier dans le temps, le champ obtenu est trop large et n'atteint pas les valeurs maximales souhaitées, elles ont un écart moyen de **12%**.

- **Strioscopie** : montre des formes d'écoulement en accord avec ceux obtenus à l'aide de Fluent et a également permis de mettre en évidence les fluctuations remarquées en thermographie et PIV.

Une dernière source de comparaison a été de réaliser la même simulation numérique de l'écoulement faite sous Fluent avec un autre logiciel de CFD : OpenFoam. Les tendances obtenues et les valeurs maximales atteintes sont une fois de plus en très bon accord.

Nous avions donc un outil de CFD fonctionnel permettant d'obtenir un champ de températures représentatif de celui s'établissant expérimentalement. Ce champ de températures a donc été intégré dans un outil de lancer de rayons, originellement dédié à l'étude du chauffage infrarouge de préforme en polymère, mais modifié pour notre étude et permettant d'étudier de façon efficace la déviation de rayons dans un milieu non-homogène. Cette capacité du code à pouvoir simuler l'effet mirage nous a permis d'estimer quantitativement l'erreur engendré par la présence de la perturbation convective d'un point de vu dimensionnel mais aussi thermique; en plus de subir des distorsions optiques, le fait d'avoir des zones de convergences et divergences des rayons entraine de légères variations locales de la température. Nous avons montré que les erreurs dimensionnelles aux distances considérées (37cm entre le panache et la caméra) étaient d'environ **0,27mm** très proche du disque et **0,12mm** dans le panache. En revanche, l'erreur thermique, pour une objet visée à 500°C, ne dépasse pas les **0,4°C**, c'est à dire moins de **0,1%** d'erreur. Donc, a priori, l'erreur sur la température due à l'effet est négligeable.

Une analyse analytique, faite sur Matlab, a également été réalisée afin de mettre en évidence l'effet du panache sur la température d'un point de vu émission et transmission de celui-ci. Il a été montré que l'effet émissif du panache ne pouvait être négligé pour de faibles températures de l'objet observé. Des variations de températures pour les bandes spectrales de l'infrarouge et du proche infrarouge seront, à titre d'exemple, respectivement de 0,3°C et de 6°C pour un objet (corps noir) à 200°C .

L'étape a été ensuite le développement d'une manipulation originale permettant la mesure de distorsions dues à l'effet mirage dans les bandes spectrales du visible, proche infrarouge et infrarouge, d'un aspect dimensionnel et thermique. Cela donnera alors

la possibilité d'une confrontation des résultats numériques calculés
par la méthode de lancer de rayons et obtenus expérimentalement :

- **Visible** : Les déplacements maximaux mesurés dans le visible
  sont de **0,236** soit un écart relatif de **5,4%** avec les valeurs
  numériques.

- **Proche infrarouge** : Les déplacements maximaux obtenus
  dans le proche infrarouge sont de **0,223mm**, soit un écart
  relatif cette fois-ci inférieur à **1%** (0,5%). Les erreurs thermiques engendrées par la présence du panache suivent des
  tendances similaires à celles calculées numériquement. Comme
  nous l'avions prévu, l'effet mirage sur la mesure de température n'a pratiquement aucun impact. En revanche, le rôle
  émissif du panache joue un rôle relativement important, notamment pour les faibles températures de l'objet visé en arrière-
  plan, mais devient finalement également négligeable au-dessus
  de 350°C.

- **Infrarouge** : Les déplacements mesurés ici, correspondant à
  une partie légèrement plus haute dans le panache (1cm au-
  dessus du disque), sont de **0,123mm**, en accord à moins de
  1% près des résultats provenant du code de lancer de rayons.
  Concernant l'aspect énergétique, l'effet mirage reste encore
  une fois négligeable avec des variations autour de 0,1°C, et
  l'effet émissif du panache décroit de 0,5°C pour tendre vers
  0°C aux hautes températures de l'objet observé. L'ordre de
  grandeur calculé numériquement est comparable à celui observé expérimentalement.

*Nous disposons donc d'un outil numérique permettant de pré-
dire avec succès les déviations engendrées par l'effet mirage avec
ses incidences sur les mesures dimensionnelles et thermiques.*

L'étape finale de cette étude a été de proposer une stratégie de
correction des images perturbées par un phénomène d'effet mirage.
Il a été distingué deux types de correction :

- **Statistique et algorithmique** : Les méthodes statistiques et algorithmiques sont plutôt dédiées à des écoulements turbulents dont il est très difficile de prédire l'écoulement. Ces méthodes proviennent en très grande majorité du traitement de la turbulence atmosphérique en astronomie. Elles n'ont pas été mise en application dans notre étude mais il serait très intéressant de les tester.

- **Prédictif** : Une méthode prédictive comme son nom l'indique est une méthode permettant de connaître a priori le déplacement engendré par la perturbation. Pour cela il est donc nécessaire de connaitre la perturbation avec précision. Nous avons montré lors dans notre étude qu'il était possible de reconstruire le champ d'indices de réfraction d'une perturbation laminaire établie (voir turbulente après un moyennage) et ainsi prédire le déplacement de celle-ci. Des résultats préliminaires ont permis de réduire une image perturbée d'un degré de perturbation de **10,23%** à **6,02%**

Pour conclure, ce travail a permis de modéliser en détail l'effet mirage et d'estimer avec précision de façons numérique et expérimentale les erreurs engendrées par cet effet d'un point de vue dimensionnel et thermique. Une première approche de correction des images a été proposée et une première reconstruction d'indices de réfraction avec correction d'une image a été réalisée donnant des résultats préliminaires encourageants.

2. Perspectives

L'étude sur l'effet mirage réalisée dans ce travail mène à différentes pistes et perspectives. On peut dores et déjà séparer les perspectives en deux grands groupes : celui concernant l'optimisation de la manipulation et les futurs travaux concernant l'étude de l'effet mirage à part entière (approche physique), et le groupe

amenant des pistes quant à la correction des images perturbées
(approche applicative). Voyons dans un premier temps les améliorations possibles et études réalisables pour améliorer les résultats
et compréhension de l'effet mirage.

2.1 Approche physique

- Améliorer encore les confrontations expérimentales/numériques : la principale source engendrant ces différences est la
  difficulté à obtenir un écoulement laminaire à de hautes températures. Dans une optique d'amélioration et/ou de stabilisation de l'écoulement, certaines modifications plus ou moins
  grandes peuvent être apportées à la manipulation :
  - Positionner (souder, poser...) un cône métallique sur le centre
    du disque afin de "forcer" le détachement de la couche limite formant le panache à se réaliser bien au centre du
    disque (des essais sont en cours).
  - Changer la méthode de création de la perturbation : souffler de l'air chaud (mais plus faible gradient), couche limite
    d'une plaque plane verticale (mais forme géométrique de
    la perturbation moins intéressante), autres... Cette alternative est à prévoir seulement si la nouvelle méthode adoptée
    permet alors de créer un écoulement moins sensible à l'environnement.
  - Réaliser l'étude dans un autre fluide que l'air ou dans de l'air
    "modifié" proposant des écoulements moins sensibles au milieu environnant. A titre d'exemple, un panache convectif dans l'eau sera de toute évidence à l'abri des perturbations provenant des ventilations d'une pièce. On peut,
    afin de se rapprocher d'avantage de notre cas, envisager
    par exemple de modifier la densité du fluide mis en mouvement par convection (le saturée en vapeur d'eau, modifier la composition en ajoutant un gaz plus lourd...). Cette
    étude n'aurait cependant que pour but, l'étude approfondie
    de l'effet mirage et l'amélioration des confrontations expé-

rimentales/numériques.

- Après avoir testé l'effet mirage sur une "primitive simple" (le disque), il faut envisager maintenant de s'intéresser à des formes plus complexes intégrant des angles, des courbures... afin de se rapprocher progressivement de géométries réalistes. Notons également, que dans la vrai vie, c'est la pièce elle-même qui, étant chaude, va générer son propre panache.

- Dans la même optique, le code de lancer de rayons n'est capable en l'état que de simuler des géométries de perturbations axisymétriques ou planes. En effet, il a été prévu, en tout premier lieu, pour la modélisation du chauffage tubulaire de préformes axisymétriques. Ce serait un grand atout et à la fois très intéressant de modifier le code afin de permettre l'insertion de géométries 3D plus complexes. Le code pourrait alors par exemple traiter des champs d'indice de réfraction instantanés d'écoulement turbulent. Un nombre de traitements de ces champs instantanés suffisamment grand permettrait d'estimer avec une bonne précision le champ de déplacements moyenné que nous pouvions observer expérimentalement avec la méthode de BOS.

- Bien que les expériences et les calculs aient été réalisés sur différentes bandes spectrales, il serait intéressant de réaliser cette étude sur la bande II (3-5μm). L'erreur dimensionnelle sur cette bande devrait en toute rigueur être très proche des résultats obtenus pour le proche infrarouge ou l'infrarouge. En revanche, les résultats concernant l'approche énergétique, tout particulièrement l'aspect d'émission et de transmission du panache, devrait donner des variations de températures plus importantes que dans les autres bandes. En effet, cette bande a la caractéristique d'avoir d'importantes raies d'absorption dues à la présence de CO_2 et d'H_2O dans l'air

- Un code de suivi de contours a également été écrit lors de cette thèse. Ce code permet de suivre le contour de disques dessinés sur l'arrière-plan et ainsi obtenir à la fois le déplacement et la déformation de chaque disque suite au passages des rayons lumineux dans la perturbation. En effet, si le motif observé à l'arrière-plan est de même ordre de grandeur ou légèrement plus grand que la couche thermique, nous observons, plus qu'un déplacement, une déformation du disque qui devient alors une ellipse (déformation horizontale et/ou verticale du disque de référence). Il se pourrait alors que pour certains cas présentant de très fort gradients thermiques, le mouchetis utilisé pour corréler subisse plus qu'un déplacement mais un changement de forme apportant une nouvelle source d'erreur pour la corrélation d'image. Utiliser un système de stéréo-corrélation permettrait de mettre en évidence les déformations du mouchetis simulant un déplacement hors plan (grossissement ou rétrécissement des marqueurs) de celui-ci et de les étudier.

- Enfin, la dernière étape serait d'améliorer le code de reconstruction du champ d'indices de réfraction par transformée inverse d'Abel afin d'obtenir une reconstruction le plus proche possible du champ d'indices de réfraction de la perturbation. La mise en place de la transformée d'Abel généralisée [TG01] serait également souhaitable afin de reconstruire le champ d'indices de réfraction de perturbations pas forcément axisymétriques comme la transformée d'Abel classique l'exige.

2.1 Approche applicative (correction)

Le phénomène ayant été décrit lors de la thèse, et disposant d'un outil numérique capable de simuler la distorsion due à l'effet mirage, nous pouvons envisager de l'utiliser pour différentes applications. Les possibilités de modifier la longueur d'onde ou les distances de travail rendent cet outil puissant et très utile. L'unique donnée d'entrée du code de lancer de rayons est le champ d'indices de réfraction, champ qui peut être déduit de différentes façons :

- **Simulation** : C'est la méthode que nous avons abordée lors de notre étude, elle peut tout à fait être utilisée pour d'autres géométries d'objet, voire applications. Cependant, nous avons noté quelques problèmes quant à cette solution lors des expériences ; il faut donc distinguer deux types d'écoulement :

  – Si on est capable de connaître avec suffisamment de précision la géométrie et la température de surface de l'objet, il est alors possible de reconstruire l'objet dans un logiciel de simulation, et, avec les conditions limites appropriées, simuler l'écoulement autour du dit objet. La restriction, assez forte, de cette méthode est d'avoir un écoulement établi laminaire. En effet, sur la plage de température nous concernant ($20°C$ - $1000°C$) et étant donné la longueur des pièces étudiées (quelques centimètres), l'écoulement, non perturbé, est théoriquement laminaire. Cela veut dire que l'écoulement simulé sera représenté comme laminaire ce qui, nous l'avons vu dans le corps de la thèse, n'est pas toujours évident dans le cas pratique.

  – Dans le cas d'un écoulement turbulent en pratique, nous avons vu que si nous moyennons un grand nombre de champs de déplacements engendrés par l'écoulement d'air chaud, nous obtenons un champ de déplacements moyen dont les valeurs de déplacement sont plus faibles et dont la largeur du panache est plus importante. Cette diminution des valeurs de déplacements et cet élargissement sont tout à fait compréhensibles et sont directement et essentiellement liés au degré de turbulence (ou perturbation) de l'écoule-

ment. Nous pensons qu'il est donc possible de définir pour
une température, une géométrie et des conditions de travail
(ventilations, mouvements d'air résiduel...) données, un degré de turbulence ou de perturbation de l'écoulement. Ce
degré de turbulence permettrait d'obtenir un facteur x compris entre 0 et 1 et qui "multiplierait" (il ne s'agit peut-être
pas d'une simple homothétie) alors les valeurs du champ
de déplacements laminaire obtenu par simulation et "divi-
serait" la largeur de l'écoulement.

- **Reconstruction** : Cette technique de correction des images
  a été traitée de façon préliminaire dans le dernier chapitre.
  Elle se fait en deux étapes, une première étape permettant
  de reconstruire le champ d'indices de réfraction de la perturbation, et une deuxième étape correspondant à l'intégration
  de ce champ d'indices de réfraction dans le code de lancer de
  rayons et ainsi prédire les déplacements liés à la perturbation.
  Il faut encore une fois distinguer les deux principaux types
  d'écoulement :

  – Dans le cas le plus simple, l'écoulement peut être assimilé
    comme laminaire. La reconstruction se fait donc comme dé-
    crit dans le chapitre 5, c'est à dire une étape de reconstruc-
    tion du champ d'indices de réfraction préalablement calculé
    via le champ de déplacements obtenu par méthode BOS et
    à l'aide de la transformé inverse d'Abel, puis une étape de
    prédiction du déplacement faite par le code de lancer de
    rayons après avoir intégré à celui-ci le nouveau champ d'in-
    dices de réfraction calculé précédemment. Cette méthode,
    nous l'avons montrée de façon très préliminaire mais cepen-
    dant avec succès, permet de diminuer voire supprimer dans
    le cas idéal le degré de perturbation des images. L'optimi-
    sation du code de transformée inverse d'Abel, voire l'uti-
    lisation de transformées plus efficaces (Hankel, Fourier...)

mais très probablement plus couteuses en temps, améliore-
ront sans aucun doutes ces premiers résultats.

– En règle générale, l'écoulement, bien que théoriquement laminaire, se présente comme turbulent. La reconstruction du
champ d'indices de réfraction ne peut donc se faire sur la
base d'une seule image instantané du champ de déplacements. C'est la méthode proposée en fin du chapitre 5 qui
pourrait alors être employée : utiliser un champ de déplacements moyen pour reconstruire un champ d'indices de réfraction "moyen" et donc prédire un champ de déplacement
"moyen" au niveau de l'objet, c'est à dire correspondant
à un nombre d'images moyennées donnée. Cette méthode
reste encore à être testée afin de bien valider son principe
et fonctionnement.

• **Analyse du front d'onde** : Une autre méthode consiste-
rait à analyser le front d'onde arrivant à la caméra à l'aide
d'un *senseur (ou analyseur) de front d'onde*. Un analyseur
de front d'onde est un dispositif optique permettant d'analyser la forme d'une surface d'onde à un moment donnée. Son
principe est de décomposer un front d'onde en fronts d'ondes
élémentaires et de déterminer pour chaque front d'onde élémentaire son orientation. La mesure de ces orientations permet après intégration de remonter à la forme du front d'onde.
Il existe plusieurs types d'analyseurs de front d'onde et sont
regroupés en deux grandes catégories : les interférométriques
et les non-interférométriques. J'ai choisi de présenter uniquement ici l'analyseur le plus adapté et à la fois le plus simple,
soit celui utilisant le système Shack-Hartmann. Le principe de
ce système, illustré par la Fig. 5.8 [Ron07], est de décomposer
un front d'onde en front d'onde élémentaire grâce à une trame
de micro-lentille qui donne de chaque front d'onde élémentaire
une tache lumineuse captée par une matrice CCD et analysée

par un ordinateur.

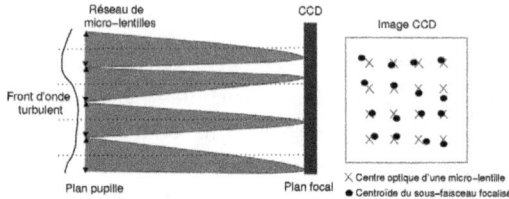

FIGURE 5.8: Principe de fonctionnement de l'analyseur de front d'onde de Shack-Hartmann

Chaque micro-lentille donne une tache lumineuse sur une portion du capteur CCD que l'on appelle sous-pupille. Chaque sous-pupille correspond à un ensemble de pixel liée à une micro-lentille. La technique du Shack-Hartmann part du principe que la matrice de micro-lentille donne à partir d'un front d'onde plan des taches espacées de manière régulière. Dans ce cas, les taches se trouvent au centre des sous pupille auxquelles elles sont attribuées. Pour un front d'onde qui n'est pas plan (avec une courbure ou des aberrations optiques quelconques) les taches ne se trouvent plus au centre de leur sous pupille. Le principe est de mesurer leur position par rapport au centre de leur sous pupille sur un axe horizontale (X) et sur un axe verticale (Y). Le segment formé du centre d'une sous pupille et la position de la tâche issue de la micro-lentille attribuée à cette micro-lentille est appelé pente locale du front d'onde. La mesure de ces pentes locales correspond à la mesure de la dérivée du front d'onde. L'intégrale de cette mesure permet donc de remonter à la forme du front d'onde. Le front d'onde dépendant uniquement du milieu parcouru par les ondes le composant, il est alors possible à l'aide de ce font d'onde de remonter au champ d'indices de réfraction [RWG95]. L'utilisation couplé de plusieurs de ces senseurs permettrait de reconstruire le champ d'indice de réfraction 3D de la perturbation. Il est important de signaler que tout ce traitement du signal (pouvant paraître au premier abord complexe par rapport aux méthodes vues plus tôt) est invisible à l'utilisateur et est réalisée par le logiciel fourni avec le senseur. Le dispositif n'est pas plus gros qu'une caméra CCD visible nouvelle génération et permet d'obtenir directement la forme du front d'onde sans calcul.

- **Autre** : La dernière méthode envisageable permettant, comme la méthode d'analyse du front d'onde une correction image par image, serait d'utiliser deux caméras synchronisées. L'une d'elle serait focalisée sur un mouchetis situé dans l'arrière-plan, permettant une reconstruction de la perturbation à un temps donné, alors que l'autre caméra serait focalisée sur l'objet d'étude. Connaissant la perturbation au moment précis où l'image de l'objet a été enregistrée, il est possible de procéder à une correction. Une étude plus approfondie devra définir la faisabilité de cette méthode. Le positionnement de l'axe optique des caméras devra être à priori de 90° de l'une à l'autre afin de bien reconstruire la partie de la perturbation jouant un rôle dans l'observation de l'objet chaud. Il est enfin envisageable d'utiliser plusieurs caméras tout autour de l'objet afin de reconstruire la "vrai" forme 3D de la perturbation (une sorte de tomographie).

ANNEXES

L'origine de l'indice de réfraction

La démonstration suivante a été énoncé par Lorentz [Lor03] dans son livre publié pour la première fois en 1909. J'essaye ici de faire une synthèse aussi brève que claire de la technique utilisée et révélant les propriétés optiques de la matière.

A.1 Introduction

Imaginons un corps composé d'innombrable molécules ou d'atomes, donc de "particules" comme on les appellera ici. Chaque particules contient un certains nombre d'électrons, tous ou une partie sont mis en vibration par un faisceau lumineux incident. Entre, les électrons et leur intérieur il y aura alors un certain champ magnétique, lequel peut être déterminé au moyen d'équations fondamentales si la distribution et le mouvement des charges étaient connus. Si on calculait ce champ, nous serions aussi capable de trouver son action sur les électrons en mouvement et de formuler les équation de mouvement de chacun d'eux.

C'est cette méthode, dans laquelle on recherche le mouvement de chaque électrons individuellement et leurs champs voisin associé, qui permet de décrire l'interaction de la lumière avec la matière. Il est cependant évident qu'il est horriblement complexe de suivre la course de chaque électron. Nous aurons recours à une méthode alternative, plus simple, qui, heureusement, permet de décrire avec suffisamment de précision ce qui est observé et suggéré par la nature du phénomène.

Ce n'est pas le mouvement d'un seul électron ou son champ associé qui nous intéressera directement ici. En effet, l'électron est souvent baigné dans un immense nombre d'autres particules, et le mouvement d'un seul d'entre eux reste de toute évidence invisible à l'expérimentation. Seul la résultante des effets produits par tous sera perceptible à nos sens.

A.2 Volume d'intérêt

Posons P un point dans le milieu, S une sphere décrite autour de ce point et φ un vecteur de quantité se produisant dans notre équation fondamentale. la quantité moyenne de φ au point P sera donné en l'intégrant sur le volume S :

$$\overline{\varphi} = \frac{1}{S} \int \varphi.dS \qquad (A.1)$$

Le volume S de la sphère doit être pris ni trop petit ni trop large. En effet, le but de celle-ci est de permettre de passer outre les irrégularité de φ et doit donc contenir un grand nombre de particules. Cependant, il ne faut pas la prendre trop grande, de façon à ce qu'à la taille de notre observation, on puisse la considérer l'état du milieu comme uniforme au sein de la sphère. Pour faire simple, disons que la sphère doit être petite devant la longueur d'onde du faisceau incident. Heureusement pour nous, les distances moléculaires étant si petites comparées même à la plus courtes des longueurs d'onde lumineuse que les deux conditions peuvent être satisfaites en même temps.

A.3 Grandeurs associées

La valeur moyenne de φ prise au point P est en général fonction des coordonnés du point et si φ lui-même dépend du temps alors

$\overline{\varphi}$ fera de même. On peut alors facilement écrire :

$$\frac{\overline{\partial\varphi}}{\partial x} = \frac{\partial\overline{\varphi}}{\partial x} \quad , ..., \quad \frac{\overline{\partial\varphi}}{\partial t} = \frac{\partial\overline{\varphi}}{\partial t} \tag{A.2}$$

Les parties à droite et à gauche du signe égal doivent de toute évidence être égales l'une à l'autre, donc tous ce que nous avons à faire pour avoir les valeurs de **d** la force électrique, **h** la force magnétique et **V** la vitesse de la charge au point P est de remplacer leurs valeur par leurs valeurs moyennes. D'après les lois de l'électromagnétisme selon Maxwell :

$$rot\,\overline{h} = \frac{1}{c_v}(\dot{\overline{d}} + \overline{\varrho V}) \tag{A.3}$$

et

$$rot\,\overline{d} = -\frac{1}{c_v}\dot{\overline{h}} \tag{A.4}$$

avec c_v la constante de la vitesse de la lumière dans le vide et ϱ la densité de volume de charge au sein de la particule (de manière à définir une répartition non nette de la charge dans l'électron, c'est à dire une répartition forte sur ses bords est progressivement chutant vers 0 en son centre).

Ces formules peuvent être considérée comme les équations générales du milieu pondérable. Nous signalerons également dans un souci de similarité avec l'électromagnétisme expérimental que

$$\overline{d} = E \tag{A.5}$$

et

$$\overline{h} = H \tag{A.6}$$

avec **E** le vecteur de force électrique et **H** le vecteur de force magnétique.

Il reste alors seulement le terme $\overline{\varrho V}$. Selon notre définition des valeurs moyennes, nous avons pour la composante de ce vecteur, si $x,\ y,\ z$ sont les coordonnées d'un élément de la charge en mouvement au temps t :

$$\overline{\varrho V_x} = \frac{1}{S} \int \varrho V_x dS = \frac{1}{S} \int \varrho \frac{dx}{dt} dS \qquad etc. \qquad (A.7)$$

ou, si on suppose que la surface de la sphère n'intersecte aucun électrons :

$$\overline{\varrho V_x} = \frac{d}{dt} \left(\frac{1}{S} \int \varrho x dS \right) \qquad etc. \qquad (A.8)$$

A.4   Polarisation

Supposons un électrons réalisant ses propres vibrations au sein d'un atome ou d'une molécule de matière (particules) et occupant le petit espace S. Si la particule dans son ensemble, n'est pas chargée, elle doit contenir cependant des électrons mobiles de charge -e, soit sous la forme d'un ou de plusieurs électrons, ou distribuée de n'importe quelle autre façon.On doit supposer que si cette charge -e reste au repos dans une position déterminée, que nous prendrons pour origine, il n'y a pas de champ externe du tout, du moins pas à une distance large comparée aux dimensions de S. Ceci étant admit, la charge immobile -e doit alors produire un potentiel scalaire égal à l'opposé du potentiel scalaire inhérent au déplacement de l'électron autour de la particule, et donc si on considère le champ dans son ensemble, ce terme sera annulé. Notre hypothèse revient à ce que la charge -e soit équivalente à un seul électron -e au point O, et que si l'électron +e a les coordonnées x, y, z, alors les choses seront comme si nous avions deux charges égales et opposée à une distance faible l'une de l'autre. Nous exprimons ceci en disant que la particule est électriquement polarisée, et nous définissons son moment électrique par l'équation :

$$p = er \qquad (A.9)$$

ou r est le vecteur allant de O vers la position de l'électron en mouvement. Les composantes de **p** sont :

$$p_x = ex \qquad p_y = ey \qquad p_z = ez \qquad (A.10)$$

Si on considère maintenant une particules avec son ensembles d'électrons, il suffit de calculer le potentiel de chaque électrons et de les additionner (en notant que $\Sigma e = 0$) :

$$p = \Sigma er \qquad (A.11)$$

et ses composantes

$$p_x = \Sigma ex \qquad p_y = \Sigma ey \qquad p_z = \Sigma ez \qquad (A.12)$$

Il n'est même pas nécessaire que les charges soit concentrés dans des électrons séparés. On peut également les supposer distribuées de façon continue, mais bien sûr doté de mouvements, fluctuations dans un sans ou dans l'autre. La somme est alors remplacé par une intégrale, nous donnant :

$$\int \varrho dS = 0 \qquad (A.13)$$

et

$$p_x = \int \varrho x dS \qquad p_y = \int \varrho y dS \qquad p_z = \int \varrho z dS \qquad (A.14)$$

L'intégrale étant étendue sur tout l'espace S occupé par la particule. Nous noterons pour finir que d'après l'Eq. A.13, l'Eq. A.14 est indépendante du choix du point O.

Nous avons vu que précédemment que :

$$\overline{\varrho V_x} = \frac{d}{dt}\left(\frac{1}{S}\int \varrho x dS\right) \qquad etc. \qquad (A.15)$$

et que les composantes du moment électrique étaient :

$$p_x = \int \varrho x dS \qquad p_y = \int \varrho y dS \qquad p_z = \int \varrho z dS \qquad (A.16)$$

Nous pouvons alors mettre en évidence la polarisation électrique du corps **P** en l'écrivant :

$$\overline{\varrho V} = \dot{P} \tag{A.17}$$

et

$$\dot{\overline{d}} + \overline{\varrho V} = \dot{E} + \dot{P} \tag{A.18}$$

et donc en simplifiant

$$E + P = D \tag{A.19}$$

ce qui nous mènes aux équations :

$$rot\, H = \frac{1}{c_v}\dot{D} \tag{A.20}$$

$$rot\, E = -\frac{1}{c_v}\dot{H} \tag{A.21}$$

Pour rappel :

E est la force électrique

D est le déplacement diélectrique

$\dot{D}$ est le déplacement du courant

H est la force magnétique

A.5   Mise en équation du mouvement d'un électron

Considérons que les particules contiennent un seul électron mobile de charge e et de masse m et ξ, η, ζ les distances sur laquelle l'électron est déplacé de sa position d'équilibre. Les composantes du moment électrique de la particule seule sont :

$$p_x = e\xi \qquad p_y = e\eta \qquad p_z = e\zeta \tag{A.22}$$

et, avec N le nombre de particules par unité de volume, nous avons, si la particule à un arrangement géométrique régulier :

$$P_x = Ne\xi \qquad P_y = Ne\eta \qquad P_z = Ne\zeta \tag{A.23}$$

Les valeurs des distances ξ, η et ζ et donc de P_x, P_y et P_z dépendent des forces s'appliquant aux électrons. Elles sont aux nombres de quatre :

- La force élastique f par laquelle l'électron aura tendance à être tiré en "arrière" vers sa position d'équilibre après l'avoir quitté. Cette force est donc dirigée vers sont point d'origine et est proportionnel au déplacement.

- La seconde force est une résistance g allant contre le mouvement de l'électron. C'est cette force qui intervient si on souhaite prendre en compte la notion d'absorption d'un faisceau lumineux. Elle est proportionnelle à la vitesse de l'électron et opposée à celle-ci.

- La troisième force à considérer est la force s'appliquant sur l'électron du fait du champ électromagnétique environnant, la force électrique. On considère une particule A pour laquelle on souhaite déterminer la force s'appliquant sur l'électron qu'elle contient. Nous établissons une surface fermé autour de A σ aux dimensions physiques infiniment petites et on conçoit pour un instant qu'elle est vide de toute autres particules. L'état des choses est alors exactement analogue au cas d'un aimant dans lequel une cavité a été formée. il y aura une distribution de l'électricité sur sa surface due à la polarisation de la portion hors de la cavité. La force **E'** exercé par cette distribution sur une unité de charge A s'ajoute alors à **E**. Maintenant, si les particules que nous avions retirées précédemment sont réintroduites, alors une troisième force **E''** s'ajoute et la force électrique s'appliquant à l'électron est :

$$E + E' + E'' \qquad (A.24)$$

Il est clair que le résultat ne peut dépendre de la forme de la cavité σ qui n'a été imaginé seulement pour réaliser les calculs. Pour le cas le plus simple d'une sphère, les calculs mènent à :

$$E' = \frac{1}{3}P \qquad (A.25)$$

Pour ce qui concerne la détermination de **E"** c'est plus difficile. Cependant on peut dire que pour un système de particules ayant un arrangement cubique régulier :

$$E'' = 0 \qquad (A.26)$$

L'Eq. A.26 peut être appliqué dans une certaine approximation pour un milieu isotrope tel que le verre, un fluide ou un gaz. Mais ce n'est malheureusement pas suffisamment correct, et doit être remplacé par :

$$E'' = s.P \qquad (A.27)$$

où pour chaque milieu, s est une constante qui sera difficile à déterminer avec précision. On posera $a = \frac{1}{3} + s$. Et nous trouvons pour la force électrique :

$$E + aP \qquad (A.28)$$

- La dernière des forces énumérées lors de phénomènes magnéto-optiques est due au champ magnétique externe. On la notera $\wp$ afin de la distinguer de la force magnétique périodique **H** due aux vibration électriques elles-mêmes. On supposera que la champ magnétique externe $\wp$ aura la direction z

En prenant ensemble toutes les forces citées nous pouvons trouver les équations régissant la mouvement de l'électron contenue par la particule.

$$\left. \begin{array}{l} m'\frac{d^2\xi}{dt^2} = e(E_x + aP_x) - f\xi - g\frac{d\xi}{dt} + \frac{e\wp}{c}\frac{d\eta}{dt} \\ m'\frac{d^2\eta}{dt^2} = e(E_y + aP_y) - f\eta - g\frac{d\eta}{dt} + \frac{e\wp}{c}\frac{d\eta}{dt} \\ m'\frac{d^2\zeta}{dt^2} = e(E_z + aP_z) - f\zeta - g\frac{d\zeta}{dt} \end{array} \right\} \qquad (A.29)$$

En posant :

$$\frac{m}{Ne^2} = m' \qquad \frac{f}{Ne^2} = f' \qquad \frac{g}{Ne^2} = g' : \qquad (A.30)$$

$$\left.\begin{aligned}
m'\frac{\partial^2 P_x}{\partial t^2} &= E_x + aP_x - f'P_x - g'\frac{\partial P_x}{\partial t} + \frac{\wp}{cNe}\frac{\partial P_y}{\partial t} \\
m'\frac{\partial^2 P_y}{\partial t^2} &= E_y + aP_y - f'P_y - g'\frac{\partial P_y}{\partial t} + \frac{\wp}{cNe}\frac{\partial P_x}{\partial t} \\
m'\frac{\partial^2 P_z}{\partial t^2} &= E_z + aP_z - f'P_z - g'\frac{\partial P_z}{\partial t}
\end{aligned}\right\} \qquad (A.31)$$

Si on met maintenant toutes les variables dépendante du temps dans un seul facteur de telle sorte que ν soit la fréquence de vibration :

$$\varepsilon^{i.\nu.t} \qquad (A.32)$$

et en posant :

$$\alpha = f' - a - m'\nu^2 \qquad (A.33)$$

$$\beta = \nu g' \qquad (A.34)$$

$$\gamma = \frac{\nu\wp}{c_v Ne} \qquad (A.35)$$

L'Eq. A.31 peut alors se simplifier à :

$$\left.\begin{aligned}
E_x &= (\alpha + i\beta)P_x &-i\gamma P_y \\
E_y &= (\alpha + i\beta)P_y &-i\gamma P_x \\
E_z &= (\alpha + i\beta)P_z
\end{aligned}\right\} \qquad (A.36)$$

A.6 Mise en évidence de l'indice de réfraction

Laissons de coté pour un moment les effets produits par le champ magnétique, et regardons maintenant la propagation de la lumière dans le cas où $\wp$=0, γ=0. Supposons tout d'abord qu'il n'y aie pas de résistance du tout et que donc β=0. L'Eq. A.36 peut alors s'écrire :

$$E = \alpha P \qquad \text{(A.37)}$$

dont on peut déduire :

$$D = (1 + \frac{1}{\alpha})E \qquad \text{(A.38)}$$

Laissons la propagation se réaliser selon la direction OZ et ainsi les composantes de $\mathbf{E}$, $\mathbf{D}$ et $\mathbf{H}$ sont représentés par les expressions contenant le facteur :

$$\varepsilon^{i.\nu(t-qz)} \qquad \text{(A.39)}$$

où q est une constante.

Alors, du fait que toutes les composantes en rapport à x et y disparaissent, nous avons à l'aide des Eqs. A.20 et A.21 :

$$-\frac{\partial H_y}{\partial z} = \frac{1}{c_v}\frac{\partial D_x}{\partial t} \qquad \text{(A.40)}$$

et

$$\frac{\partial E_x}{\partial z} = -\frac{1}{c_v}\frac{\partial H_y}{\partial t} \qquad \text{(A.41)}$$

ou

$$qH_y = \frac{1}{c_v}D_x \qquad qE_x = \frac{1}{c_v}H_y \qquad \text{(A.42)}$$

d'où

$$D_x = c_v^2 q^2 E_x \qquad \text{(A.43)}$$

En combinant avec l'Eq. A.38, nous obtenons :

$$c_v^2 q^2 = 1 + \frac{1}{\alpha} \qquad \text{(A.44)}$$

En supposant que $1 + \frac{1}{\alpha}$ soit positif, nous trouvons une valeur réelle pour q. La partie réelle de l'Eq. A.39 est :

$$\cos\nu(t - qz) \qquad \text{(A.45)}$$

où on peut voir que la vitesse de propagation est :

$$c = \frac{1}{q} \qquad (A.46)$$

Et il peut alors être écrit à l'aide de l'Eq. A.44 :

$$\varepsilon = \mu^2 = 1 + \frac{1}{\alpha} \qquad (A.47)$$

avec

$$n = \mu = \frac{c}{\nu} \qquad (A.48)$$

n appelé **indice de réfraction**.

Résultat en accord avec la loi de Maxwell disant que l'indice de réfraction d'un corps est égal à la racine carré de sa constante diélectrique μ. En effet, l'Eq. A.38 montre que le rapport entre le déplacement diélectrique $\mathbf{D}$ et la force électrique $\mathbf{E}$ est donnée par $1+\frac{1}{\alpha}$.

A.7 Dépendance de l'indice de réfraction avec la longueur d'onde

Cependant, ce que la théorie de Maxwell ne permet pas, c'est de voir (conf. Eq. A.33) que pour un système donné α n'est pas constant et qu'il dépend de la fréquence, expliquant par de fait la différence d'indice de réfraction selon la longueur d'onde.

Si on prend une seule particule isolé du milieu de telle sorte qu'elle soit libre de toute influence de champ externe, et qu'on laisse de coter la résistance représenté par g (liée à l'absorption de la lumière), on peut simplifier l'équation Eq. A.29 par :

$$m\frac{d^2\xi}{t^2} = -f\xi \qquad m\frac{d^2\eta}{t^2} = -f\eta \qquad m\frac{d^2\zeta}{t^2} = -f\zeta \qquad (A.49)$$

où il apparait alors que l'élection produit ses propres vibrations à la fréquence ν_0 :

$$\nu_o = \sqrt{\frac{f}{m}} \tag{A.50}$$

En utilisant cette nouvelle valeur et en posant que $a=\frac{1}{3}$ (légère approximation), on peut écrire l'Eq. A.33 :

$$\alpha = m'(\nu_0^2 - \nu^2) - \frac{1}{3} = \frac{m}{Ne^2}(\nu_0^2 - \nu^2) - \frac{1}{3} \tag{A.51}$$

L'indice de réfraction is alors déterminé par :

$$n^2 - 1 = \frac{1}{\frac{m}{Ne^2}(\nu_0^2 - \nu^2) - \frac{1}{3}} \tag{A.52}$$

La valeur de n déduite de cette formule est supérieur à 1, si la fréquence ν est suffisamment inférieure à la fréquence de libre vibration ν_0 et donc que le dénominateur soit positif. A cette condition, on peut conclure que n augmente avec la fréquence (et donc diminue avec la longueur d'onde). Ceci est en accord avec le dispersion de la lumière observée visuellement dans des corps transparents, du moins si la valeur de ν_0 est situé vers la bande de l'ultra-violet.

A.8 Dépendance de l'indice de réfraction avec la densité

Une autre application de ces résultats est l'étude de la dépendance de l'indice avec la densité ρ du milieu transparent. En effet, en modifiant légèrement l'Eq. A.52, on a :

$$\frac{m}{Ne^2}(\nu_0^2 - \nu^2) = \frac{n^2 + 2}{3(n^2 - 1)} \tag{A.53}$$

Donc, pour un corps donné et à une fréquence n donnée, l'expression $\frac{\mu^2-1}{\mu^2+2}$ doit être proportionnelle au nombre de molécule par unité de volume et par conséquence de la densité. Ce résultat a également été trouvé par Lorenz [Lor80] quelques années auparavant.

Dans le cas de vibrations extrêmement faibles ou d'un champ constant, on a donc $n=0$ et donc l'Eq. A.33 devient :

$$\alpha = f' - \frac{1}{3} = \frac{f}{Ne^2} - \frac{1}{3} \qquad (A.54)$$

La valeur de la constante diélectrique, correspondant au raport $1 + \frac{1}{\alpha}$ entre **D** et **E** est :

$$n^2 = \mu = 1 + \frac{1}{\frac{f}{Ne^2} - \frac{1}{3}} \qquad (A.55)$$

Maintenant, d'après la dernière formule on voit que lorsque N la valeur du terme suivant reste constante :

$$\frac{\mu - 1}{(\mu + 2)N} \qquad (A.56)$$

et donc la relation reliant la densité ρ et la constante diélectrique μ :

$$\frac{\mu - 1}{(\mu + 2)\rho} = const. \qquad (A.57)$$

Formule énoncée en premier lieu par Clausius [Cla79] et Mossotti [Mos50] et dont on peut déduire :

$$\frac{n^2 - 1}{(n^2 + 2)\rho} = const. \qquad (A.58)$$

La constante a donc une dimension d'un volume divisé par une quantité de particules, donc un volume massique. Elle est appelée réfractivité molaire et est définie dans le cas d'un diélectrique parfait, homogène et isotrope par [BG74] :

$$K = \frac{N\alpha}{3\varepsilon_0} \qquad (A.59)$$

et donc

$$\frac{n^2 - 1}{(n^2 + 2)\rho} = \frac{N\alpha}{3\varepsilon_0} \tag{A.60}$$

où N est le nombre d'Avogadro, α la polarisabilité moléculaire et ε_0 la permittivité du vide.

A l'échelle moléculaire, α est relié au moment dipolaire électrique induit à une molécule par un champ électrique. C'est en effet dépendant de la façon de comment la distribution de charge va répondre au champ électrique. Des calculs précis de mécanique quantique permettent de déterminer α pour un atome isolé et pour des molécules.

Pour un gaz à faible densité avec $n \approx 1$ l'équation précédente devient :

$$\frac{2}{3}(n - 1)\rho^{-1} = \frac{N\alpha_0}{3\varepsilon_0} \tag{A.61}$$

avec α_0 la polarisabilité d'une molécule isolée. A haute densité α peut être différent de α_0 à cause de l'effet d'interactions des autres molécules.

Degré de luminosité en strioscopie et en ombroscopie

Pour les deux méthodes optiques considérées, strioscopie et ombroscopie, la caractéristiques nous intéressant est la courbure (ou la réfraction) des rayons lumineux. Prenons un système de coordonnées cartésiens, avec une direction de propagation des rayons lumineux normal à l'axe z. Les rayons se dirigent vers une zone d'indices de réfractions non homogène ; le couple (x,y) décrivant maintenant le plan perpendiculaire à la direction de l'axe z. Il peut être démontré (Eq. 1.51) que les inhomogénéités optiques réfractent ou fléchissent les rayons lumineux proportionnellement aux gradients d'indice de réfraction dans le plan (x,y). La courbure ainsi obtenue est donnée par :

$$\frac{\partial^2 x}{\partial z^2} = \frac{1}{n}\frac{\partial n}{\partial x}, \qquad \frac{\partial^2 y}{\partial z^2} = \frac{1}{n}\frac{\partial n}{\partial y} \tag{B.1}$$

En intégrant une fois, on a les composantes angulaires de la déflexion dans les directions x et y :

$$\varepsilon_x = \frac{1}{n}\int \frac{\partial n}{\partial x}\partial z, \qquad \varepsilon_y = \frac{1}{n}\int \frac{\partial n}{\partial y}\partial z \tag{B.2}$$

Pour une déviation bidimensionnelle (perturbation 2D), sur une longueur L selon l'axe optique (axe z), les composantes angulaires deviennent :

$$\varepsilon_x = \frac{L}{n_0}\frac{\partial n}{\partial x}, \qquad \varepsilon_y = \frac{L}{n_0}\frac{\partial n}{\partial y} \tag{B.3}$$

avec n_0 indice de réfraction du milieu environnant.

Ces expressions nous donnent les bases mathématiques pour la strioscopie et l'ombroscopie. Pour la strioscopie, nous l'avons vu, du fait de la présence d'un couteau au point focal, la méthode consiste à afficher sur l'écran uniquement l'angle de déflexion des rayons, c'est à dire ε_x ou ε_y selon le positionnement du couteau. Cependant, l'ombroscopie montrera à l'écran le déplacement lumineux engendré par la perturbation. A titre d'exemple clair, la figure suivante représente un résultat obtenu en ombroscopie pour deux perturbations lumineuses imaginées pour l'exemple.

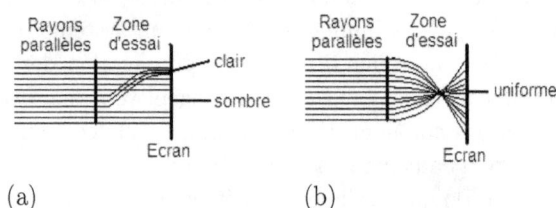

FIGURE B.1: Déviations lumineuses entrainant un déplacement des rayons (a) visible et (b) non visible en ombroscopie

La Fig. B.1(a) permet de mettre en évidence dans le cas particulier d'une perturbation engendrant ce type déviation, que l'ombroscopie affichera sur l'écran le déplacement des rayons : les rayons sont déplacés de la zone sombre vers le zone claire. La déviation angulaire des rayons étant nulle en sortie de la zone d'essai, une strioscopie n'aurait pas permis de visualiser quoique ce soit. A l'autre extrême, la figure B.1(b) montre le cas où le résultat de l'ombroscpie correspond à un éclairement uniforme alors que la strioscopie montrerait la présence de la perturbation.

On dit alors que les "sauts" d'éclairement en ombroscopie apparaissent seulement lorsqu'on a un changement (gradient) du gradient d'indice de réfraction lui-même. C'est donc le gradient des angles de déflexion que nous observons en ombroscopie : $\frac{\partial \varepsilon}{\partial x}$ ou $\frac{\partial \varepsilon}{\partial y}$, sous la forme d'un déplacement de rayons. Autrement dit, c'est la seconde dérivée spatiale (ou Laplacien) de l'indice de réfraction, $\frac{\partial^2 n}{\partial x^2}$ ou $\frac{\partial^2 n}{\partial y^2}$.

ANNEXE C

Quelques règles concernant la méthode BOS

C.1 Configurations des différents paramètres [Kli01]

C.1.1 Paramètres du système de mesure optique

Afin d'appliquer cette technique, il est important d'essayer de comprendre les différents effets intervenants. Un approfondissement théorique de la technique peut être réalisé au moyen de l'optique géométrique, laquelle permet de définir les paramètres de configuration, en tenant compte du phénomène que l'on souhaite observer. Les principaux paramètres sont :

- Grossissement G
- Longueur focale f (mm)
- Distance lentille - arrière-plan P (mm)
- Distance objet - arrière-plan Z (mm)
- Ouverture N

En connaissant les relations fondamentales de l'optique géométrique, il peut sembler aisé de déterminer chaque paramètre par simples calcul. Or, ce n'est pas le cas, premièrement car certains paramètres ne peuvent pas prendre n'importe qu'elle valeur (par exemple nous ne disposons pas d'objectif pour chaque valeur de focale). Deuxièmement, tout ces paramètres s'influencent l'un l'autre, il doivent donc être déterminer étape par étape, en commençant par ceux connus. En connaissant la taille de la zone d'intérêt et la dimension du capteur de la caméra, il est possible d'approximer la valeur du grossissement nécessaire du système :

$$G = \frac{\text{taille du capteur}}{\text{taille de l'objet}} \qquad (C.1)$$

Cette valeur doit être estimée avec précision car elle a un impact direct sur la résolution spatiale. Pour un grossissement donné, il est maintenant possible d'avoir la distance focale en fonction de la distance entre la caméra (lentille) et l'objet :

$$f = \frac{G.P}{G+1} \qquad (C.2)$$

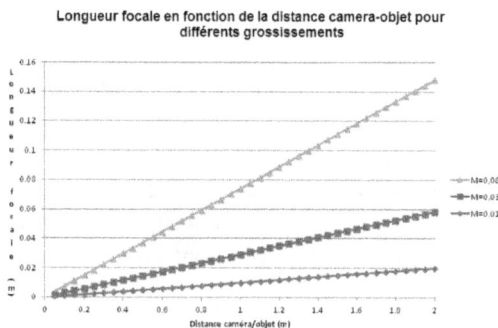

FIGURE C.1: Distance focale en fonction de la distance camera-objet pour différents grossissement

C.1.2 Résolution spatiale et floutage

La résolution spatiale de la caméra à une distance et avec un objectif donnés n'est pas difficile à déterminer. Cependant, des effets optiques inhérents à la manipulation vont faire leur apparition et limiter la résolution spatiale. Le premier effet est "l'effet blur" (effet flou) d'un point. En effet, un point émet de la lumière dans toutes les directions. Or, seule une petite partie est capturée par la caméra. Ces rayons lumineux venant d'un point forment un cône ayant pour base l'ouverture de la caméra. Si ce cône traverse une surface où l'indice de réfraction n'est pas constant (Fig. C.2), le point de l'image sera flouté et le calcul par le logiciel de corrélation sera alors appauvri en résultat. De plus, si deux points, qui sont proches l'un de l'autre, sont fortement floutés, ils peuvent alors finir par se confondre, la corrélation est alors fausse. Cependant, dans notre cas, la déviation des rayons restera relativement faible, cet effet ne jouera donc pas un rôle important. L'aire de résolution spatiale est définie par la relation suivante [Kli01] :

$$R(z) = \frac{Z.f}{N.P} \tag{C.3}$$

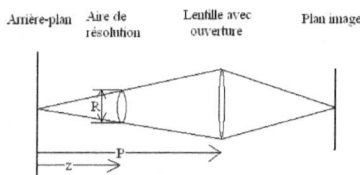

FIGURE C.2: Schéma montrant l'aire de résolution

Le second effet est lié à la taille de la zone d'interrogation. En effet, lorsqu'on réalise une corrélation croisée entre deux images, il est nécessaire d'effectuer celle-ci par "fenêtres". La lumière partant de ces fenêtres va occuper une surface $g(z)$, laquelle augmente avec z. Ces fenêtres à l'origine un carré (sur l'arrière-plan) vont prendre la forme de l'ouverture de l'objectif, soit un cercle (Fig. C.3). Cependant, si z est trop grand, deux fenêtres voisines vont alors contenir quasiment les mêmes informations, parce que la lumière partant de chacune d'entre elles aura traversé la même zone perturbée. Ce suréchantillonnage est à prendre en compte si l'intégration de l'indice de réfraction local doit mener à des informations valides.

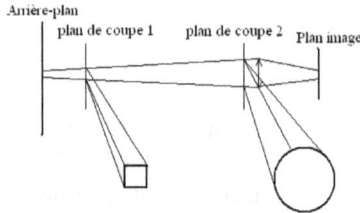

FIGURE C.3: Augmentation de l'aire *g(z)*, plan de coupe du chemin optique en 2 positions

Une autre source d'erreur en cas de mauvaise focalisation peut également être présent et empêcher une bonne détection des contours des points. En effet, la camera doit être focalisée sur l'arrière-plan, en aucun cas sur la zone de variation d'indice. La corrélation nécessite des images avec des contours de points les plus nets possibles. Cependant, afin de détecter un déplacement, il est nécessaire d'avoir une certaine distance entre la perturbation et l'arrière-plan. Il y aura alors inévitablement un floutage dû à la présence du gradient d'indice. Il peut être exprimé par la variation de diamètre d'un point entre le plan objet (variation de densité) et le plan image [Kli01] :

$$d_i = d.M.(\frac{f.(G+1)}{f.(G+1) - G.Z} - 1) \qquad (C.4)$$

C.1.3 L'arrière-plan

L'arrière plan est très important pour la méthode BOS, la caméra est focalisée dessus et le vecteur déplacement est basé sur la distorsion du motif. La taille du motif, lequel est une distribution aléatoire de points blanc sur un fond noir, doit être choisi de façon à ce qu'un point occupe trois pixels du capteur de la caméra. Dans ce cas il est alors possible de réaliser une interpolation sub-pixel, et de trouver avec plus de précision la position du pic d'intensité.

C.2   Conclusion et règles générales pour des mesures faites par BOS

Après un bref aperçu de la théorie et des problèmes pouvant altérer la mesure du déplacement, voici quelques règles générales à suivre pour obtenir une bonne mesure :

- La longueur focale doit être la plus grande possible afin d'avoir des rayons le plus parallèle possible et un grossissement également le plus grand possible pour obtenir une bonne résolution de l'effet. Cependant un compromis doit être fait afin d'obtenir le champ de vu souhaité.

- Un positionnement expérimental doit être fait pour la distance z. Elle doit être suffisamment petite pour éviter l'effet de flou du point, mais aussi assez grande pour engendrer un déplacement du point acceptable.

- L'ouverture doit être fermée autant que possible pour garder une surface de résolution $R(z)$ la plus petite possible.

- La fenêtre d'interrogation doit être la plus petite possible pour déterminer le déplacement avec précision.

- Si la densité varie avec le temps, le temps d'exposition doit être le plus petit possible.

Aspect géométrique et rôle de l'optique

Le flux reçu par une caméra en provenance d'un objet opaque a été défini dans la chapitre 1 par :

$$\Phi_{\Delta\lambda,\text{reçu}} = \frac{\pi}{4}.\frac{S_d}{N^2} \int_{\Delta\lambda} \int_{\Omega} \int_{S_{Obj}} R(\lambda).L_{\lambda,\text{reçue}} \; dS.d\Omega.d\lambda \quad (W) \tag{D.1}$$

S_d Surface du pixel

N Ouverture numérique $= \frac{Distance\ focale}{\text{Diamètre } pupille} = \frac{f}{Z_p}$

R(λ) Rendement spectral de la caméra

Nous allons détailler ici l'origine de l'équation D.1 , et notamment le facteur $\frac{\pi}{4}.\frac{S_d}{N^2}$, facteur intrinsèque à la caméra et l'objectif utilisés.

Dans un premier temps, on regarde ce qu'il se passe en l'absence de lentille (Fig. D.1) pour un objet de surface S_0 et un détecteur de taille S_d parallèles entre eux.

L'exitance monochromatique émise par l'élément de surface dS_0 appartenant à S_0 s'écrit (application de la relation de Bouguer pour des surfaces parallèles) :

$$d\phi(\lambda, T_{app}) = L(\lambda, T_{app}).dS_0.d\Omega.d\lambda \tag{D.2}$$

avec

$d\Omega$ est l'angle solide sous lequel est vu le détecteur dS_0 : $d\Omega = \frac{dS_d}{D^2}$

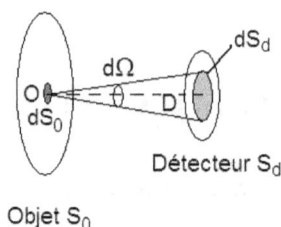

FIGURE D.1: Rayonnement d'un objet sur un détecteur plan en absence de lentille

T_{app} température apparente de l'objet

En sommant toutes les contributions issues de S_0 sur S_d :

$$d\phi(\lambda, T_{app}) = L(\lambda, T_{app})\frac{S_0 S_d}{D^2}d\lambda \quad (W/\mu m) \qquad (D.3)$$

Du fait de l'invariance de la mesure sur la luminance, si D varie, le rapport $\frac{S_0 S_d}{D^2}$ doit demeurer *constant*. S_d étant fixée par construction (détecteur), si D est doublé par exemple, on devra avoir :

$$\frac{S_0 S_d}{D^2} = \frac{S_0 S_d}{D'^2} \quad et \quad si \quad D' = 2D \Rightarrow S_0' = 4S_0 \qquad (D.4)$$

Si cette dernière condition n'est par réalisée, la lecture de la mesure nécessite une correction. Pour éliminer cet inconvénient, on rajoute une lentille de focalisation :

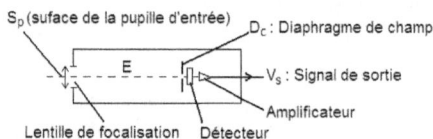

FIGURE D.2: Dispositif avec lentille de focalisation (vue générale)

S_p est la surface de la pupille d'entrée, elle limite le champ, D_c est un diaphragme de champ qui permet d'éclairer seulement la partie homogène du détecteur, il permet également de conserver la symétrie de révolution du faisceau optique :

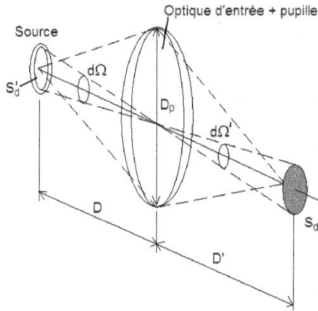

FIGURE D.3: Vue du chemin optique dans l'ensemble du système

Comme la Fig. D.3 le montre, on voit que le conjugué du détecteur dans le plan objet (focalisation) est :

$$d\Omega = d\Omega' \ soit \ \frac{S'_d}{D^2} = \frac{S_d}{D'^2} \ alors \ S'_d = \frac{D^2}{D'^2}S_d \qquad (D.5)$$

D'autre part, le flux total quittant la source et éclairant la pupille est (en incidence normale) :

$$\Phi = L.S'_d.\frac{S_p}{D^2} \qquad (W) \qquad (D.6)$$

En introduisant le nombre d'ouverture $D_p=\frac{D'}{N}$ et la surface de la pupille, il vient :

$$\Phi = L.\frac{D^2}{D'^2}.S_d.\frac{\pi D_p^2}{4D^2} \quad soit \quad \Phi = L.S_d.\frac{\pi}{4.N^2} \qquad (D.7)$$

L est un terme de luminance et $D_p=\frac{f}{N}$ si la source est à l'infini ou que le système est correctement mis au point (focalisé). La lentille a une transmission idéale ($\tau=1$).

En toute rigueur, le flux intégré ne dépend plus de la distance mais seulement du nombre d'ouverture N et de la surface du détecteur. L'étape suivante consiste à prendre en compte la sélectivité spectrale de l'appareil :

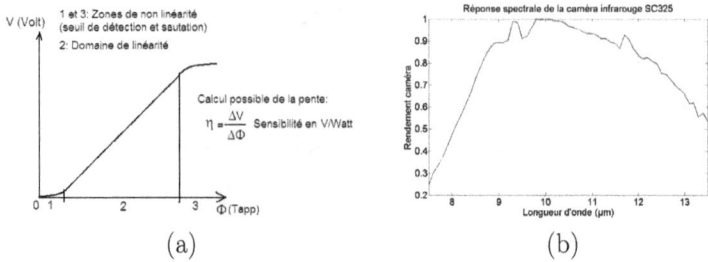

(a)   (b)

FIGURE D.4: (a) Réponse en volt de la caméra en fonction du flux reçu (Sensibilité) (b) Réponse spectrale de la caméra SC325

Il est possible d'écrite la forme finale de la loi V=f(T) :

$$V = \eta.\Phi(T_{app}) = \eta.S_d.\frac{\pi}{4N^2}\int_{\Delta\lambda} R(\lambda).L(\lambda,T_{app})d\lambda \qquad (D.8)$$

avec

$L(\lambda,T_{app})$ comprend toutes les contributions radiatives de l'objet visé

$R(\lambda)$ réponse spectrale du radiomètre (ex :Fig.f :thermo4(b))

$\Delta\lambda$ représente l'intervalle spectral sur lequel le capteur est sensible

En réalité, la lentille n'a pas une transmission idéale, celle-ci n'est pas constante selon la longueur d'onde. $R(\lambda)$ permet de décrire la résultante des sélectivités spectrales de l'optique d'entrée (l'objectif) et du détecteur (effet majoritaire) alors le flux intégré par le radiomètre s'écrit :

$$\Phi(T_{app}) = S_d\frac{\pi}{4N^2}\int_{\Delta\lambda} R(\lambda).L(\lambda,T_{app})d\lambda \qquad (D.9)$$

Propriétés thermophysiques

Dans les équations de bilans relatives aux fluides en écoulement, figurent un certain nombre de propriétés spécifiques appelées "caractéristiques thermophysiques". Ce sont la masse volumique, la viscosité dynamique, la chaleur massique, la conductance thermique, la dilatabilité et la chaleur latente de changement d'état. Plusieurs de ces grandeurs subissent de façon notable l'influence de la température. On dit qu'elles sont "thermodépendantes". Dans quelques cas, elles sont également fonction de la pression : cela se produit en particulier pour les fluides à l'état de vapeur saturante. Mais en général, la pression est sans influence sensible, sauf bien entendu sur la masse volumique des gaz.

Nous donnerons pour les grandeurs nous intéressant le plus dans notre étude (à savoir la masse volumique, la viscosité dynamique, la conductivité et la chaleur spécifique) les valeurs exactes des propriétés de l'air [Whi88] pour une plage de température allant de 250K à 1300K (qui correspond à la plage des phénomènes observés, de l'ambiant à 1300K au sein de l'ICA) ainsi que les corrélations qui sont associées (souvent utilisées pour faciliter les calculs numériques) [EMCWB00].

E.1 La masse volumique

La masse volumique des gaz courants est de 1 à 2 kg/m^3 à la température ambiante et à la pression de 1 bar. A pression constante, elle est relativement sensible à T : ainsi, pour l'air elle vaut 1,3 kg/m^3 à 0°C et 0,94 kg/m^3 à 100°C, soit une baisse de plus de 30%. On sait par ailleurs qu'elle est sensiblement proportionnelle à la pression.

Pour la majorité des liquides, la masse volumique tourne autour de 103 kg/m^3. Elle est à peu près insensible à la pression, et n'est pas très influencée par la température (dans le cas de l'eau, entre 0°C et 100°C, elle ne diminue que de 4%). L'hypothèse "fluide isochore" (ρ=cte) ne pose ici aucun problème.

L'air peut être considéré comme un gaz parfait. L'erreur alors faite par rapport aux valeurs exactes est très faible, environ de 0,16% en moyenne sur la plage de température considérée (voir Fig. E.1). La corrélation utilisée pour la masse volumique est donc la loi des gaz parfait :

$$\rho(T) = \frac{P.M}{R.T} \qquad (E.1)$$

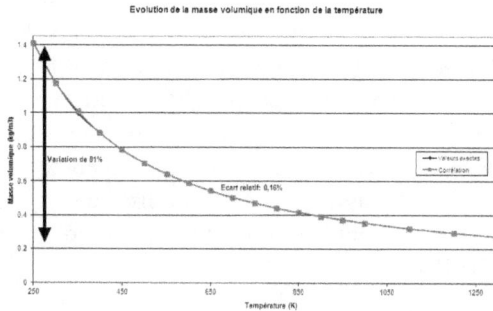

FIGURE E.1: Évolution de la masse volumique de l'air en fonction de la température

E.2 La viscosité

Lorsqu'on s'intéresse à la viscosité, on constate une différence importante entre les gaz et les liquides. Pour les gaz, la viscosité dynamique μ est de l'ordre de 10^{-5} à 2.10^{-5} Pa.s, et elle augmente avec la température. Par exemple, entre 0 et 100°C, la viscosité de l'air passe de $1{,}72.10^{-5}$ à $2{,}18.10^{-5}$ Pa.s ($\approx$30%). Il est beaucoup plus difficile de citer un ordre de grandeur de μ pour les liquides, d'abord en raison d'une grande diversité, et aussi parce que la viscosité s'effondre lorsque T s'élève. Prenons l'exemple de l'eau : de 0°C (μ=1,78.10^{-3} Pa.s) à 100°C (μ=0,28.10^{-3} Pa.s), elle est divisée par 6. Avec les huiles de lubrification, on constate une division par 100.

La viscosité cinématique $\nu = \mu/\rho$ présente des propriétés analogues. Sa thermodépendance est simplement renforcée par rapport à μ dans le cas des gaz.

Voici l'évolution de la viscosité dynamique de l'air en fonction de la température ainsi que sa comparaison avec une corrélation (Fig. E.2).

$$\mu(T) = 1,875.10^{-3}.(\frac{T}{273})^{0,6386} \qquad (\text{E.2})$$

E.3 La chaleur massique

Il y a peu de chose à dire sur la chaleur massique, si ce n'est qu'il est tout à fait légitime de la considérer comme indépendante de la température. Pour la quasi-totalité des fluides, elle se situe dans la fourchette 800/4200 J.kg^{-1}.K^{-1}.

Notre étude considérant uniquement le cas de l'air, on trouvera ci-après l'évolution de la chaleur spécifique en fonction de la température et la corrélation qui lui est associée :

$$C_p(T) = 975,3 + 0,0368.T + 2.10^{-4}.T^2 \qquad (\text{E.3})$$

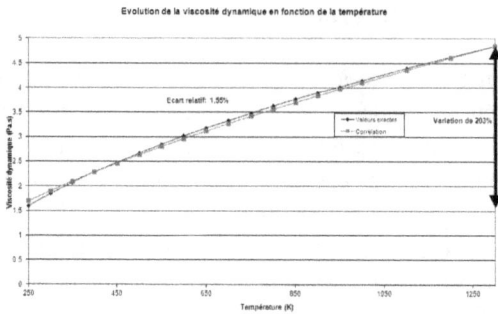

FIGURE E.2: Evolution de la viscosité dynamique de l'air en fonction de la température

E.4   La conductivité et la diffusivité thermique

Les fluides, spécifiquement les gaz, sont de moins bon conducteurs thermiques que la majorité des solides. La conductivité thermique k des gaz est de l'ordre de 0,02 à 0,04 W.$m^{-1}.K^{-1}$, et elle croît avec la température ($+25\%$ pour l'air de 0 à 100°C) à peu près de la même manière que la viscosité dynamique. Pour les liquides, on peut multiplier cet ordre de grandeur par 10 puisque k est généralement comprise entre 0,1 et 0,7 W.$m^{-1}.K^{-1}$. Elle varie également dans le même sens que la température (de 0,55 à 0,68 W.$m^{-1}.K^{-1}$ avec l'eau entre 0 et 100°C soit 25%).

La diffusivité thermique ($\alpha = k/(\rho.C_p)$) des liquides suit les variations de k puisque les deux paramètres du dénominateur sont assez insensibles à T. Mais ce n'est pas du tout le cas avec les gaz vu que lorsque T augmente, k augmente alors que ρ diminue. Il y a donc une amplification et c'est ainsi que l'air voit sa diffusivité multipliée par 2 entre 0 et 100°C (de 1,75 à 3,35 m^2/s).

Voici l'évolution de la conductivité thermique de l'air en fonction de la température ainsi que sa corrélation :

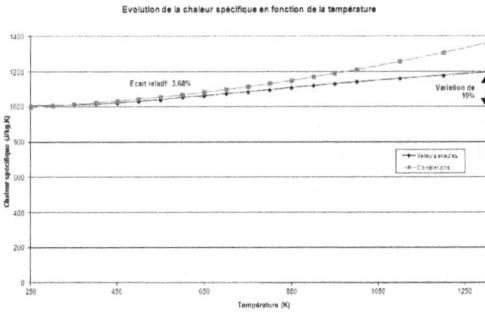

FIGURE E.3: Evolution de la chaleur spécifique de l'air en fonction de la température

$$k(T) = 0,026.(\frac{T}{293})^{0,7231} \qquad (E.4)$$

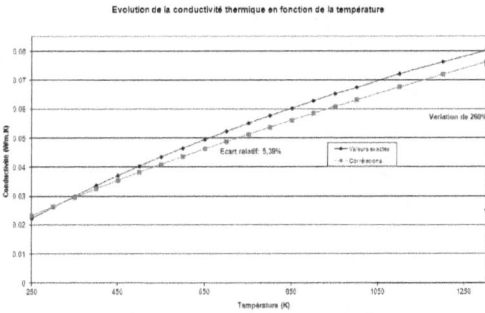

FIGURE E.4: Evolution de la conductivité thermique de l'air en fonction de la température

E.5 La dilatabilité thermique

Pour les gaz, $\beta = 1/T$. La dilatabilité diminue donc quand T augmente. Dans la gamme des températures courantes rencontrées en convection libre, de 0°C à 80°C, elle passe ainsi de $3,65.10^{-3}\ K^{-1}$ à $2,85.10^{-3}\ K^{-1}$, soit une baisse de 22%. Mais avec les liquides, la variation est considérable et inversée : par exemple la dilatabilité de l'eau est de $0,66.10^{-4} K^{-1}$ à 0°C et de $6,55.10^{-4}\ K^{-1}$ à 80°C, donc multiplié par 10. C'est une propriété que l'on a souvent tendance à négliger lorsqu'on fait des calculs en convection libre.

E.6   La chaleur latente de changement d'état

Les transferts convectifs s'accompagne parfois d'un changement d'état liquide-gaz. C'est le cas dans les évaporateurs, les chaudières, les condenseurs,... et dans tout les mécanismes qui mettent en œuvre des écoulements d'air humide (comme le séchage). Le paramètre caractéristique du changement de phase est la chaleur de vaporisation (ou de condensation) L_V. Ce paramètre est influencé par la pression mais pas assez pour que cela vaille la peine de d'en tenir compte. De plus, elle n'interviendra pas lors de l'étude réalisée ici.

ANNEXE F

Comparaison avec un autre outil de CFD : OpenFoam

OpenFoam (Open Field Operation and Manipulation) est un code multi-physiques principalement axé sur la résolution des équations de la mécanique des fluides. Il est distribué *librement* depuis 2004 sous licence open source GNU/GPL par la société britannique OpenCFD Ltd. Son développement, en C++, a été amorcé par l'Imperial College London qui souhaitait un code de calcul basé sur la méthode des volumes finis et bénéficiant des dernières innovations en termes de langage informatique. Il est livré avec de nombreux solveurs couvrant une large gamme de domaines tels que la combustion, les écoulements compressibles, incompressibles, multiphasiques, avec réactions chimiques, les transferts thermiques, la turbulence...

Nous avons choisi ici de réaliser une modélisation simple et identique dans Fluent et OpenFoam, c'est à dire une modélisation axisymétrique du même disque avec une température de surface fixe de 700°C. Les mêmes lois énergétiques et dynamiques ont été résolues en utilisant des données thermo-physiques identiques pour l'air et des conditions aux limites semblables. La seule différence notable de la simulation axisymétrique d'OpenFoam est l'existence d'une épaisseur dans le domaine modélisé. Alors que Fluent faisait ses calculs axisymétriques à partir de conditions limites et de domaines entièrement 2D, un angle de 5° (valeur par défaut pour une modélisation axisymétrique, compromis entre temps de calcul et précision) est défini à partir du centre du disque générant ainsi une fine tranche radiale du volume 3D (Fig. F.1). Suite à des problèmes de convergence sous OpenFoam, un volume plus important sous le disque a été rajouté (nous avons doublé la hauteur soit une hauteur finale du domaine de 2m pour 0,5m de large). Comme pour Fluent, le maillage a été raffiné au niveau des zones de plus grands gradients. Cependant, on remarque qu'avec ce modèle, le dessous du disque chaud apparait. Cette différence présente dans ce modèle et non simulé dans Fluent va entraîner, nous allons le voir, une légère différence sur la largeur de la couche limite développée.

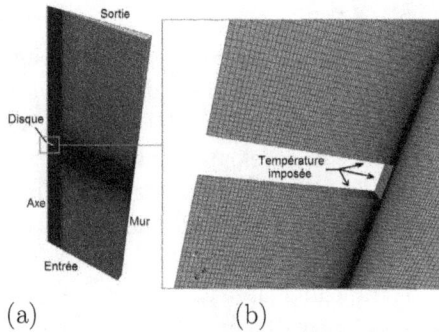

(a)   (b)

FIGURE F.1: (a) Image de la tranche axisymétrique entière maillée (b) Zoom du maillage au niveau du disque

Les champs de températures obtenus à l'aide des deux outils sont fortement similaire comme le montre la figure F.2. Les températures axiales au centre du panache sont quasiment identiques puisque leurs différences relatives ne dépassent pas 1%.

Néanmoins, on peut constater que la largeur de panache obtenue avec OpenFoam est plus importante que celle obtenue avec Fluent, et ceci, particulièrement pour des faibles hauteurs de panache. La figure F.3 met clairement en évidence l'élargissement du panache pour le modèle utilisé avec le code de calcul OpenFoam.

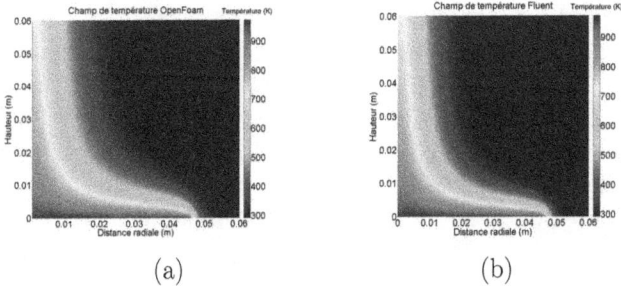

(a)   (b)

FIGURE F.2: Champs de températures obtenus respectivement avec OpenFoam (a) et Fluent (b) pour une température de disque à 700°C

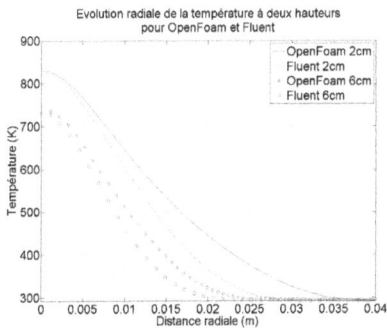

FIGURE F.3: Comparaison des profils de température Fluent et OpenFoam à deux hauteurs de panache différentes

Pour des hauteurs de 2 cm et 6 cm, il est possible de noter respectivement un élargissement pouvant atteindre jusqu'à 7 et 3 mm. Cette légère différence entre les deux logiciels de CFD, du fait de la présence du dessous du disque chaud dans ce modèle, peut être une raison supplémentaire à la largeur de panache plus grande trouvée lors de mesures thermographiques. Bien que les résultats des modèles ne puissent pas être strictement comparés, le champ de températures obtenu avec OpenFoam confirme bien les tendances observées avec Fluent. Ce logiciel de calcul multi-physiques libre d'accès semble donc être un outil très intéressant. En effet, de part ses grandes possibilités de modifications et d'adaptations, il pourrait plus tard être utilisé et intégré dans une boucle de calcul. Les tendances des résultats Fluent sont bien conformes aux tendances OpenFoam, résultats, rappelons-le, qui seront utilisés ensuite pour obtenir le champ d'indices de réfraction (à l'aide de la loi de Gladstone-Dale), lui-même intégré dans notre code de lancer de rayons.

Calculs analytiques du déplacement d'un rayon dans un cylindre

Les différentes formules permettant le calcul des différents angles et donc le suivi du rayon dans le cylindre sont données ci-après pour un rayon quelconque arrivant avec un angle d'incidence i_0 sur le cylindre. Les différents angles et le suivi du rayon sont représentés sur la Fig. G.1.

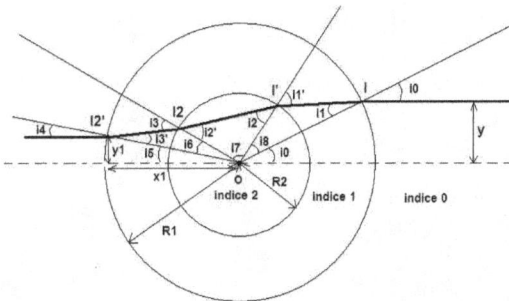

FIGURE G.1: Nomenclature des angles utilisés pour le calcul analytique

$$i_0 = arcsin\left(\frac{y}{R_1}\right) \qquad \text{(G.1)}$$

puis, selon la loi de Snell-Descartes (Eq. 3.1) :

$$i_1 = arcsin\left(\frac{n_0.sin(i_0)}{n_1}\right) \tag{G.2}$$

Dans le triangle OII', $\frac{R_1}{sin(i'_1)} = \frac{R2}{sin(i_1)}$, et donc :

$$i'_1 = arcsin\left(\frac{R_1.sin(i_1)}{R_2}\right) \tag{G.3}$$

et selon la loi de Snell-Descartes :

$$i_2 = arcsin\left(\frac{n_1.sin(i'_1)}{n_2}\right) = i'_2 \quad et \quad i_3 = arcsin\left(\frac{n_2.sin(i'_2)}{n_1}\right) \tag{G.4}$$

Dans le triangle OI_2I_2', $\frac{R_1}{sin(i_3)} = \frac{R2}{sin(i'_3)}$, par conséquent :

$$i'_3 = arcsin\left(\frac{R_2.sin(i_3)}{R_1}\right) \tag{G.5}$$

et de proche en proche :

$$i_4 = arcsin\left(\frac{n_1.sin(i'_3)}{n_0}\right) \tag{G.6}$$

En sachant que $i_6=i_3-i_3$', $i_7=\pi-i_2$'$-i_2$ et $i_8=i_1$'$-i_1$ on peut écrire :

$$i_5 = \pi - i_6 - i_7 - i_8 - i_0 \tag{G.7}$$

et finalement, avec $y_1=sin(i_5).R_1$ et $x_1=\frac{y_3}{tan(i_5)}$ nous pouvons obtenir :

$$Déplacement = (X - x_1).tan(i_5 - i_4) + y_1 - y \tag{G.8}$$

Etalonnage des caméras infrarouge et proche infrarouge

Cet annexe a pour objectif de présenter la réalisation de l'étalonnage avec les caméras infrarouge et proche infrarouge utilisées lors de nos différentes expériences.

H.1 Caméra infrarouge : FLIR SC325

Les caractéristiques principales de la caméra SC325 sont synthétisées dans le Tab. H.1 :

Type de détecteur	Microbolomètre non refroidi
Bande spectrale	7,5-13,5 μm
Plage de température	de -20°C à +700°C
Résolution spatiale	320×240
Pitch	25 μm
DTEB	50mK
Fréquence d'acquisition	60Hz
Distance focale	30mm

TABLEAU H.1 – Caractéristiques de la caméra infrarouge SC325

L'étalonnage de la caméra infrarouge n'est pas un étalonnage pouvant être intégré au logiciel ou bien à la caméra elle-même. L'étalonnage réalisé ici permet d'établir l'évolution des niveaux numériques en fonction du flux reçu par la caméra et de remonter ainsi à la température apparente de l'objet. Afin de calculer dans un premier temps le flux reçu par un pixel, comme nous l'avons

expliqué dans la partie 1.1.3.7 ou dans l'annexe D, il est possible
d'écrire (lorsque la caméra est mis au point sur la surface de l'objet
opaque) :

$$\Phi_{\Delta\lambda,\text{reçu}} = \frac{\pi}{4}.\frac{S_d}{N^2} \int_{\Delta\lambda} \int_{\Omega} \int_{S_{Obj}} R(\lambda).L_{\lambda,\text{reçue}}\ dS.d\Omega.d\lambda \qquad (W)$$

$$(H.1)$$

S_d Surface du pixel = 25 μm

N Ouverture numérique = $\frac{Distance\ focale}{\text{Diamètre } pupille} = \frac{f}{Z_p} = \frac{30.10^{-3}}{23.10^{-3}} = 1{,}3$

$R(\lambda)$ Rendement spectral de la caméra infrarouge

$L_{\lambda,\text{reçue}}$ = Luminance reçue par la caméra $(W.m^{-1})$

Le rendement spectral de la caméra nous a été fourni par le
constructeur et est représenté à la Fig. H.1.

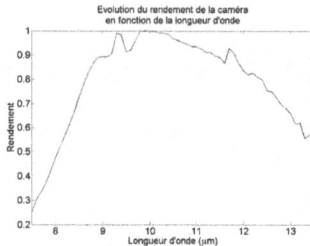

FIGURE H.1: Évolution du rendement de la caméra infrarouge en
fonction de la longueur d'onde

En sachant cela et en utilisant un corps noir comme source
d'émission pour les calculs de la luminance, il nous a été possible à
l'aide de l'Eq. H.1 de calculer le flux reçu par un pixel de la caméra
en fonction de la température de corps noir. Cette évolution est
tracée à la Fig H.2.

Maintenant que l'on connait le flux reçu par la caméra en fonction de la température du corps noir, des mesures expérimentales
ont été réalisées à l'aide de la caméra infrarouge et du corps noir.

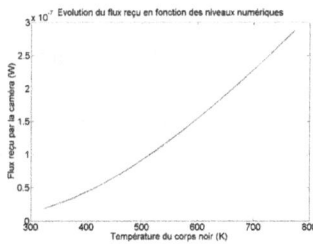

FIGURE H.2: Évolution du flux reçu par la caméra en fonction de
la température du corps noir

Ces mesures expérimentales ont pour objectif d'obtenir l'évolution
des niveaux numériques donnés par la caméra en fonction de la
température du corps noir (Fig. H.3(a)), température, nous le rappelons, que l'on peut directement lier au flux reçu (Fig. H.2). Afin
de prendre en compte les niveaux numériques uniquement dus à
l'émission du corps noir, il est important de faire une "image d'obscurité" que l'on soustrait à l'image infrarouge du corps noir. A titre
d'exemple, sur une image 16 bits (donc de 65536 niveaux), les niveaux numérique moyen de l'image d'obscurité s'élève à 9500.

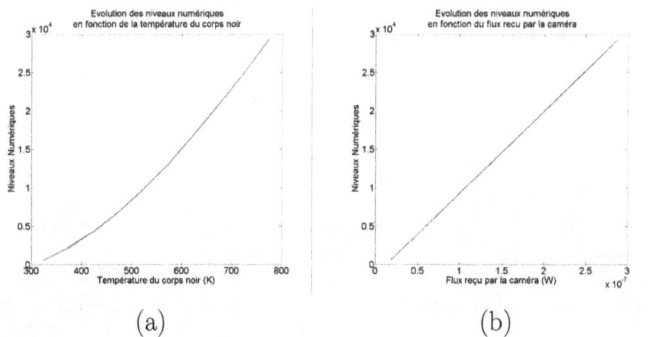

(a) (b)

FIGURE H.3: Évolution des niveaux numériques en fonction de la
température (a) et du flux reçu (b)

La Fig H.3(b) représente l'évolution des niveaux numériques

en fonction du flux reçu par la caméra. La valeur des niveaux numériques dépendent également du temps d'intégration du capteur. Le temps d'intégration étant constant sur cette caméra infrarouge (12 ms), il n'est pas nécessaire de le faire intervenir dans les calculs.

Comme la Fig. H.3(b) le montre bien, l'évolution des niveaux numériques en fonction du flux reçu est linéaire. C'est la pente de cette droite qui nous fourni la sensibilité η de la caméra. On peut alors écrire l'équation suivante reliant le flux reçu et les niveaux numérique de la caméra infrarouge :

$$NN = \eta . \frac{\pi}{4} . \frac{S_d}{N^2} \int_{\Delta\lambda} R(\lambda) . L_{\lambda,\text{reçue}} \, d\lambda \qquad (\text{H.2})$$

On est donc maintenant capable de relier les niveaux numériques de la caméra à une luminance reçue, c'est à dire à un flux reçu (Eq. H.1), et donc à une température.

H.2 Caméra proche infrarouge : XenICs

Les caractéristiques principales de la caméra SC325 sont synthétisées dans le Tab. H.1 :

Type de détecteur	InGaAs
Bande spectrale	0,4-1,7 μm
Plage de température	de +200°C à <+2000°C
Résolution spatiale	320×256
Pitch	30 μm
DTEB	100mK
Fréquence d'acquisition	60Hz
Distance focale	50mm

TABLEAU H.2 – Caractéristiques de la caméra proche infrarouge XenICs

L'étalonnage de la caméra proche infrarouge est très similaire à la SC325. Cependant une différence importante existe du fait d'avoir un temps d'intégration pouvant varier. En effet, la grande

sensibilité des détecteurs proches infrarouge entraîne obligatoirement l'adaptation du temps d'intégration à la scène chaude observée. Les équations restent cependant les mêmes que pour la caméra
infrarouge, seuls les différents paramètres intrinsèques à la caméra
et à l'objectif varient :

-S_d Surface du pixel = 30 μm

-N Ouverture numérique = $\frac{Distance\ focale}{\text{Diamètre } pupille} = \frac{f}{Z_p} = \frac{50.10^{-3}}{22.10^{-3}} = 2{,}3$

-R(λ) Rendement spectral de la caméra proche infrarouge, tracé
 sur la Fig. H.4.

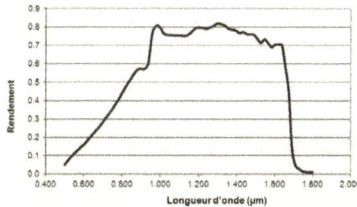

FIGURE H.4: Évolution du rendement de la caméra proche infrarouge en fonction de la longueur d'onde

 Du fait de l'étendue spectrale de ce détecteur et dans un souci
de prendre seulement en compte le rayonnement thermique, un
filtre visible coupant 100% du rayonnement aux longueurs d'onde
inférieures à 850nm est utilisé.

 L'étape suivante a été, comme pour la caméra infrarouge, d'observer le corps noir à différentes température afin d'obtenir la sensibilité de la caméra. De la même manière que pour la caméra infrarouge, l'évolution du rapport $\frac{NN}{TI}$ en fonction de la température
du corps noir et du flux reçu ont été représentés à la Fig. H.5.

 Comme il l'a été signalé plus tôt, le temps d'intégration variation d'un point de mesure à l'autre (à titre d'exemple voir Tab. 4.4),
nous allons considérer ici non pas les niveaux numériques de la caméra mais la rapport des niveaux numériques sur le temps d'intégration (TI) de la mesure associée. Les niveaux numériques utilisés

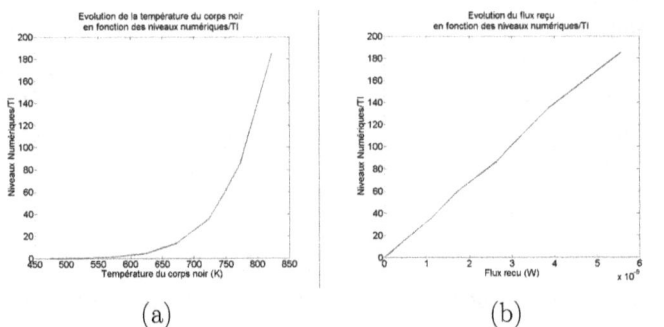

(a)   (b)

FIGURE H.5: Évolution des niveaux numériques en fonction de la
température (a) et du flux reçu (b)

dans ce rapport ont été préalablement corrigés en soustrayant à
chaque mesure l'image d'obscurité associée.

Pour une acquisition en 14 bits (16384 niveaux), les niveaux
numériques moyens des images d'obscurité varient de 6615 niveaux
pour un TI de 100 ms (utilisé par exemple pour une mesure sur un
corps noir à 200°C) à une valeur seuil (limite basse) de 2346 pour
un TI de 0,1 ms (utilisé par exemple pour une mesure sur un corps
noir à 500°C).

La pente de la Fig. H.5(b) nous donne la sensibilité de la caméra
et nous permet ainsi de relier le rapport $\frac{NN}{TI}$ à la densité de flux
reçu par la caméra (un de ses pixels exactement).

Bibliographie

[AGB11a]   A. E. Aliev, Y. N. Garstein, and R. H. Baughman. Mirage effect from thermally modulated transparent carbon nanotube sheets. *Nanotechnology*, (22) :10, 2011. (Cité en page 44.)

[AGB11b]   A. E. Aliev, Y. N. Garstein, and R. H. Baughman. Mirage effect from thermally modulated transparent carbon nanotube sheets. *video : http ://www.nanowerk.com/news/newsid=22945. php*, 2011. (Cité en page 44.)

[Ass99]   Compressed Gas Association. Handbook of compressed gases. *Kluwer Academic Publishers*, 4eme Edition :702, 1999. (Cité en page 134.)

[Ast]   Astronomycafe. http ://www.astronomycafe.net/weird/lights/mirgal.htm. (Cité en pages xix et 8.)

[BD93]   K. P. Birch and M. J. Downs. An updated edlén equation for the refractive index of air. *Metrologia*, 30(3) :155–162, 1993. (Cité en page 11.)

[Ber07]   A. Berdja. Effets de la turbulence atmosphérique lors de l'observation du soleil à haute résolution angulaire. *Thèse de l'université de Nice-Sophia Antipolis*, 2007. (Cité en page 188.)

[BFE04]   A.-N. Bianchi, Y. Fautrelle, and J. Etay. Transferts thermiques. *Presses techniques et universitaires romandes*, 2004. (Cité en page 55.)

[BG74]   G. Bukingam and C. Graham. The density dependance of the refractivity of gases. *Proc. R. Soc. Lond.*, (336) :275–291, 1974. (Cité en pages 11 et 237.)

[BOR11]   M. Bornert, J.-J. Orteu, and S. Roux. Chapitre 6 :
           "corrélation d'images". *Chapitre d'ourage collectif :*
           "Mesures de champs et identification en mécanique
           des solides ", dirigé par M. Grédiac et F. Hild, Traité
           MIM : Mécanique et ingénierie des matériaux :175–
           208, 2011. (Cité en page 98.)

[BOSu06]   J. Blažek, J. Olejníček, V. Straňák, and P. Špatenka.
           Modification of abel transformation to refractional
           methods. *Inproceedings of MATLAB conference,*
           2006. (Cité en page 196.)

[BS98]   S. Borman and R. L. Stevenson. Simultaneous
           multiframe map super-resolution video enhancement
           using spatio-temporal priors. *Proceedings of the*
           IEEE Internatinal Conference on Image Proces-
           sing, 8(3) :2987–298, 1998. (Cité en page 192.)

[Bur51]   R. A. Burton. The application of schlieren pho-
           tography in fluid flow and heat transfer analysis.
           M.S.M.E. Thesis, University of Texas, 1951. (Cité
           en page 26.)

[BW99]   M. Born and E. Wolf. Principles of optics 7th edition.
           Cambridge University Press, page 921, 1999. (Cité
           en page 37.)

[Cla79]   R. Clausius. Die mechanische wärmetheorie. (2) :62,
           1879. (Cité en page 237.)

[Cla00]   S. Claudinon. Contribution à l'étude des distor-
           sions au traitement thermique. *PhD thesis Ecole des*
           Mines de Paris, 2000. (Cité en pages 2, 44 et 45.)

[CLLP04]   B. Castaing, P. Lancien, V. Lignier, and K. Pistre.
           Modèle analogique : Convection thermique dans un
           fluide par ombroscopie. *http ://planet-terre.ens-*
           lyon.fr/planetterre/XML/db/planetterre/metadata
           /LOM-modelisation-par-ombroscopie.xml,   2004.
           (Cité en pages xix et 21.)

[CMG06]   T. E. Carlsson, R. Mattsson, and P. Gren. Combi-
            nation of schlieren and pulsed tv holography in the
            study of high-speed flame jet. *Optic and Lasers in
            Engineering*, 44 :535–554, 2006. (Cité en page 196.)

[Con94]   J.-M. Conan. Étude de la correction partielle en op-
            tique adaptative. *PhD thesis, Université Paris XI*,
            1994. (Cité en page 194.)

[Cre09]   C. Crespy. Contribution à la mesure de champs de
            température bi et tri-dimensionnels par photographie
            de speckle. application à l'estimations des flux de
            chaleur pariétaux. *Thèse Insa de Lyon*, 2009. (Cité
            en pages 13, 35 et 82.)

[CSLMB11]   B. Cosson, F Schmidt, Y Le Maoult, and M. Bor-
            dival. Infrared heating stage simulation of semi-
            transparent media (pet) using ray-tracing me-
            thod. *International Journal of Material Forming*,
            vol.4(n.1) :1–10, 2011. (Cité en pages 88 et 122.)

[CV98]   G. W. Carhart and M. A. Vorontsov. Synthetic ima-
            ging : non-adaptive anisoplanic image correction in
            atmospheric turbulence. *Optic Letrres*, 23(10) :745–
            747, 1998. (Cité en page 194.)

[DAAG08]   J. Dubois, M. Amielh, F. Anselmet, and O. Gentil-
            homme. étude de jets spis-détendus axisymétriques
            d'air et d'hélium par la méthode bos. *11eme congrès
            francophone de techniques laser, CFTL*, 2008. (Cité
            en page 195.)

[Dav89]   M. R. Davis. Turbulent refractive index fluctuations
            in a hydrogen diffusion flame. *Combustion Science
            and Technology*, 64 :51–65, 1989. (Cité en page 205.)

[DFG$^+$]   S. Debrus, M. Francon, C.P. Grover, M. May, and
            Number = 853 Pages = Title = Ground glass dif-
            ferential interferometer Volume = 11 Year = 1972

Robin, M.L. Journal = Applied Optics . (Cité en page 27.)

[DFG99]   J.-L. Dufresne, R. Fournier, and J.-Y. Grandpeix. Inverse gaussian k-distributions. *Journal of Quantitative Spectroscopy and Radiative Transfer*, 61 n4 :433–441, 1999. (Cité en page 138.)

[DSSVPD10] M. De Strycker, L. Schueremans, W. Van Paerpegem, and D. Debruyne. measuring the thermal expansion coefficient of tubular steel specimens with digital image techniques. *Optics and Lasers in Engineering*, (48) :978–986, 2010. (Cité en page 45.)

[Edl66]   B. Edlén. The refractive index of air. *Metrologia*, (2) :71–80, 1966. (Cité en page 14.)

[EF97]   M. Elad and A. Feuer. Restoration of a single super-resolution image from several blurred, noisy and undersampled measured images. *IEEE Transactions on image processing*, 6(12) :1646–1658, 1997. (Cité en page 192.)

[EfC11]   M El fagrich and H. Chehouani. A simple abel inversion method of interferometric data for temperature measurement in axisymmetric medium. *Optics and lasers in Enginering*, 2011. (Cité en page 196.)

[EMC07]   A. El Motassadeq and H. Chehouani. Etude du transfert de chaleur dans l'air sous un disque horizontal par interférométrie de shearographie. *C. R. Physique*, (8) :929–936, 2007. (Cité en page 43.)

[EMCWB00] A. El Motassadeq, H. Chehouani, M. Waqif, and S. Benet. Simulation et visualisation de la couche limite thermique au-dessous d'un disque horizontal. *Rev. Energ. Ren.*, 3 :57–69, 2000. (Cité en pages 65 et 253.)

[Emr81]   R. J. Emrich. Fluid dynamics. *Academic Press*, 1-18(partie 1), 1981. (Cité en page 11.)

[EvOSW04] G.E. Elsinga, B.W. van Oudheusden, F. Scarano, and D.W. Watt. Assessment and application of quantitative schlieren methods : Calibrated color schlieren and background oriented schlieren. *Experiments in Fluids*, (36) :309–325, 2004. (Cité en pages 43 et 45.)

[Flu] ANSYS Fluent. http ://www.ansys.com/products/ simulation+technology/fluid+dynamics/ansys+ fluent. (Cité en page 88.)

[FMS01] D. H. Frakes, J. W. Monaco, and M. J. T. Smith. Suppression of atmospheric turbulence in video using adaptive control grid interpolation approach. *Proceedings of IEEE international conference on acoustic, speech and signal processing (ICASSIP)*, pages 1881–1884, 2001. (Cité en page 194.)

[FS07] A Fabijanska and D. Sankowski. Aura removal algorithm for high-temperature image quantitative analysis systems. *14th Mixed Design conference : MIXEDES*, 2007. (Cité en page 45.)

[FS09] A. Fabijanska and D. Sankowski. Improvement of the image quality of a high-temperature vision system. *Measurement science and technology*, (20) :9, 2009. (Cité en page 44.)

[Fuj63] T. Fujii. Theory of the steady laminar natural convection above a horizontal line heat source on a point heat source. *International Journal of Heat and Mass Transfer*, 6 :597–606, 1963. (Cité en page 62.)

[Gab46] D. Gabor. Theory of communication. *Journal of the IEE*, 93(26) :429–457, 1946. (Cité en page 193.)

[Gau99] G. Gaussorgues. La thermographie infrarouge : principes technologies applications. 1999. (Cité en page 139.)

[Gil12]   R. Gilblas. Mesure de champs de températures vraies
             par thermoréflectométrie proche infrarouge. *Thése
             de l'INSA Toulouse*, 2012. (Cité en page 3.)

[GSWP09]   B.M.B. Grant, H.J. Stone, P.J. Withers, and
             M. Preuss. *Journal of strain analysis*, 44 :263–271,
             2009. (Cité en page 45.)

[HK94]   G. Healey and E. Kondepudy. Radiometric ccd ca-
             mera calibration and noise estimation. *IEEE Tran-
             saction on pattern analysis and machine intelli-
             gence*, 16(3), 1994. (Cité en page 1.)

[Hol92]   J. P. Holdman. heat transfer. *Metric Editions*, 1992.
             (Cité en pages xx, 58 et 73.)

[Hor10]   I. A. Horváth. Piv system synchronisation at von
             karman institute. 2010. (Cité en page 98.)

[HS]   THERMOCOAX   Heating   and   Sensing.
             http ://www.thermocoax.com/. (Cité en page 83.)

[HVM97]   P. Herves, L. Vieilard, and A. Morel. Radiométrie :
             l'ultraviolet. *Revue pratique de contrôle industrie*,
             1997. (Cité en page 2.)

[ID01]   F. P. Incropera and D. P. Dexitt. Fundamentals of
             heat and mass transfer. *John Wiley and Sons*, 5th
             Edition, 2001. (Cité en page 111.)

[IP93]   M. Irani and S. Peleg. Motion analysis for image
             enhancement : resolution, occlusion and transpa-
             rency. *Journal of visual communications and
             images representation*, 4(4) :324–335, 1993. (Cité
             en page 192.)

[Jak66]   M. Jakob. Heat transfer. 1966. (Cité en page 107.)

[Kli01]   F. Klinge. Investigation of background oriented
             schlieren towards a quantitative density measure-
             ment system. *project report von Karman Institute*,
             (19), 2001. (Cité en pages ix, 42, 195, 243, 245
             et 246.)

[Kol41]   A. Kolmogorov. Local structure of turbulence in
            incompressible fluids with very high reynolds num-
            ber. *Dokl. Akad. Nauk*, 30 :301–305, 1941. (Cité en
            page 189.)

[Kop]   U. Kopf. (Cité en page 27.)

[LDB87]   J. A. Liburdy, R. L. Dorrah, and S. Bahl. Experi-
            mental investigation of natural convection from ho-
            rizontal disk. *ASME/JSME Thermal Engineering
            Conference, Honolulu*, 1987. (Cité en page 63.)

[Lem07]   M. Lemaitre. Etude de la turbulence atmosphé-
            rique en vision horizontale lointaine et restauration
            de séquences dégradées dans le visible et l'infrarouge.
            Thèse de l'Université de Bourgogne, 2007. (Cité en
            page 188.)

[Lep86]   F. Lepoutre. Mesures thermiques par l'effet mirage.
            Techniques de l'ingénieur, 1986. (Cité en page 41.)

[LG00]   G. Lauriat and D. Gobin. Convection naturelle : cas
            particuliers. *Techniques de l'ingénieur*, 2000. (Cité
            en pages 57, 59 et 60.)

[Lid07]   D. R. Lide. Handbook of chemistry and physics, 88th
            edition. *CRC Press*, pages 10–253, 2007. (Cité en
            page 14.)

[LLS96]   J. S. Lyons, J. Liu, and M. A. Sutton. High-
            temperature deformation measurements using
            digital-image correlation. *Experimental Mechanics*,
            pages 64–70, 1996. (Cité en page 45.)

[Lor80]   L. Lorenz. über die refraktionskonstante. *Ann. Phys.
            Chem.*, (11) :70, 1880. (Cité en page 237.)

[Lor03]   H. A. Lorentz. The theory of electrons and its appli-
            cations to the phenomena of ligh and radiant heat
            (1909). *Dover Phoenix Editions*, second Edition,
            2003. (Cité en pages 10 et 225.)

[LSG10] H. Lycksam, M. Sjödahl, and P. Gren. Measurement of spatiotemporal phase statistics in turbulent air flow using high-speed digital holographic interferometry. *Applied Optics*, 49(8) :1314–1322, 2010. (Cité en page 194.)

[Mal67] W. Malkmus. Random lorentz band model with exponential-tailed s^{-1} line-intensity distribution function. *Journal of Optical Society of America*, 57 :323–329, 1967. (Cité en page 138.)

[McG67] B. L. McGlamery. Restoration of turbulence degraded images. *Journal of the optical society of america*, 57(3) :279–299, 1967. (Cité en page 194.)

[Mer87] W. Merzkirch. Flow visualization. *Academic Press*, 1987. (Cité en page 11.)

[MF01] F. Mayinger and O. Feldmann. Optical measurement : 2nd edition. *Springer*, 2001. (Cité en pages 10 et 17.)

[Mos50] O. F. Mossotti. Mem. di mathem. e fisica in modena. (24 II) :49, 1850. (Cité en page 237.)

[Obu83] A. M. Obukhov. Kolmogorov flow laboratory simulation of it. *Russian Mathematic Survey*, 38(4) :113–126, 1983. (Cité en page 190.)

[OEST92] M. K. Özkan, A. T. Erdem, M. I. Sezan, and A. M. Tekalp. Efficient multiframe wiener restoration of blurred and noisy imag sequences. *IEEE Transactions of Image processing*, 1(4) :453–475, 1992. (Cité en page 193.)

[OGRB06] J.-J. Orteu, D. Garcia, L. Rober, and F. Bugarin. A speckle-texture image generator. *SPIE Proceedings Speckle'06 International conference*, 6341, 2006. (Cité en page 72.)

[Ope04] OpenFoam. http ://www.openfoam.com/. 2004. (Cité en page 118.)

[Ort09]   J.-J. Orteu. 3-d computer vision in experimental me-
            chanics. *Optics and Lasers in Engineering*, 47(3-
            4) :282–291, 2009. (Cité en page 72.)

[Ort12]   J.-J. Orteu. Mesure 3d de formes et de déformations
            par stéréovision. *Techniques de l'Ingénieur, Traité
            Gébie de Mécanique - Travail des matériaux*, (No
            BM 7015), 2012. (Cité en page 72.)

[OST93]   M. K. Özkan, M. I. Sezan, and A. M. Tekalp. Adap-
            tative motion-compasented filtering of noisy image
            sequences. *IEEE Transactions of Circuits and Sys-
            tems for video technology*, 3(4) :277–288, 1993. (Cité
            en page 193.)

[Ozi]   (Cité en pages 60, 80 et 111.)

[Pad97]   J. Padet. Principes des transferts convectifs. *Poly-
            technica*, 1997. (Cité en page 47.)

[PRF90]   J. Primot, G. Rousset, and J.C. Fontanella. Deconvo-
            lution from wave-front sensins : a new technique for
            compensating turbulence-degraded images. *Journal
            of the optical society of america*, 7(9) :1598–1608,
            1990. (Cité en page 194.)

[PWWX11]   B Pan, D. Wu, Z. Wang, and Y. Xia. High-
            temperature digital image correlation method for
            full-field deformation measurement at 1200°c. *Mea-
            surement science and technology*, (22) :11, 2011.
            (Cité en pages 3, 44 et 45.)

[PWX10]   B. Pan, D. Wu, and Y. Xia. High-temperature defor-
            mation field measurement by combining transient ae-
            rodynamic heating simulation system and reliability-
            guided digital image correlation. *Optics and La-
            sers in Engineering*, (48) :841–848, 2010. (Cité en
            page 45.)

[RC69]   Z. Rotem and L. Claassen. Natural convection above unconfined horizontal surfaces. *Journal of Fluid Mechanics*, 9 :173–192, 1969. (Cité en page 62.)

[RL87]   S.B. Robinson and J. A. Liburdy. Prediction of the natural convective heat transfer from a horizontal heated disk. *Transaction of the ASME*, 109, 1987. (Cité en page 61.)

[Rod98]   F Roddier. Maximum gain and efficiency of adaptative optics systems. *The publication of the astronomical society of the pacifix*, 110(749) :837–840, 1998. (Cité en page 194.)

[Ron07]   X. Rondeau. Imagerie à travers la turbulence : mesure inverse du front d'onde et centrage optimal. *Thèse de l'université de Lyon 1*, 2007. (Cité en pages 188 et 219.)

[RRR+00]   H. Richard, M. Raffel, M. Rein, J. Kompenhans, and G.E.A. Meier. Demonstration of the applicability of background oriented schlieren (bos). *10. Int. Symp. On Appl. Of Laser techniques to fluid mechanics, Lisbone*, 2000. (Cité en page 26.)

[RWG95]   M. C. Rogemann, B. M. Welsh, and P. J. Gardner. Sensin three-dimensional index of refraction variations by means of optical wavefront sensor measurements and tomographic reconstruction. *Optical Engineering*, 34(5) :1374–1384, 1995. (Cité en page 220.)

[RWWK07]   M. Raffel, C. Willert, S. T. Wereley, and J. Kompenhans. Particle image velocimetry : a practical guide. *Springer*, Second Edition, 2007. (Cité en page 94.)

[Sac00]   J.-F. Sacadura. Initiation aux transferts thermiques. *Tec and Doc Lavoisier*, 2000. (Cité en page 57.)

[Sam85]   R. Samy. An adaptative image ssequence filtering scheme based on motion detection. *Proceedings*

of SPIE, Architectures and alhorithms for digital
image processing, 596, pages 135–144, 1985. (Cité
en page 193.)

[Sch08]   F. Schuster. http ://www.linternaute.com/photo_
            numerique/temoignage/temoignage/196513/effet-
            de-mirage.htm. 2008. (Cité en pages xix et 8.)

[Set01]   G. S. Settles. Schlieren and shadowgraph techniques :
            visualizing phenomena in transparent media. Sprin-
            ger, 2001. (Cité en pages 24 et 43.)

[SH81]   R. Siegel and J. R. Howell. Thermal radiation heat
            transfer. McGraw-Hill, New-York, 1981. (Cité en
            page 68.)

[SHR04]   F. Sourgen, J. Haertig, and C. Rey.   Mesure de
            champs de masse volumique par background schlie-
            ren displacement (bsd). 9eme Congrès Francophone
            de Vélocimétrie Laser, 2004. (Cité en page 195.)

[SLPM10]   L. Saint Laurent, D. Prévost, and X. Maldague. Fast
            and accurate calibration-based thermal / colour sen-
            sors registration.   Processing du QIRT'10, (126),
            2010. (Cité en page 171.)

[SN99]   C. Shakher and A. K. Nirala. A review on refractive
            index and temperature profile measurements using
            laser-based interferometric techniques. Optics and
            lasers in Enginering, 31 :455–491, 1999. (Cité en
            page 196.)

[SOS09]   M.A. Sutton, J.-J. Orteu, and H.W. Schreider. Image
            correlation for shape, motion and deformation mea-
            surements - basic concepts, theory and applications.
            Book, page 364, 2009. (Cité en page 72.)

[SR99]   F. Scarano and M.L. Riethmuller. Iterative multi-
            grid approach in piv image processing with discrete
            window offset. Experiment in Fluids, (26) :513–523,
            1999. (Cité en pages 27 et 98.)

[SR06]   J. Sznitman and T. Rösgen. Whole-field density
          visualization and abel reconstruction of axisymme-
          tric vortex rings. *Journal of Flow Visualization
          and Image Processing*, 13 :343–358, 2006. (Cité en
          pages 43 et 195.)

[ST97]   A. Soufiani and J. Taine. High temperature gas
          radiative property parameters of statistical narrow
          band model for H_2O, CO_2 and co and correlated-k mo-
          del for H_2O and CO_2. *Int. J. Heat and Mass Transfer*,
          40(4) :987–991, 1997. (Cité en pages 69 et 138.)

[Ste58]   K. Stewarton. On the free convection from horizontal
          plate. *ZAMP*, 9 :276–282, 1958. (Cité en page 62.)

[Sum86]   G. Sumyuen. Contribution à la métrologie des sur-
          faces par effet mirage. *Stage CNRS Odeillo*, 1986.
          (Cité en pages 10 et 43.)

[TG01]   P. Tomassini and A. Giulietti. A generalization of
          abel inversion to non-axisymmetric density distribu-
          tion. *Optics Communications*, 199 :143–148, 2001.
          (Cité en pages 206 et 216.)

[TL72]   H. Tennekes and J. L. Lumley. A first course in tur-
          bulence. 1972. (Cité en page 189.)

[Tub05]   R Tubbs. The effect of wavefront corrugations on
          fringe motion in an astonomical interferometer with
          spatial filters. *Applied optics*, 44(29) :6253–6257,
          2005. (Cité en page 194.)

[TVS01]   M. Thakur, A. L. Vyas, and C. Shakher. Measure-
          ment of temperature and temperature profile of an
          axisymmetric gaseous flames using lau phase inter-
          ferometer with linear gratings. *Optics and lasers in
          Engineering*, 36 :373–380, 2001. (Cité en page 196.)

[VD92]   M. Van Dyke. An album of fluid motion. *Prabolic
          Press*, 1992. (Cité en pages xx et 58.)

[Vis]   La Vision. http ://www.lavision.fr/fr/techniques/
             ldv_pdi.php. (Cité en pages xx et 28.)

[VV]   VIC2D and VIC3D. http ://correlatedsolutions.com.
             Correlated Solutions Inc. (Cité en pages 27, 72
             et 165.)

[VWLB99]   P.-M. B. VanRossmalen, S. J. P. Westen, R. Lagen-
             dijk, and J. Biemond. Noise reduction for image se-
             quences using an oriented pyramid thresholding tech-
             nique. *Proceedings of the 3rd IEEE international
             conference on image processing (ICIP)*, pages 375–
             378, 1999. (Cité en page 193.)

[WH]   Electronic Warfare and Radar Systems Handbook.
             http ://upload.wikimedia.org/wikipedia/commons/
             6/6a/ atmosfaerisk_spredning.gif. (Cité en pages xx
             et 68.)

[Whi88]   F. M. White. Heat and mass transfer. *Addison-
             Wesley*, 1988. (Cité en pages 65, 108 et 253.)

[WSBS09]   Y. Q. Wang, M. A. Sutton, H. A. Bruck, and H. W.
             Schreier. Quantitative error assessment in pattern
             matching : Effects of intensity pattern noise, inter-
             polation, strain and image contrast on motion mea-
             surements. *Strain*, 45(2) :160–178, 2009. (Cité en
             page 165.)

[YFSS04]   L. P. Yaroslavsky, B. Fishbain, A. Shteinman, and
             Gepshtein S. Processing and fusion of thermal and
             video sequences for terrestrial long range observation
             systems. *Proceedings of the 7th international confe-
             rence on information fusion*, II :848–855, 2004. (Cité
             en page 194.)

[Yih51]   C. Yih. Free convection due to a point source of
             heat. *Proeedings of the First National Congress of
             Applied Mechanics*, pages 941–947, 1951. (Cité en
             page 62.)

[YTM82]   W. W. Yousef, J. D. Tarasuk, and W. J. McKeen.
            Free convection heat transfer from upward facing iso-
            thermal horizontal surfaces. *ASME Journal of Heat
            Transfer*, 104 :493–500, 1982. (Cité en page 63.)

[ZCS98]   M. Zeroual, P. Ceriser, and J. D. Sylvain. Application
            de la méthode "effet mirage" pour la détermination
            du champ de température d'un fluide en convection.
            *Revue Energétique renouvelable : Physique Energé-
            tique*, 1998. (Cité en page 43.)

www.ingramcontent.com/pod-product-compliance
Lightning Source LLC
Chambersburg PA
CBHW021030210326
41598CB00016B/965